电机与拖动

杜明星　主编

黄孙伟　信建国　尹金良　张　聪　编

天津大学出版社
TIANJIN UNIVERSITY PRESS

内容提要

本书纸质版共7章,主要内容包括各类电机(直流电机、变压器、异步电机、同步电机)的基本运行原理、建模、运行特性的分析与计算。本书充分利用线上资源,将磁路、电力拖动系统动力学、电动机的选择、思考题与习题等内容放入了网络资源平台,便于内容及时更新和调整。

本书可以作为高等学校电气工程及其自动化、自动化等相关专业本科生的专业基础课教材,也可以供有关科技人员参考。

图书在版编目(ＣＩＰ)数据

电机与拖动 / 杜明星主编;黄孙伟等编. --天津:
天津大学出版社,2022.3(2024.3重印)
ISBN 978-7-5618-7092-1

Ⅰ.①电… Ⅱ.①杜… ②黄… Ⅲ.①电机-高等学
校-教材②电力传动-高等学校-教材 Ⅳ.①TM3

中国版本图书馆CIP数据核字(2021)第262488号

出版发行	天津大学出版社
地　　址	天津市卫津路92号天津大学内(邮编:300072)
电　　话	发行部:022-27403647
网　　址	www.tjupress.com.cn
印　　刷	北京虎彩文化传播有限公司
经　　销	全国各地新华书店
开　　本	185 mm×260 mm
印　　张	13
字　　数	325千
版　　次	2022年3月第1版
印　　次	2024年3月第3次
定　　价	35.00元

前　　言

电机与拖动课程主要讲述电机与电力拖动的基本理论和基础知识，主要内容包括磁路、电力拖动系统动力学、各类电机(直流电机、变压器、异步电机、同步电机)的基本运行原理、建模、运行特性的分析与计算，电力拖动系统的启动、制动、调速原理与方法，电动机的选择等。本书第 1~7 章采用纸质版阅读，第 8~10 章、思考题与习题采用扫描二维码阅读。

本书内容通俗易懂，深入浅出，强调物理概念，文字简练流畅，各章均安排了内容提要、重点、难点、例题、思考题与习题等，便于学生和工程技术人员对知识点的掌握和理解。

本书可作为高等学校电气工程及其自动化、自动化等相关专业本科生的专业基础教材，也可作为成人高等教育和大专院校相关专业的教材，还可以供有关工程技术人员参考。

本书由杜明星主编，参加编写的人员有杜明星(第 6 章、第 8 章、第 9 章)、黄孙伟(第 10 章、思考题与习题)、信建国(第 3 章、第 7 章)、尹金良(第 2 章、第 5 章)、张聪(第 1 章、第 4 章)。

由于作者业务水平和教学经验有限，错误及不妥之处在所难免，殷切希望广大同行和读者给予批评指正。

编者

2021 年 9 月

目　　录

第1章 直流电机

【内容提要】本章主要讲述直流电机的工作原理、基本结构、电枢绕组、气隙磁场,推导了电枢的电动势和电磁转矩公式,给出了直流电机的基本方程。此外,分析了直流电动机和直流发电机的稳态运行特性,并简要介绍了直流电机的换向问题。

【重点】直流电机电枢的电动势、电磁转矩公式及基本方程。

【难点】直流电机电枢绕组画法及电枢反应。

直流电机是实现直流电能和机械能相互转换的一种旋转电机,分为直流发电机和直流电动机。如果作为发电机,必须由原动机拖动把机械能转换为直流电能,以满足生产的需要,例如直流电动机的电源、同步发电机的励磁电源(称为励磁机)、电镀和电解用的低压电源;如果作为电动机,则将电能变换成机械能来拖动各种生产机械,以满足用户的各种要求。直流电动机具有良好的启动特性和调速性能,因此,广泛用于对启动和调速性能要求较高的生产机械上,如轧钢机、高炉卷扬设备、大型精密机床等。此外,小容量直流电机广泛作为测量、执行元件使用。

1.1 直流电机的工作原理

1.1.1 直流发电机的工作原理

直流发电机的工作原理是把电枢线圈中感应产生的交变电动势,靠换向器配合电刷的换向作用,使之从电刷端引出时变为直流电动势。

如图 1-1 所示的简易装置中, N、S 为固定不动的定子磁极,在定子磁极上装有励磁线圈,其中通以直流励磁电流 I_f,以产生大小及方向均为恒定的磁通 Φ,在两个主磁极间安放一个可转动的圆筒形铁芯,称为电枢铁芯。电枢铁芯与磁极之间的间隙称为气隙。电枢铁芯表面开槽安放转子绕组,图中 abcd 代表其中的一个单匝线圈,线圈的首端 a、末端 d 连接到两个相互绝缘并可随线圈一同转动的导电换向片上,通过放置在换向片上固定不动的两个电刷 A 和 B,实现转子线圈与外电路的连接。当原动机拖动电枢旋转时,根据法拉第磁感应定律可知,在切割磁场的线圈 abcd 中产生感应电动势。两条有效边导体产生的感应电动势大小为

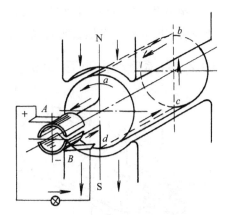

图 1-1 直流发电机基本工作原理

$$e = Blv \tag{1-1}$$

其中，B 为导体所在处的磁通密度，单位为 Wb/m²；l 为导体 ab 或 cd 的有效长度，单位为 m；v 为导体 ab 或 cd 与磁通密度 B 之间的相对线速度，单位为 m/s；e 为导体的感应电动势，单位为 V。

感应电动势的方向由右手定则判定。当电枢的旋转方向一定时，每根导体中感应电动势的方向仅取决于它处于什么极性的磁极下。位于同一极性磁极下的导体中感应电动势的方向均相同，且不随转速变化。图 1-1 中水平对称轴位于 N、S 磁极的分界线，即几何中性线。因此，水平对称轴上方导体中感应电动势的方向均垂直于纸面流出导体，而在水平对称轴下方的导体中感应电动势的方向则为相反的方向。从图 1-2（a）中可知，对于任意一根导体来说，随着电枢的旋转，导体将从一个磁极下旋转到另一个磁极下，导体中的感应电动势也随之改变方向，即每根导体中的感应电动势都是交变电势。然而，电刷 A、B 间的电势为直流电势，这是因为无论电枢转到什么位置，由于电刷和换向片的配合作用，电刷 A 通过换向片始终与处于 N 极下的导体相接，电刷 B 通过换向片始终与处于 S 极下的导体相接，因此电刷 A 的极性总为正，而电刷 B 的极性总为负。故电刷两端可获得直流电动势输出，如图 1-2（b）所示。

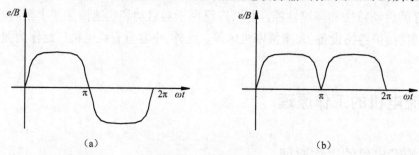

图 1-2　电动势波形

（a）电枢导体电动势；（b）电刷两端电动势

若把电刷 A、B 接到负载上，则流过负载的电流为单向直流电流。图 1-1 所示的简单模型中的输出电动势、电流都有很大的脉动。在实际中，为使电动势的脉动程度降低，电机电枢由许多均匀地分布在电枢表面的线圈按一定的规律连接起来组成。

1.1.2　直流电动机的工作原理

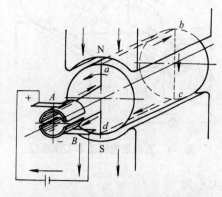

图 1-3　直流电动机基本工作原理

直流电动机的工作原理是建立在电磁力定律的基础上的。

如图 1-3 所示，直流电源接在电刷 A、B 上，则电枢导体中有电流流过。根据电磁力定律，载流导体在磁场中将受到电磁力的作用。若磁场与载流导体互相垂直，则作用在导体上的电磁力大小为

$$f = Bli \tag{1-2}$$

导体受力的方向可用左手定则确定。如果让磁力线指向手心，四个手指指向导体中电流流动的方向，则拇指

的指向即导体受力的方向。由图 1-3 可见，导体 ab 在 N 极作用下受力的方向向左，导体 cd 在 S 极作用下受力的方向向右，则作用在线圈上的电磁转矩的方向为逆时针方向，其结果使电枢为逆时针方向转动。当导体 ab 转到 S 极下，而导体 cd 转到 N 极下时，由于电刷 A 和 B 是静止的，电流总是从正极性电刷 A 流入，从负极性电刷 B 流出。因此，转到 N 极下的导体电流总是流入导体，转到 S 极下的导体电流总是从导体流出。导体 ab 和导体 cd 的电流随其所处磁极极性的改变而同时改变其方向。导体内的电流是交变电流，但作用在线圈上的电磁转矩方向保持不变，并使直流电动机朝同一方向旋转。由此，直流电动机拖动生产机械转动，将电源供给的电能转换为机械能。此时，换向片所起的作用是将电刷 A 与 B 接入的直流电流改变为线圈内的交变电流。

从原理上说，同一台直流电机，只要适当改变其运行条件，则既可以作为发电机运行，又可以作为电动机运行，这种运行状态的可逆性称为直流电机的可逆原理。

1.2 直流电机的基本结构和额定值

1.2.1 直流电机的基本结构

要实现机电能量转换，电路和磁场之间必须有相对运动。因此，直流电机必须由定子（静止部分）和转子（转动部分）两大部分组成。定子的主要作用是产生磁场和作为电机的机械支撑。转子通常也称为电枢，主要用来产生感应电动势和电磁转矩而实现能量转换。直流电机的剖面图如图 1-4 和图 1-5 所示。

下面对各主要部件的结构及其作用作简要介绍。

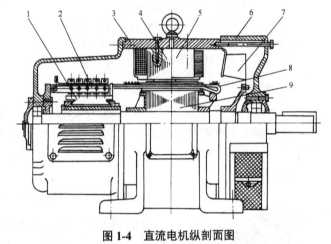

图 1-4 直流电机纵剖面图

1—换向器；2—电刷装置；3—机座；4—主磁极；5—换向极；6—端盖；
7—风扇；8—电枢绕组；9—电枢铁芯

1. 直流电机的静止部分

（1）主磁极

主磁极的作用是产生按一定规律分布的气隙磁场，主磁极由主磁极铁芯和励磁绕组组成，如图 1-6 所示。

为降低涡流损耗，主磁极铁芯一般用厚 0.5~1.5 mm 的薄钢板冲成一定形状，然后将冲片叠压在一起，并用铆钉紧固成一个整体固定在机座上。绝大部分直流电机的主磁极不是永久磁铁，而是由极身放置的励磁绕组通以直流电流来建立磁场。主磁极铁芯靠近电枢一端的扩大部分称为极掌，极掌与电枢表面形成的气隙不均匀，在两侧极尖处扩大。主磁极励磁绕组通常用圆形截面或矩形截面的绝缘导线绕制而成，通常将各主磁极上的励磁线圈串联起来。由于 N 极和 S 极只能成对出现,因此主磁极的极数一定是偶数,而且沿机座内圆按 N、S 以异极性排列。

（2）换向极

换向极的作用是消除在电机运行过程中换向器上产生的火花,以改善换向,如图 1-5 所示。换向极结构与主磁极结构相似,也由铁芯和绕组构成。铁芯由薄钢板或整块钢制成,换向极绕组与电枢绕组串联。换向极装在两相邻主磁极之间,换向极的数目一般与主磁极的极数相等,在功率很小的直流电机中,也有安装的换向极数只为主磁极数的一半或不装换向极。

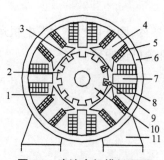

图 1-5　直流电机横剖面图

1—极掌;2—电枢齿;3—电枢槽;4—极身;5—励磁绕组;
6—定子磁轭;7—换向极;8—换向极绕组;9—电枢绕组;
10—电枢磁轭;11—底脚

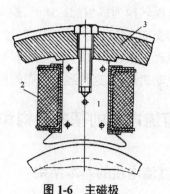

图 1-6　主磁极

1—主磁极铁芯;2—励磁绕组;3—机座

（3）机座

机座的主体部分作为磁极的磁路,即磁轭。机座同时又用来固定主磁极、换向极和端盖,并可借底脚把电机固定在机座上。机座一般用铸钢铸成或用厚钢板焊接成圆筒形,也有为了节省安装空间及维护方便而制成多角形,如图 1-6 所示。

（4）电刷装置

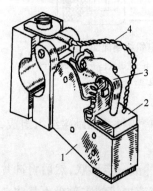

图 1-7　电刷装置

1—刷握;2—电刷;3—压紧弹簧;
4—铜丝辫

电刷装置的作用是把转动的电枢与外电路相连,使电流经电刷输入电枢或从电枢输出,并与换向器配合获得直流电压和直流电流。电刷装置如图 1-7 所示。

电刷放置在电刷握中,由弹簧机构把它压在换向器表面上。刷握固定于刷杆上,铜丝辫把电流从电刷通到外电路或由外电路引入到电刷。电刷的组数(一组电刷可能是一个电刷或多个电刷)等于主磁极的数目。

2. 直流电机的转动部分

（1）电枢铁芯

电枢铁芯是电机磁路的一部分。为减少涡流损耗,电枢铁芯一般由 0.35~0.5 mm 厚的冲有齿和槽的硅钢片叠压而成。对于容量较大的电机,为加强冷却,把电枢铁芯沿轴向分成数段,段间留有间隙作为通风道。当电枢旋转时带动风扇,使空气吹入通风道内冷却铁芯及绕组。在电枢铁芯的槽内安放电枢绕组,该绕组起着固定电枢绕组的作用。

（2）电枢绕组

电枢绕组的作用是产生电磁转矩和感应电动势,使电机实现机电能量转换。电枢绕组由许多匝绝缘导线绕制的线圈组成,各线圈以一定规律焊接到换向器上连接成一整体。槽内绕组分两层,上下层之间必须采用层间绝缘,绕组与铁芯槽壁之间必须采用槽绝缘。为防止电枢转动时线圈受离心力而甩出,一般用槽楔将绕组导体固定在槽内,线圈伸出槽外的端接部分用热固性无纬玻璃带进行绑扎固定。

（3）换向器

在直流电动机中,换向器的作用是与电刷配合,把外加直流电流转换为电枢绕组中的交变电流,来保证电磁转矩的方向不变。在直流发电机中,换向器的作用是与电刷配合将电枢绕组内部的交流电动势转换为电刷间的直流电动势。换向器是由许多彼此互相绝缘的换向片构成的圆柱体。换向片是由电解铜制成,片与片之间均垫以云母绝缘,换向器端部借助于 V 形钢制套筒将其固定。换向片的一端有一升高部分,称为升高片,电枢绕组元件的引线就焊在升高片的开口部分内。换向器的结构形式比较多,图 1-8 为常见的一种结构形式。

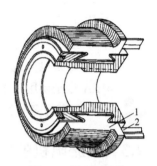

图 1-8 换向器结构
1—换向片;2—连接片

1.2.2 直流电机的额定值

根据国家标准,电机制造厂按电机的设计和试验数据规定每台电机正常运行状态下的条件,称为电机额定运行状况。表征电机额定运行状况的主要数据为电机的额定值,标注在电机的铭牌和产品说明上,它是正确合理使用电机的依据。

电机的额定值主要有下列几项。

1）额定功率 P_N 额定功率（额定容量）是指电机的额定输出功率,单位为 kW。对于发电机是指发电机电枢输出的电功率,其值等于额定电压与额定电流的乘积。对于电动机是指转轴上输出的机械功率,其值等于额定电压与额定电流之积再乘以额定效率。

2）额定电压 U_N 额定电压是指电机长期安全运行时电枢所能承受的电压,单位为 V。对于发电机是指输出的额定电压。对于电动机是指输入的额定电压。

3）额定电流 I_N 额定电流是指电机电枢加额定电压运行的,电枢绕组允许流过的最大电流值,单位为 A。

4）额定转速 n_N 额定转速是指电机在额定电压、额定电流和额定功率情况下运行时的电机转速,单位为 r/min。

此外,还有一些额定值（如额定效率 η_N、额定转矩 T_N、额定温升 t_N 等）不一定标在铭牌上,但它们中某些数值可以根据铭牌数据推算出来。如果电机运行时,其各物理量（如电压、电流、转速等）均等于额定值,则称此时电机运行于额定状态。电机运行于额定状态时,可以充分可靠地发挥电机的能力。当电机运行时,其电枢电流超过额定电流,称为超载或过载运行;反之,若小于额定电流,则称为轻载或欠载运行。超载将使电机过热,降低电机的使用寿命,甚至损坏电机。轻载则浪费电机功率,降低电机效率,造成容量和设备投资的浪费。所以,应根据负载情况合理选用电机,最好使电机接近于额定情况运行才最经济合理。

为满足各种工业中不同运行条件对电机的要求,合理选用电机和不断提高产品的标准化和通用化程度,电机制造厂生产的电机有很多系列。所谓系列电机,就是在应用范围、结构形式、条件水平、生产工艺等方面有共同性,功率按一定比例递增并成批生产的电机。

我国目前生产的直流电机的主要系列如下:

① Z 型为一般用途中小型直流电机,是一种基本系列,通风形式为防护式;

② ZZ 和 ZZJ 型是起重和冶金工业用的电机,一般是封闭式;

③ ZF 型是一般用途直流发电机;

④ ZQ 型是电力机车牵引用直流电动机;

⑤ ZA 型是矿用防爆直流电动机。

此外,还有许多种类型,可查阅电机产品目录。

1.3 直流电机的电枢绕组

直流电机的电枢绕组是直流电机的主要电路,是直流电机的一个重要部件。电机必须通过电枢绕组与气隙磁场相互作用才能实现能量转换。分析电枢绕组的结构原理是了解电机运行的基础。直流电机的电枢绕组有单叠绕组、单波绕组、复叠绕组、复波绕组、混合绕组。电机对电枢绕组的要求是在能通过规定的电流和产生足够的电动势前提下,尽可能节省有色金属和绝缘材料,并且要结构简单,运行可靠等。

下面仅以单叠绕组来说明电机绕组的结构。

1.3.1 有关技术名词

1. 元件

它是绕组的一个线圈,可以是多匝也可以是单匝。元件两个端子连接于两个换向片上。

2. 极距

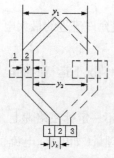

图 1-9 单叠绕组的
节距

它是一个磁极在电枢圆周上所跨的距离(用槽数表示),$\tau = \dfrac{Z}{2p}$。其中,Z 为电枢转子槽数;p 为磁极对数。

3. 节距

绕组元件的宽度及元件之间的连接规律用绕组的各种节距来表示,如图 1-9 所示。

1)第一节距 y_1 它是绕组元件的跨距,表示同一元件上层元件边与下层元件边之间的空间距离(用槽数表示)。为了使一个元件两个有效边中所产生的感应电动势大小相等或相差不多,使电动势叠加,元件的跨距应等于或约等于电机的极距。

2）第二节距 y_2　它是第一元件下层元件边与第二元件上层元件边之间的空间距离（用槽数表示）。

3）合成节距 y　它是直接相连的两个元件的对应边在电枢圆周上的距离（用槽数表示）。

4）向节距 y_k　它是上层元件边与下层元件边所连接的两个换向片之间的距离（用换向片表示）。单叠绕组元件 $y_k = 1$；单波绕组元件 $y_k = y_1 + y_2 = y$。

实际电机中，为使元件端接部分能平整地排列，一般采用双层绕组。

1.3.2　单叠绕组连接示例

一台直流电动机的绕组数据为极对数 $p = 2$，槽数 $Z = 16$，元件数 S 等于换向片数 K 和槽数 Z，即 $Z = S = K = 16$。

1. 计算节距

电机极距为 $\tau = \dfrac{Z}{2p} = \dfrac{16}{2 \times 2} = 4$

元件跨距为 $y_1 = \tau = \dfrac{Z}{2p} = 4$，跨四个槽距为 $1 \sim 5$

换向片节距 $y_k = 1$

2. 单叠绕组展开图

后一元件的端接部分紧叠在前一元件的端接部分上，这种绕组称为叠绕组。绕组展开图是假设将电枢表面从某一齿处沿轴向剖开，把电枢表面的绕组连接展成一个平面所得的图形，其作用是在一张平面图上清晰地表示电枢绕组的连接规律，从而了解电机电枢绕组电路的形成。图 1-10 是示例中电枢绕组的展开图。其中，实线表示在槽内放置的上层元件边，虚线表示下层元件边。互相接近的一条实线和一条虚线为同一个槽内的两个元件边。换向器用一小块方格表示，每一小方格表示一个换向片。为便于分析，展开图中换向片的宽度比实际换向片的宽度要宽，从而使换向器在图中的展开宽度与电枢展开宽度相同。同时，为了说明问题方便，要将绕组元件、电枢槽和换向片进行编号。以上层元件边为参考边，上层元件边的编号与上层元件边所在的电枢槽以及与该元件边相连接的换向片三者的编号相同。

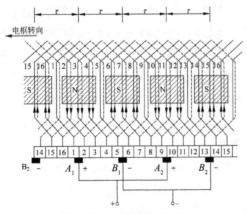

图 1-10　单叠绕组展开图

需要指出的是,在实际电机中,通常电刷的宽度为换向片宽度的1.5~3倍,在展开图中为了分析方便,仅画成一个换向片宽度,同时使端接部分对称的绕组,电刷放在主磁极轴线下的换向片上。

根据已确定的各个节距,画出绕组的展开图的步骤如下。

①画电枢槽。分别交替画出16根等长、等距的实线与虚线,代表绕组的上层元件有效边和下层元件有效边,同时一根实线和一根虚线代表一个电枢槽,依次把电枢槽编上号码,其编号的原则是自左至右编号。

②安放磁极。让每个磁极宽度约为0.7τ(τ为极距),4个磁极均匀分布在各槽之上,并标上N、S极性。

③画换向器。用16个方块代表16个换向片。换向片编号一般是换向片号与上层元件边所嵌放的槽号相同。

④连接电枢绕组。先确定第1个元件,其上层边(实线)在第1槽,按第一节距y_1=4,其下层边应在第5槽(虚线),元件的两个出线端分别连接到相邻的换向片1和2上,由于元件的几何形状对称,其端接部分也应画成左右对称,元件的出线端与上层边连接的部分用实线,与下层边连接的部分用虚线。第2个元件从第2换向片起连接到第2槽上层元件边,然后经过第一节距连接到第6槽下层元件边,再回到第3个换向片。按此规律,直至将16个元件全部连接完毕。

⑤确定每个元件边中导体感应电动势的方向。如图1-10所示瞬间,1、5、9、13四个元件正好位于两个主磁极的中间,该处气隙磁密为零,所以不感应电动势。其他元件的感应电动势的方向可根据电磁感应定律的右手定则确定。磁极放在电枢绕组上面,因此N极下的磁力线在气隙里的方向是进入纸面的,S极是流出纸面的,电枢从右向左旋转,所以在N极下的导体电动势是向下的,在S极下的导体电动势是向上的。

⑥放置电刷。在直流电机里,电刷组数与主磁极的个数相同。对于本例,则有四组电刷,它们均匀地放在换向器表面圆周的位置,每个电刷的宽度等于每个换向片的宽度。放置电刷的原则是,要求正、负电刷之间得到最大的感应电动势,如果把电刷的中心线对准主磁极的中心线,就能满足上述要求。被电刷短路的元件正好是1、5、9、13,而这几个元件的元件边恰好处在两个主磁极之间的中性线位置,此中性线又称几何中性线,电刷的这种放法习惯上叫作电刷放在几何中性线位置。实际运行时,电刷静止不动,电枢在旋转,但是被电刷所短路的元件总是处于两个主磁极之间,其感应电动势最小。如果电刷偏离几何中性线位置,正、负电刷之间的感应电动势会减小,被电刷所短路的元件的感应电动势不是最小,对换向不利。

电机在运行过程中,绕组元件、换向器与电机磁极、电刷有相对运动,展开图中绕组元件、换向器与电机磁极、电刷的对应位置为瞬时状态,也可在并联支路图中表现出来。

3. 单叠绕组的并联支路图

从图1-10可以看出,被电刷短路的元件1、5、9、13把闭合的电枢绕组分成四个部分,形成四条支路,元件2、3、4上层边都在N极下,三个电动势方向都相同,组成一条支路。元件6、7、8上层边都在S极下,三个电动势方向也都相同,也组成一条支路。元件10、11、12与元件2、

3、4情况相同,元件14、15、16与元件6、7、8情况相同,都分别组成一条支路。这样每对相邻电刷之间为一条支路,按照图中元件的连接顺序和电刷位置,可以画出如图1-11所示的并联支路图。其中,所串联的是上层边在同一个磁极下的全部元件。因此,单叠绕组的支路数等于电机的主磁极数,即

$$2a = 2p$$

其中,a是电枢绕组的并联支路对数。

考虑电枢旋转时主磁极及电刷的位置均不动,虽然电枢绕组的每个元件不停地旋转移到它前面一个元件的位置上,使一条支路上的元件不断地变化,但总的支路组成情况及支路电势基本不变。由图1-11可见,单叠绕组有几个磁极就应有几组电刷,如果任意去掉一组电刷,都将使电枢绕组的一对支路不能工作,降低电机的输出能力。此时,电刷A_1和A_2把电动势接近零的元件1和9短路,电刷B_1和B_2把电动势接近零的元件5

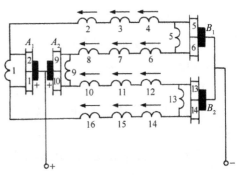

图1-11 并联支路图

和13短路。这是绕组中电刷把电动势接近零的元件短路的情况。而支路电动势情况则是从正电刷A_1分两条支路,一路是从换向片2经元件2、3、4到换向片5至负电刷B_1,这些元件的上层元件边都位于N极下,元件的电动势方向都相同,因而互相叠加;另一路从换向片1经元件16、15、14到换向片14接负电刷B_2,这些元件的上层元件边都位于S极下,元件的电动势方向都相同,因而也互相叠加。从正电刷A_2也分为两条支路,一路是从换向片9经元件8、7、6到换向片6至负电刷B_1,这些元件的上层元件边都位于S极下,另一路从换向片10经元件10、11、12到换向片13接负电刷B_2,这些元件的上层元件边都位于N主极下,各支路电动势为各支路中的元件电动势叠加。此时,电刷A_1、A_2的极性为"+",B_1、B_2的极性为"-",而A_1与A_2,B_1与B_2电位相等,可以把它们连接起来,整个绕组就由4条并联支路组成,正负电刷之间的电动势称为电枢电动势,也就是每条支路的电动势。由于电刷和主磁极在电机上是固定的,所以当用原动机带动电枢旋转时,虽然每条支路中的元件连同与电刷接触的换向片在不断地变化,但每条支路中元件在磁场中所处的位置以及各支路的元件总数并没有改变,因此在电刷A、B之间的电动势的方向和大小不变,是一个直流电动势。也是由于换向器和电刷装置的作用,使处于N极下和S极下的元件受到电磁力的方向和大小始终不变,从而形成一个恒定的电磁转矩。

1.4 直流电机的磁场

在直流电机中,由磁极的励磁磁动势单独建立的磁场是电机的主磁场,也称为励磁磁场。励磁方式是指对励磁绕组如何供电、产生励磁磁动势而建立主磁场的问题。

1.4.1　直流电机的励磁方式

以直流电动机为例，按励磁方式不同，分为以下四种。

（1）他励直流电动机

电枢和励磁绕组由两个独立的直流电源供电。

（2）并励直流电动机

电枢和励磁绕组并联后由一个独立的直流电源供电。

（3）串励直流电动机

电枢和励磁绕组串联后由一个独立的直流电源供电。

（4）复励直流电动机

主磁极上装有两个励磁绕组，一个与电枢电路并联（即并励绕组），然后再和另一个励磁绕组串联（即串联绕组）。也可以一个励磁绕组与电枢绕组串联后，再和另一个励磁绕组并联。

直流电动机的励磁方式如图 1-12 所示。直流发电机的励磁方式读者可自行分析。

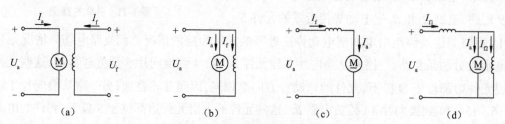

图 1-12　直流电动机按励磁方式分类
（a）他励；（b）并励；（c）串励；（d）复励

1.4.2　直流电机的空载磁场

直流电机的空载是指电枢电流等于零或者很小，且可以不计其影响的一种运行状态。此时，电机无负载，即无功率输出（在电动机中，指无机械功率输出；在发电机中，指无电功率输出），所以直流电机的空载磁场是指由主磁极励磁磁动势单独建立的磁场。图 1-13 所示为一台四极直流电机空载时磁场的分布。

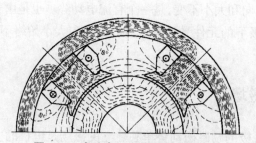

图 1-13　直流电机空载时的磁场分布

1. 主磁通和漏磁通

当定子励磁绕组通入电流,产生的磁通大部分由 N 极经过气隙到转子,再由另一个气隙到 S 极,并经过机座(定子磁轭)同时与励磁绕组和电枢绕组相交链。直流电机中起有效作用的磁通,称为主磁通 Φ。它能够在旋转的电枢绕组中感应出电动势,并和电枢绕组的磁动势相互作用产生电磁转矩。主磁通 Φ 所经过的路径为主磁路,主磁通由主磁极铁芯、气隙、电枢齿、电枢铁芯和磁轭等五部分组成。漏磁通 Φ_σ 交链励磁绕组本身,不和电枢绕组相交链,只能增加磁极和定子磁轭的饱和程度,不产生电动势和转矩。漏磁通 Φ_σ 所经过的路径主要为空气,磁阻较大,因此漏磁通 Φ_σ 的数量只有主磁通的 20% 左右。

2. 直流电机的空载磁化曲线

当励磁绕组的匝数一定时,每极磁通的大小主要由励磁电流决定。主磁通 Φ 与励磁磁动势 F_{f0} 或励磁电流 I_{f0} 的关系称为电机的磁化曲线,用以表征电机磁路的特性。由于构成主磁路的五部分当中有四部分是铁磁材料,且铁磁性材料磁化时存在饱和现象。因此,磁导率不是常数,这使得电机的磁化曲线 $\Phi = f(I_{f0})$ 的关系是非线性的。直流电机的磁化曲线如图 1-14 所示。

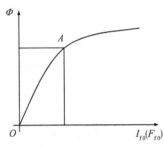

图 1-14 直流电机磁化曲线

为了充分利用铁磁材料,电机的工作点一般选在磁化特性开始拐弯的线段上(图 1-14 中 A 点附近)。

3. 主磁极磁动势产生的气隙磁密在空间的分布

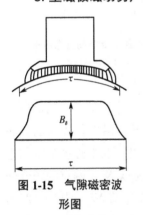

图 1-15 气隙磁密波形图

气隙磁密是指电枢表面的磁通密度。空载时,它是主磁极磁动势产生的主磁通所对应的电枢表面磁密,主磁通 Φ 的大小与主磁极磁动势 $I_f N$ 成正比,与主磁路的总磁阻 R_m 成反比。直流电机空载时不考虑齿槽影响的主磁极气隙磁密分布波形,如图 1-15 所示。

由图可知,在磁极中心及其附近,气隙较小且均匀不变,故气隙磁密较大且基本为常数;靠近两边极尖处,气隙逐渐变大,气隙磁密减小;超出极尖以外,气隙明显增大,气隙磁密显著减小;在两磁极之间(几何中性线)处,气隙磁密降为零。所以,主磁极磁动势产生的气隙磁密分布波形为一平顶波。

1.4.3 直流电机负载时的磁场和电枢反应

电机带上负载以后,电机转子的电枢绕组内流过电枢电流 I_a 会产生电枢磁动势和电枢磁场,电枢磁场将改变主磁极产生的气隙磁密的分布状态。因此,负载时电机中气隙磁场是由主磁极磁动势和电枢磁动势共同建立的。由此可知,直流电机从空载到负载的磁场是变化的。

1. 电枢磁场与电枢磁动势产生的气隙磁密在空间的分布

考虑电机电刷位于几何中性线上,电刷轴线两侧电枢导体中电流方向相反。不论电枢是旋转或者是静止,电枢导体中电流方向的分界线总是电刷轴线。因此,只要电刷不动,电枢电流产生的电枢磁场在空间上总是静止的。

图 1-16 为电刷在几何中性线上时电枢磁场的分布。电枢磁场的方向与电枢导体中电流的方向符合右手螺旋定则,电枢磁极的极轴线与主磁极的极轴线在空间的交角为 90°。图 1-17 为电枢磁动势、磁通密度空间分布波形。假设将电枢展开成一条直线,并把主磁极、电刷等绘出,图中横坐标表示沿电枢圆周方向上的空间距离,纵坐标表示气隙磁动势与气隙磁密的大小和方向。

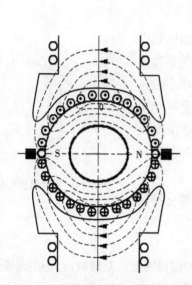

图 1-16 两极直流电机的电枢磁场分布

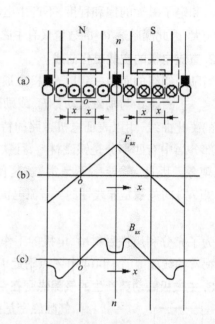

图 1-17 电枢磁动势、磁通密度空间分布波形
(a)电枢展开图;(b)磁动势波形图;
(c)磁通密度波形图

下面进一步分析电刷放在几何中性线上电枢磁动势和在电枢磁动势作用下产生的电枢磁密在空间的分布情况。在图 1-17(a)所示的展开图中,近似认为电枢导体沿电枢表面的分布是连续均匀的,在一个极距范围内磁动势分布规律可由全电流定律求出。取主磁极轴线与电枢表面的交点为坐标原点,这点的电枢磁动势为零。经电枢表面坐标为 $+x$ 及 $-x$ 两点的闭合回路为磁感应线的路径,作用在这一闭合磁路的磁动势等于它所包围的全电流 NI_a。其中,N 为电枢总导体数,I_a 为一条支路中的电枢电流。若忽略铁磁材料的磁阻,且电机气隙均匀,认为这一磁动势完全消耗在两个气隙上,则每个气隙所消耗的电枢磁动势为 $NI_a /2$。

为计算方便,引入电枢线负荷的概念,电枢线负荷即在电枢圆周表面单位长度上的安培导体数,若电枢直径为 D,则有

$$A = \frac{NI_a}{\pi D} \tag{1-3}$$

电枢表面任一点 x 处电枢磁动势为

$$F_{ax} = Ax \tag{1-4}$$

12

一般取磁感应线自电枢出来进入定子时的磁动势为正,反之为负。电枢磁动势的空间分布曲线如图 1-17(b)所示,在一对磁极下电枢磁动势为一三角波。电枢磁动势在几何中性线上达到最大值 $F_{a\max}$,其大小与支路电流成正比,与总的电枢电流 I_a 成正比。

已知气隙中任一点处的电枢磁动势 F_{ax},即可求出该点的电枢磁密为

$$B_{ax} = \mu_0 H_{ax} = \frac{\mu_0 F_{ax}}{\delta} \tag{1-5}$$

其中,μ_0 为空气的磁导率;H_{ax} 为点 x 处的电枢磁场强度;δ 为点 x 处的气隙长度。

式(1-5)表明,气隙中任一点的电枢磁密 B_{ax} 与电枢磁动势 F_{ax} 成正比,而与气隙长度 δ 成反比。在主极极靴下气隙长度通常为常数,则 B_{ax} 与 F_{ax} 呈线性关系。但是,在极靴范围外,由于气隙 δ 显著增加,F_{ax} 虽然继续增加,但 B_{ax} 却迅速下降,使电枢磁密 B_{ax} 在空间分布呈马鞍形,如图 1-17(c)所示。

2. 电枢反应

负载时,电机中的气隙磁场是由主磁极磁动势和电枢磁动势共同产生的磁场,电枢磁场对主磁极磁场所产生的影响称为电枢反应。比较图 1-15 与图 1-17(c)可见,主磁极磁场沿气隙的分布曲线是一个平顶波,而电枢磁场沿气隙的分布曲线呈马鞍形。

若电机铁芯未达到磁饱和,根据叠加原理,实际气隙磁场的空间分布曲线应为图 1-18 中曲线 1 和曲线 2 之和,如曲线 3、曲线 4 所示,曲线 3 为磁路饱和时的合成气隙磁密,曲线 4 为磁路半饱和时的合成气隙磁密。将曲线 3 与曲线 1 相比较,可以看出电枢反应的结果如下。

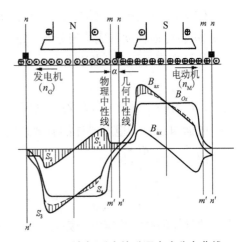

图 1-18 电枢反应的磁通密度分布曲线

①气隙磁场的分布发生畸变。在主磁极中心线的一侧磁密升高,另一侧磁密降低,从而使气隙磁密分布曲线受到扭曲,并使电枢表面磁密为零的物理中性线 $m—m'$ 与几何中性线 $n—n'$ 相分离,偏离了一个不大的角度 α。

②每极磁通量下降。在铁芯磁路不饱和的情况下,由于电枢磁动势对称于原点 O,在主磁极一侧的增磁作用与另一侧的去磁作用相等,所以每极总磁通与空载时仍相等。然而,实际电机的磁路总有一定程度的饱和,由于磁密增大的一侧其磁路饱和程度提高,磁阻增大。因此,主磁极中心线的一侧磁通增加量将小于另一侧磁通减小量,从而使每极总磁通量较空载时下降,如图 1-18 中 S_3、S_4 阴影部分所示。由此可见,当考虑磁路饱和的影响时,电枢反应呈现去磁效应。

1.5 直流电机的电枢电动势和电磁转矩

直流电机中实现机电能量转换的耦合介质——气隙磁场的情况,在上一节比较详细地进行了分析,这一节将分析直流电机利用气隙磁场实现机电能量转换的两个要素:感应电动势和电磁转矩。

1.5.1 电枢绕组的感应电动势

直流电机无论作电动机运行还是作发电机运行,当电枢绕组导体切割气隙合成磁场,都产生感应电动势。电枢绕组感应电动势是指直流电机正、负电刷之间的感应电动势,也就是每条支路的感应电动势。若电刷位于几何中性线处,电枢旋转时,每条支路串联的元件均在改变。就一个元件而言,会交替出现在不同的支路,而每条支路在任何瞬间所含的元件数相等,且每条支路里的元件都是分布在同极性磁极下的不同位置上。因此,它们的电势方向相同。由于气隙磁密在一个磁极下的分布不均匀,所以导体中感应电动势的大小是变化的。为分析推导方便,可将磁通密度看成均匀分布。取一个磁极下平均气隙磁通密度,一根导体产生的感应电动势的平均值为 e_{av},其表达式为

$$e_{av} = B_{av}lv \tag{1-6}$$

其中,B_{av} 为一个磁极下气隙磁通密度的平均值,称为平均气隙磁通密度,它等于每极磁通除以每极的面积 τl;l 为电枢导体的有效长度(槽内部分);v 为导体切割磁力线的线速度。

由于 $B_{av} = \dfrac{\Phi}{\tau l}$,且

$$v = \frac{2\pi Rn}{60} = \frac{2p\tau n}{60} \ (2\pi R = 2p\tau)$$

则一根导体的平均感应电动势为

$$e_{av} = B_{av}lv = \frac{\Phi}{\tau l}l\frac{2\pi Rn}{60} = \frac{2\pi Rn\Phi}{60\tau} = \frac{2p\tau n\Phi}{60\tau} = 2p\Phi\frac{n}{60}$$

设电枢绕组的总导体数为 N,支路数为 $2a$,每一条支路的串联导体数等于 $N/2a$,则电枢绕组的感应电动势为

$$E_a = \frac{N}{2a}2p\Phi\frac{n}{60} = \frac{pN}{60a}\Phi n = C_E\Phi n \tag{1-7}$$

其中,$C_E = \dfrac{pN}{60a}$ 对已经制造好的电机是一个常数,故称为直流电机的电势常数;每极磁通 Φ 为负载时的气隙磁通,单位为 Wb;转速 n 单位为 r/min;感应电动势 E_a 的单位为 V。

由式(1-7)看出,一台已制成的电机的电枢电动势 E_a 与每极磁通 Φ 和转速 n 的乘积成正比。

在以上分析中,假定所有绕组元件都是整距的($y = \tau$),若为短距($y < \tau$),则总的电枢电动势要略小些。这是由于一般直流电机中绕组元件短距的不多,其影响较小。因此,在计算电枢电动势时不考虑短距的影响。电枢电动势的方向由磁场方向和转子旋转方向决定。在直流电动机中,若电动势方向与电枢电流方向相反,为反电动势;在直流发电机中,若电动势方向与电枢电流方向相同,为电源电动势。

1.5.2 电枢绕组的电磁转矩

无论是直流电动机还是直流发电机,当它们在运行时,电枢绕组中均有电流通过。由于载流导体在磁场中会受到电磁力的作用,因此均可产生电磁力和电磁转矩。根据电磁力公式,作用在电枢绕组每一根导体上的平均电磁力为

$$f = B_{av}li_a \qquad (1-8)$$

其中,B_{av} 为一个磁极下气隙磁通密度的平均值,称为平均气隙磁通密度;l 为电枢导体的有效长度(槽内部分);i_a 为电枢导体中的电流,即支路电流。

设电枢绕组的总导体数为 N,作用在电枢绕组上的总电磁力为

$$f_{av} = B_{av}li_aN = B_{av}l\frac{I_a}{2a}N = \frac{B_{av}lI_aN}{2a} \qquad (1-9)$$

则作用在电枢绕组上的总电磁转矩为

$$T = f_{av}R = B_{av}li_aNR = B_{av}l\frac{I_a}{2a}NR$$

其中,I_a 为电枢总电流;R 为电枢半径,由于电枢周长为 $2\pi R = 2p\tau$,则 $R = \frac{p\tau}{\pi}$;考虑 $\Phi = B_{av}\tau l$,则有

$$T = f_{av}R = B_{av}l\frac{I_a}{2a}NR = B_{av}l\frac{I_a}{2a}N\frac{p\tau}{\pi} = \frac{pN}{2a\pi}\Phi I_a \qquad (1-10)$$

令 $C_T = \frac{pN}{2a\pi}$,则有

$$T = C_T\Phi I_a$$

其中,$C_T = \frac{pN}{2a\pi}$ 对已经制造好的电机是一个常数,故称为直流电机的转矩常数。

将电势常数 $C_E = \frac{pN}{60a}$ 和转矩常数 $C_T = \frac{pN}{2a\pi}$ 相比后,可得

$$\frac{C_E}{C_T} = \frac{2\pi}{60} \qquad (1-11)$$

电磁转矩方向由磁场方向和电枢电流方向决定。在直流电动机中,若电磁转矩方向与转子旋转方向相同,电磁转矩为拖动转矩;在直流发电机中,若电磁转矩方向与转子旋转方向相反,电磁转矩为制动转矩。

1.6 直流电动机运行分析

直流电动机按励磁方式的不同,分为他励直流电动机、并励直流电动机、串励直流电动机和复励直流电动机。一般情况下,当额定励磁电压与电枢电压相等时,他励和并励直流电动机就无实质性区别。因此,下文以并励直流电动机为例。

本节介绍的平衡关系是指直流电动机稳态运行时的电压平衡、功率平衡和转矩平衡方程式。这些平衡关系综合了电机内部的电磁过程,是分析和了解电动机运行特性和电动机工作特性的重要依据。

1.6.1 直流电动机稳态运行时的基本方程式

1. 电压平衡方程式

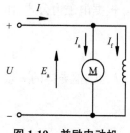

图 1-19 并励电动机

直流电动机运行时磁场的励磁情况是定子和转子双方励磁的电磁系统,即接通电源时励磁绕组中流过励磁电流 I_f 建立主磁场,同时电枢绕组流过电枢电流 I_a 形成电枢磁场,主磁场与电枢磁场相互作用成为气隙合成磁场。电枢导体中流过电流与气隙合成磁场的相互作用产生电磁转矩,使电枢旋转。当电枢旋转时,绕组元件切割气隙合成磁场,在电枢绕组中产生感应电动势 E_a。在电动机中,若感应电动势 E_a 方向与电流 I_a 方向相反,称为反电动势,其方向如图 1-19 所示。

若以图 1-19 中各量的方向为正方向,则可得出并励直流电动机电压平衡关系为

$$\left.\begin{array}{l} U = E_a + R_a I_a \\ I_f = \dfrac{U}{R_f} \\ I = I_a + I_f \end{array}\right\} \tag{1-12}$$

其中,R_a 为电枢回路电阻(包括电枢绕组电阻和电刷与换向器之间的接触电阻),电刷的接触电阻压降与电流大小无关,只随电刷材料的不同与大小而有差异,通常为 0.3~1 V;I_a 为电枢回路电流;R_f 为励磁回路电阻;I_f 为励磁回路电流。式(1-12)表明,直流电动机在电动状态下运行时,直流电机的电枢电动势 E_a 总小于端电压 U。

2. 转矩平衡方程式

根据力学中的牛顿定律,在直流电机的机械系统中,任何瞬间必须保持转矩平衡。电动机以稳定转速运行时,电动机的转矩平衡方程式为

$$T = T_0 + T_2 \tag{1-13}$$

其中,电磁转矩 T 为拖动转矩,其方向与转速方向 n 相同;电动机空载损耗转矩 T_0 为制动转矩,其方向与转速 n 方向相反;转矩 T_2 为电动机轴上输出的转矩,与生产机械的负载转矩 T_L 相等。式(1-13)表明,直流电动机稳态运行时的转矩关系是拖动转矩等于总的制动转矩。

3. 功率平衡方程式

电动机输入功率为

$$P_1 = UI = U(I_a + I_f) = (E_a + R_a I_a)I_a + UI_f = E_a I_a + R_a I_a^2 + UI_f = P_M + p_{Cua} + p_{Cuf} \tag{1-14}$$

其中,$P_M = E_a I_a$ 为电磁功率;$p_{Cua} = R_a I_a^2$ 为电枢回路的铜损耗;$p_{Cuf} = UI_f$ 为励磁回路的铜损耗。

电磁功率为

$$P_M = E_a I_a = \frac{pN}{60a} \Phi n I_a = \frac{pN}{2\pi a} \Phi I_a \frac{2\pi n}{60} = T\Omega$$

其中,$\Omega = \dfrac{2\pi n}{60}$。$E_a I_a$ 代表转换成机械功率的电功率,$T\Omega$ 代表由电功率转换成的机械功率,两者大小相等。由 $P_M = E_a I_a = T\Omega$ 可知,电磁功率 P_M 既具有机械功率的性质,又具有电功率的

性质。对于直流电动机,电磁功率为电能转换为机械能的那部分功率。

将式(1-13)两边乘以机械角速度 Ω,可得

$$T\Omega = T_0\Omega + T_2\Omega$$

则电磁功率也可表示成

$$P_\mathrm{M} = P_0 + P_2 = p_\mathrm{Fe} + p_\mathrm{m} + p_\mathrm{s} + P_2 \qquad (1\text{-}15)$$

其中, $P_\mathrm{M} = T\Omega$ 为电磁功率; $P_2 = T_2\Omega$ 为轴上输出的机械功率; $P_0 = T_0\Omega$ 为空载损耗, P_0 包括机械损耗 p_m、铁损耗 p_Fe 和附加损耗 p_s。直流电动机的铁损耗包括磁滞损耗和涡流损耗。直流电动机的机械损耗包括轴承摩擦损耗、电刷与换向片之间的摩擦损耗和通风损耗。通常,机械损耗和铁损耗都与电机的转速有关,但若电机转速变化不大,机械损耗和铁损耗也可近似看成不变。直流电动机的附加损耗又称为杂散损耗,它包括由于电枢反应使气隙磁通密度分布畸变而增加的铁损耗、电枢齿槽效应引起磁通脉振造成的损耗、机械结构部件中的涡流损耗以及换向元件中的铜损耗等。附加损耗难以准确计算,一般占额定功率的 0.5%~1%。若电机运行过程中转速和磁通变化不大,空载损耗可认为是与负载无关的不变损耗。

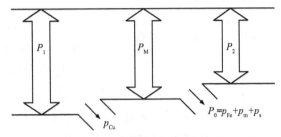

由式(1-14)和式(1-15)可以画出并励直流电动机的功率流程图,如图 1-20 所示。

图 1-20 直流电动机的功率流程图

并励直流电动机的功率平衡方程式为

$$P_1 = P_\mathrm{M} + p_\mathrm{Cu} = P_2 + P_0 + p_\mathrm{Cu} = P_2 + p_\mathrm{Fe} + p_\mathrm{m} + p_\mathrm{s} + p_\mathrm{Cua} + p_\mathrm{Cuf} = P_2 + \sum p \qquad (1\text{-}16)$$

其中, $\sum p = p_\mathrm{Fe} + p_\mathrm{m} + p_\mathrm{s} + p_\mathrm{Cua} + p_\mathrm{Cuf}$ 为并励直流电动机的总损耗, $p_\mathrm{Cuf} = R_\mathrm{f}I_\mathrm{f}^2$ 为励磁绕组回路铜损耗, $p_\mathrm{Cua} = R_\mathrm{a}I_\mathrm{a}^2$ 为电枢回路铜损耗, $p_\mathrm{Cu} = p_\mathrm{Cuf} + p_\mathrm{Cua}$ 为全部铜损耗, $P_\mathrm{M} = P_1 - p_\mathrm{Cu} = E_\mathrm{a}I_\mathrm{a} = C_E\Phi nI_\mathrm{a} = T\Omega$ 为电磁功率, $P_0 = p_\mathrm{Fe} + p_\mathrm{m} + p_\mathrm{s}$ 为空载损耗。

【例 1-1】 已知一台他励直流电动机的数据为 $P_\mathrm{N} = 75\ \mathrm{kW}$, $U_\mathrm{N} = 220\ \mathrm{V}$, $I_\mathrm{N} = 383\ \mathrm{A}$, $n_\mathrm{N} = 1\,500\ \mathrm{r/min}$,电枢回路总电阻 $R_\mathrm{a} = 0.019\,2\ \Omega$,忽略磁路饱和影响。求额定运行时:(1)电磁转矩;(2)输出转矩;(3)输入功率;(4)效率。

解:

电枢感应电动势　　$E_\mathrm{a} = U_\mathrm{N} - I_\mathrm{N}R_\mathrm{a} = 220 - 383 \times 0.019\,2 = 212.646\ \mathrm{V}$

电磁功率　　$P_\mathrm{M} = E_\mathrm{a}I_\mathrm{N} = 212.646 \times 383 = 81\,443\ \mathrm{W}$

电磁转矩　　$T = \dfrac{P_\mathrm{M}}{\Omega} = 9.55\dfrac{P_\mathrm{M}}{n_\mathrm{N}} = 9.55\dfrac{81\,443}{1500} = 518.5\ \mathrm{N \cdot m}$

输出转矩　　$T_2 = \dfrac{P_\mathrm{N}}{\Omega} = 9.55\dfrac{P_\mathrm{N}}{n_\mathrm{N}} = 9.55\dfrac{75\,000}{1500} = 477.5\ \mathrm{N \cdot m}$

输入功率　　$P_1 = U_\mathrm{N}I_\mathrm{N} = 220 \times 383 = 84\,260\ \mathrm{W}$

效率　　$\eta = \dfrac{P_2}{P_1} = \dfrac{75\,000}{84\,260} = 89\%$

1.6.2　直流电动机的工作特性

直流电动机的工作特性是指当电动机电枢电压为额定电压，电枢回路中无外加电阻，励磁电流为额定励磁电流时，电动机的转速 n、电磁转矩 T 和效率 η 三者与电枢电流 I_a 之间的关系，即 $n=f(I_a)$、$T=f(I_a)$ 和 $\eta=f(I_a)$。

1. 并励直流电动机的工作特性

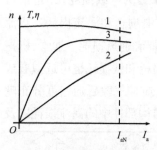

图 1-21　并励直流电动机
工作特性

（1）转速特性 $n=f(I_a)$

当 $U=U_N$、$I_f=I_{fN}(\varPhi=\varPhi_N)$ 时，转速 n 与电枢电流 I_a 之间的变化关系称为转速特性。

将电动势公式 $E_a=C_E\varPhi n$ 代入电压平衡方程式 $U=E_a+R_aI_a$，可得转速特性公式为

$$n=\frac{U_N}{C_E\varPhi_N}-\frac{R_a}{C_E\varPhi_N}I_a \tag{1-17}$$

式（1-17）对于各种励磁方式的电动机均适用。由上式可见，若忽略电枢反应的影响，即 $\varPhi=\varPhi_N$ 保持不变，当负载电流增加时，电阻压降 R_aI_a 增加，将使电机转速趋于下降。然而，由于 R_a 一般很小，因此转速下降不多，如图 1-21 中曲线 1 所示。若负载较重（即 I_a 较大）时，受电枢反应去磁作用的影响，随着 I_a 增加，磁通 $\varPhi$ 减少，从而使电机转速趋于上升。

（2）转矩特性

当 $U=U_N$、$I_f=I_{fN}$ 时，$T=f(I_a)$ 的变化关系称为转矩特性。由转矩公式可知

$$T=C_T\varPhi I_a \tag{1-18}$$

从式（1-18）看出，若忽略电枢反应的影响，即 $\varPhi=\varPhi_N$ 保持不变，则电磁转矩 T 与电枢电流 I_a 成正比，其特性如图 1-21 中曲线 2 所示。若考虑电枢反应的去磁效应，随着 I_a 增大，电磁转矩 T 要略微减小。

（3）效率特性

当 $U=U_N$、$I_f=I_{fN}$ 时，$\eta=f(I_a)$ 的变化关系称为效率特性。效率为

$$\eta=\frac{P_2}{P_1}\times100\%=\left(1-\frac{\sum p}{P_1}\right)\times100\%=\left[1-\frac{p_{Cuf}+p_{Cua}+p_{Fe}+p_m+p_s}{U(I_a+I_f)}\right]\times100\% \tag{1-19}$$

在其总损耗中，空载损耗 P_0 为不变损耗，不随负载电流（即电枢电流 I_a）的变化而变化。铜损耗 p_{Cu} 为可变损耗，随 I_a^2 成正比变化。当电枢电流 I_a 从小开始增大时，可变损耗增加缓慢，总损耗变化小，效率明显上升；当电枢电流 I_a 增大到电动机的不变损耗等于可变损耗时，即 $P_0=p_m+p_{Fe}+p_s=p_{Cu}=R_aI_a^2$ 时，电动机的效率 η 达到最高；当电枢电流 I_a 再进一步增大时，可变损耗在总损耗中所占的比例变大，可变损耗和总损耗都将明显上升，效率 η 又逐渐减小，如图 1-21 中曲线 3 所示。另外，在额定负载时，一般中小型电机的效率为 75%~85%，大型电机的效率为 85%~94%。

2. 串励直流电动机的工作特性

图 1-22 所示为串励直流电动机的原理接线图,励磁绕组和电枢绕组串联后由同一个直流电源供电,电路输入电流 $I = I_a = I_f$,主磁极的磁通随电枢电流变化。电路输入电压 $U = U_a + U_f$,由于励磁电流就是电枢电流,励磁电流大,励磁绕组的导线粗,匝数少,励磁绕组的电阻要比并励直流电动机的电阻小,因而其转速特性与转矩特性和并励直流电动机有明显的不同。特性如图 1-23 所示。

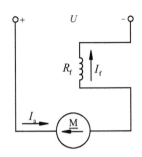

图 1-22 串励直流电动机

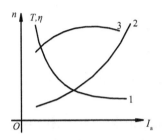

图 1-23 串励直流电动机的工作特性

1—转速特性;2—转矩特性;3—效率特性

（1）转速特性

串励直流电动机的电压平衡方程式为

$$U = E_a + R_a I_a + R_f I_a = E_a + (R_a + R_f)I_a \qquad (1-20)$$

其中,R_f 为串励绕组的电阻。将电动势公式 $E_a = C_E \Phi n$ 代入上式,可得

$$n = \frac{U}{C_E \Phi} - \frac{(R_a + R_f)I_a}{C_E \Phi}$$

当电枢电流 $I_a = I_f$ 时,磁路未饱和,磁通正比于 $I_a = I_f$,且 $\Phi = k_f I_f = k_f I_a$,将其代入上式,可得

$$n = \frac{U}{C_E k_f I_a} - \frac{(R_a + R_f)I_a}{C_E k_f I_a} = \frac{U}{C_E' I_a} - \frac{R_a'}{C_E'} \qquad (1-21)$$

其中,$C_E' = C_E k_f$ 为常数;k_f 为磁通与励磁电流的比例系数。

由上式可知,当电枢电流不大时,串励直流电动机的转速特性具有双曲线性质,转速随着电枢电流增大而迅速降低。当电枢电流较大时,磁路饱和,磁通近似为常数,转速特性与并励直流电动机的工作特性相似,为稍稍向下倾斜的直线,如图 1-23 中曲线 1 末端所示。从曲线上可看出,在空载或负载很小时,电机转速很高。理论上,当 I_a 接近零时,电动机转速将趋近于无穷大,实际可能达到危险的高速,即产生所谓"飞速",这将导致电枢损坏。因此,串励直流电动机不允许在空载或轻载下运行,不允许用皮带轮传动。

（2）转矩特性

串励直流电动机的转矩公式为

$$T = C_T \Phi I_a = C_T k_f I_a^2 = C_T' I_a^2 \qquad (1-22)$$

其中, $C_T' = C_T k_f$。对已制成的电机,当电流 I_a 很小并且磁路不饱和时,其电磁转矩 T 与电枢电流 I_a^2 正比。当重载时,电流 I_a 很大,此时磁路呈饱和状态。由于磁通变化不大,电磁转矩 T 基本上与电枢电流 I_a 成正比。

串励直流电动机与并励直流电动机的转矩特性相比有以下优点。

①对应于相同的转矩变化量,串励直流电动机电枢电流的变化量小,即负载转矩变化时,电源供给的电流可以保持相对稳定的数值。

②对应于允许的最大电枢电流,串励直流电动机可以产生较大的电磁转矩。因此,串励直流电动机具有较大的启动转矩和过载能力,适用于启动能力或过载能力较高的场合,如起重机、电气机车等。

（3）效率特性

串励直流电动机的效率特性与并励直流电动机的效率特性相同,如图 1-23 中的曲线 3 所示。

3. 复励直流电动机的工作特性

图 1-24 是复励直流电动机接线图。在主磁极上有两个励磁绕组,一个为并励绕组,一个为串励绕组。前者匝数多,电阻大;后者匝数少,电阻小。通常复励直流电动机的磁场以并励绕组产生的磁场为主,以串励绕组产生的磁场为辅,总接成积复励直流电动机,即两个励磁绕组产生的磁动势相同。这样的电动机兼有并励和串励两种电动机的优点,其转速特性介于并励电动机和串励直流电动机之间。因此,复励直流电动机既有较大的启动转矩和过载能力,又允许在空载或轻载下运行。积复励直流电动机的转速特性如图 1-25 中的曲线 2 所示,为便于比较,图中的曲线 1、3 分别为并励直流电动机与串励直流电动机的转速特性。

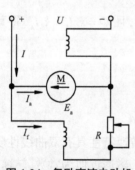

图 1-24　复励直流电动机

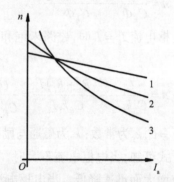

图 1-25　复励直流电动机的转速特性

1.7　直流发电机运行分析

与直流电动机相同,根据不同的励磁方式,直流发电机也分为他励直流发电机、并励直流发电机、串励直流发电机、复励直流发电机。

1.7.1　直流发电机稳态运行时的基本方程式

在直流发电机稳态运行中,各种功率、转矩、电压之间存在着一定的平衡关系,可以表达为相应的平衡方程式,这些基本关系分别符合能量守恒定律以及力学和电学定律。

以他励直流发电机为例来说明稳态运行时的上述基本关系,读者可根据电路图自行分析其他不同励磁方式的直流发电机平衡方程式。设他励直流发电机负载电流 I_L、励磁电流 I_f 和转速 n 均已达到稳定值。

1. 电压平衡方程式

他励直流发电机电枢电流为输出电流,电枢电压为输出电压。根据图 1-26 中所示电枢回路中各量的正方向,由基尔霍夫电压定律得出电压平衡方程式为

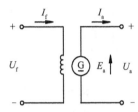

$$U_a = E_a - R_a I_a \qquad (1\text{-}23)$$

由式(1-23)可知,他励直流发电机输出电压等于发电机的电枢电动势 E_a 减去电枢回路内部的电阻压降 $R_a I_a$。因此,发电机的电枢电动势 E_a 应大于端电压 U_a。

图 1-26　他励直流发电机

2. 转矩平衡方程式

当他励直流发电机以转速 n 稳态运行时,作用在电动机轴上的转矩有三个,分别为原动机的拖动转矩,即发电机轴上输入的机械转矩 T_1,方向与转速 n 相同;电磁转矩 T,方向与转速 n 相反,为制动性质的转矩;由电机的机械损耗及铁损耗引起的空载转矩 T_0,方向也与转速 n 相反。因此,发电机稳态运行时的转矩平衡方程式为

$$T_1 = T + T_0 \qquad (1\text{-}24)$$

3. 功率平衡方程式

将式(1-24)乘以发电机的机械角速度 Ω,得

$$T_1 \Omega = T\Omega + T_0 \Omega \qquad (1\text{-}25)$$

也可以写成

$$P_1 = P_M + P_0$$

其中, $P_1 = T_1 \Omega$ 为原动机输入发电机的机械功率;$P_M = T\Omega$ 为发电机的电磁功率;$P_0 = T_0 \Omega$ 为发电机的空载损耗。

电磁功率又可以写成

$$P_M = T\Omega = \frac{pN}{2\pi a}\Phi I_a \frac{2\pi n}{60} = \frac{pN}{60a}\Phi n I_a = E_a I_a \qquad (1\text{-}26)$$

和直流电动机一样,电磁功率 P_M 既具有机械功率的性质又具有电功率的性质。对于直流发电机而言,电磁功率 P_M 为机械能转换为电能的那部分功率。

发电机的空载损耗 $P_0 = T_0 \Omega$,包括机械损耗 p_m、铁损耗 p_{Fe} 和附加损耗 p_s,即

$$P_0 = p_m + p_{Fe} + p_s$$

将式(1-23)两边乘以电枢电流 I_a,可得

$$E_a I_a = U_a I_a + R_a I_a^2$$

即 $$P_M = P_2 + p_{Cu}$$

其中，$P_2 = U_a I_a$ 为发电机输出的电功率；$p_{Cu} = R_a I_a^2$ 为电枢回路的铜损耗。

综合以上功率关系，可得直流发电机的功率平衡方程式为

$$P_1 = P_M + P_0 = P_2 + p_{Cu} + P_0 = P_2 + p_m + p_{Fe} + p_s + p_{Cu} = P_2 + \sum p \quad (1\text{-}27)$$

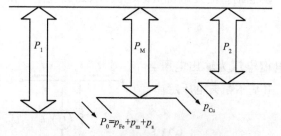

图 1-27　直流发电机的功率流程图

可用图 1-27 所示的功率流程图更清楚地表示出直流发电机的功率关系。

对于他励直流发电机，由于励磁电源由其他直流电源供给，励磁回路的铜耗 $p_{Cuf} = I_f^2 R_f$ 不在 P_1 的范围内。对于并励发电机，因励磁电源由发电机本身供给，励磁回路的铜损耗为 P_1 的一部分。

他励直流发电机的总损耗为

$$\sum p = p_m + p_{Fe} + p_s + p_{Cu}$$

直流发电机的效率为

$$\eta = \frac{P_2}{P_1} \times 100\% = \frac{P_1 - \sum p}{P_1} = 1 - \frac{\sum p}{P_1}$$

【例 1-2】　一台四极复励直流发电机的额定数据为 $P_N = 6\ kW$，$U_N = 230\ V$，$n_N = 1\ 450\ r/min$，电枢回路电阻 $R_{a78\,°C} = 0.92\ \Omega$，并励回路电阻 $R_{f78\,°C} = 177\ \Omega$，$2\Delta U_b = 2\ V$，空载损耗 $P_0 = 295\ W$。试求额定负载下的电磁功率、电磁转矩及效率。

解：

额定电流 $I_N = \dfrac{P_N}{U_N} = \dfrac{6 \times 10^3}{230}\ A = 26.1\ A$

励磁电流 $I_f = \dfrac{U_f}{R_f} = \dfrac{230}{177}\ A = 1.3\ A$

额定负载时电枢电流

$$I_a = I_N + I_f = (26.1 + 1.3)\ A = 27.4\ A$$

额定负载时电枢电动势

$$E = U_f + I_a R_a + 2\Delta U_b = (230 + 27.4 \times 0.92 + 2)\ V = 257.2\ V$$

额定负载时电磁功率

$$P_M = E I_a = 257.2 \times 27.4\ W = 7\ 047\ W$$

电磁功率也可根据功率平衡过程计算，即

$$P_M = P_2 + p_{Cuf} + p_{Cub} + p_{Cua} = (6\ 000 + 300 + 55 + 692)\ W = 7\ 047\ W$$

其中，$P_2 = P_N = 6\ 000\ W$

$$p_{Cuf} = U_f I_f = 230 \times 1.3\ W = 300\ W$$

$$p_{Cub} = 2\Delta U_b I_a = 2 \times 27.4\ W = 55\ W$$

$$p_{\text{Cua}} = I_a^2 R_a = 27.4^2 \times 0.92 \text{ W} = 692 \text{ W}$$

由电路分析和电功率平衡计算出的电磁功率相同。

电磁转矩

$$T = \frac{P_M}{\Omega} = \frac{7\,047}{2\pi n/60} \text{ N·m} = 46.4 \text{ N·m}$$

额定负载时发电机的输入功率

$$P_1 = P_M + P_0 = (7\,047 + 295) \text{ W} = 7\,342 \text{ W}$$

效率 $\eta = \dfrac{P_2}{P_1} = \dfrac{6\,000}{7\,342} = 81.7\%$

1.7.2 直流发电机的运行分析

直流发电机运行时,主要有四个物理量,即发电机转速 n、发电机端电压 U、电枢电流 I_a (或输出电流 I)和励磁电流 I_f。发电机转速 n 由原动机确定。因此,在决定发电机特性的其他三个物理量中,当保持其中一个不变时,另外两个物理量之间的关系,即为直流发电机的一种特性。在这些特性中,空载特性 $U_0 = f(I_f)$ 和负载运行特性 $U = f(I)$ 是重要的,因为它能反映出直流发电机的电压建立和负载变化时对直流发电机端电压的影响。

1. 他励直流发电机

(1)空载特性

当 $n = n_N$ 时, $I_a = 0$,励磁绕组加上励磁电压 U_f ,调节励磁电流 I_{f0} ,直流发电机的空载端电压 U_0 和励磁电流 I_{f0} 的关系 $U_0 = f(I_{f0})$ 即为空载运行时特性曲线。

空载特性可以通过空载试验测定,图 1-28 为试验线路。发电机的转子由原动机拖动,转速 n 保持恒定,将开关 S 断开,逐步调节励磁回路的电阻 R_f ,使励磁电流单方向增大测取 U_0 和 I_{f0} ,直到电枢电压 $U_0 = 1.25 U_N$,然后单方向减少 R_f ,测取 U_0 及 I_{f0} ,取其各点的平均值 U_0 ,画出如图 1-29 所示的特性曲线。当发电机的转子由原动机拖动以恒定的转速旋转时,电枢绕组切割磁极的磁感应线而产生电动势。当电机空载时,电枢电流等于零,电枢电压等于电动势。改变励磁电流的大小和方向,即改变电动势的大小和方向,从而改变电枢电压的大小和方向。

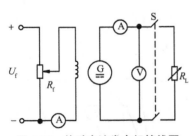

图 1-28 他励直流发电机接线图

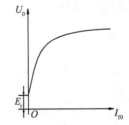

图 1-29 他励直流发电机空载特性

由于电动势 E_a 与磁通 Φ 成正比,因此,空载特性曲线的形状与磁化曲线相似。空载特性不经过原点,即 $I_{f0} = 0$ 时,电枢绕组中仍有电动势 E_r 存在,通常为电机额定电压的 2% ~ 4%,

主要是因为主磁极中有剩磁存在。由于空载特性表明的是直流电机磁路特性,因此,对于并励和复励发电机空载特性也可以他励方式测取。

（2）负载运行特性

当转速 n 和励磁电流 I_f 保持不变时,发电机的输出电压 U 与输出电流 I 的关系 $U = f(I)$ 称为发电机的负载运行特性,即外特性。外特性可通过负载试验来测定,试验线路可采用图 1-29 线路。将开关 S 闭合,他励直流发电机与负载接通后,电机向负载供电。当负载增加时,输出电流增加,电枢电阻上的分压 $R_a I_a$ 增大,使发电机的输出电压 U 下降。当负载增加时,输出电流增加,电枢反应的去磁作用也加强,使 E 减小,故输出电压也下降。

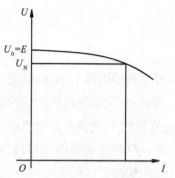

图 1-30　他励直流发电机负载特性

如图 1-30 所示,他励直流发电机负载运行特性曲线是一微微下垂的曲线。若转速 n 和励磁电流 I_f 均为额定值,当输出电流 $I = I_N$ 时,发电机输出电压 $U = U_N$ 为满载。此特性曲线是选用发电机的重要依据。

负载对输出电压的影响还可通过电压调整率表示,即

$$V_R = \frac{U_0 - U_N}{U_N} \times 100\%$$

一般的他励直流发电机的电压调整率为 5%~10%。

2. 并励直流发电机

（1）并励直流发电机的自励过程与条件

并励直流发电机的励磁电流 I_f 由发电机自身电压供给,无须其他直流电源,应用方便。若励磁绕组中没有励磁电流 I_f 建立磁场,发电机电压就无法产生。在一定条件下使并励直流发电机自励,即使发电机电压建立,并与励磁电流 I_f 配合达到所需要的数值。这种发电机自己建立电压的过程,称为自励过程。

图 1-31 所示为并励直流发电机的接线图。其中,电枢电流 I_a 为负载电流 I 与励磁电流 I_f 之和,R_f' 是励磁回路的串联电阻,R_f 是励磁绕组本身的电阻。图 1-32 中的曲线 1 是发电机的空载特性曲线,即 $U_0 = f(I_f)$;直线 2 是励磁回路的伏安特性曲线,即 $U_f = f(I_f)$,伏安特性曲线是一条通过原点的直线。

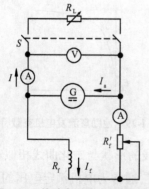

图 1-31　并励直流发电机接线图

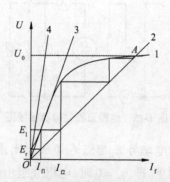

图 1-32　并励直流发电机的自励建压过程

并励直流发电机电压建立的过程与条件如下:当发电机以额定转速旋转时,由于主磁极有剩磁,电枢切割剩磁磁感线产生剩磁电动势 E_r,在励磁回路产生励磁电流 I_{f1}。若极性正确,则励磁电流 I_{f1} 会在主磁路里产生与剩磁方向相同的磁通,使气隙磁场增强,并产生新的电动势 E_1。E_1 在励磁回路又产生励磁电流 I_{f2},则自励过程沿着图 1-32 中折线反复进行下去,直到 A 点。若励磁绕组与电枢绕组的连接不正确,由剩磁电动势 E_r 产生的励磁电流 I_{f1} 所产生的磁场与剩磁磁场方向相反,剩磁被削弱,发电机则不能自励,无法建立电压。在并励直流发电机电压逐渐建立的过程中,发电机电压 U 在励磁回路产生励磁电流 I_f,而由励磁电流 I_f 产生电枢电动势 E,所以既要满足电机的空载特性又要满足励磁回路的伏安特性。因此,电机最终将稳定在这两条特性曲线的交点 A 上,该点所对应的电压即为发电机自励建立起来的空载电压。

伏安特性曲线的斜率与励磁回路总电阻的大小有关。若增大电阻,伏安特性曲线的斜率加大,点 A 将沿空载特性下移,空载电压降低。当励磁回路总电阻增加到 R_{ef} 时,伏安特性曲线与空载特性直线部分相切,空载电压没有稳定值,此时励磁回路的电阻值 R_{ef} 为临界电阻,如图 1-32 曲线 3 所示。如果励磁回路总电阻大于临界电阻,空载电压就无法建立,如图 1-32 曲线 4 所示。

综上所述,并励直流发电机的自励条件如下:

①发电机的主磁路必须有剩磁;

②励磁绕组并接在电枢两端的极性应正确,使励磁绕组产生的磁通势方向与剩磁方向相同;

③励磁回路的总电阻必须小于该转速下的临界电阻 R_{ef}。

（2）并励直流发电机的负载运行特性

负载运行特性是指转速 $n=$ 常数、励磁回路的总电阻 $R_f=$ 常数时,发电机的端电压 U 与负载电流 I 之间的关系 $U=f(I)$,该特性可用图 1-31 所示的试验线路测得。当发电机建立正常电压后,合上开关 S,调节负载 R_L,以改变负载电流 I,测量并记录各点的 U 与 I,绘出的负载运行特性曲线如图 1-33 所示。与他励直流发电机的负载运行特性曲线相比,并励时的电压变化率要大得多,在 15%~30%。对于并励直流发电机,除了像他励时存在的电枢反应去磁效应和电枢回路电阻的压降两个因素外,还有第三个因素,即当端电压降低后又引起励磁电流减小,使每极磁通和感应电动势减少,导致端电压进一步降低。

3. 复励直流发电机

复励直流发电机的自励条件和自励过程与并励发电机的自励条件和过程相同。复励直流发电机的磁场以并励绕组为主,串励绕组产生的磁场起辅助作用。按照串励绕组产生的磁场方向与并励绕组产生的磁场方向是否相同,复励直流发电机分为积复励和差复励两种直流发电机。磁场方向相同的为积复励直流发电机,磁场方向相反的为差复励直流发电机。在积复励直流发电机中,负载增加时,串励绕组的磁通势增强,使电机的磁通和电动势增强,补偿发电机由于负载增加造成的输出电压下降。根据串励绕组补偿程度的不同,可以分为平复励、欠复励、过复励直流发电机。在差复励直流发电机中,当负载增加时,串励绕组磁通势与并励绕组的磁通势相反,使电机的磁通势减弱,输出电压大幅下降。一般复励直流发电机多为积复励直流发电机。差复励直流发电机仅用在直流电焊机等特殊场合。图 1-34 绘出了复励直流发电机的负载运行特性。

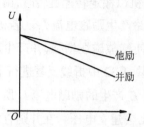

图 1-33 并励直流发电机与他励直流发电机外特性比较

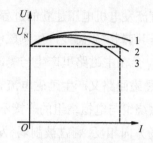

图 1-34 复励直流发电机的外特性
1—过复励；2—平复励；3—欠复励

1.8 直流电机的换向

换向是直流电机的一个专门问题,它对电机的正常运行影响很大,也是限制直流电机发展的最主要问题。当直流电机换向不好时,电刷下产生火花,火花严重时影响电机运行。

1.8.1 直流电机的换向过程

直流电机电枢绕组中的电动势和电流是交变的,只有借助旋转着的换向器和静止的电刷配合工作,才能在电刷间获得直流电压和电流。电机运行时,旋转的电枢绕组元件从一条支路经过电刷而进入另一条支路。此时,该元件中的电流从一个方向变换为另一个方向。这种在极短时间内元件中电流改变方向的过程称为换向过程,简称换向。

图 1-35 为当电刷宽度等于一换向片宽度时,某单叠绕组元件 1 中电流的换向过程。图中电刷固定不动,电枢以 v_a 的线速度从右向左移动。图 1-35(a)是换向前的情况,电刷正好与换向片 1 完全接触,元件 1 属于电刷右面的一条支路,电流为 $+i_a$。图 1-35(b)为正在换向的情况。

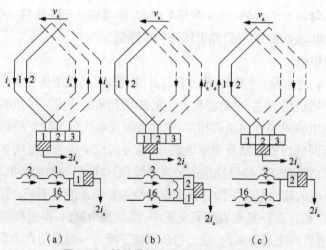

（a）　　　　　（b）　　　　　（c）
图 1-35 某单叠绕组元件 1 的换向过程
（a）换向前；（b）正在换向；（c）换向后

26

电刷与换向片 1 和 2 同时接触,元件 1 被电刷短路,元件中的电流正在从 $+i_a$ 向 $-i_a$ 变化。图 1-35(c)为换向结束时的情况,电刷已与换向片 1 脱离,与换向片 2 完全接触,元件 1 已经进入电刷左面的支路,电流为 $-i_a$。元件的换向时间称为换向周期,以 T_k 表示,一般在 0.2~2 ms。

1.8.2 直流电机的直线换向、延迟换向、超越换向

换向的电磁理论就是利用电磁感应定律和电路定律来研究换向元件中的电势和电流的变化规律。

1. 直线换向

由上面介绍可知,元件的换向过程即是元件中的电流从一条支路电流为 $+i_a$ 向另一条支路电流为 $-i_a$ 变化的过程。如果电流随时间均匀地变化,在整个换向周期 T_k 里电流随时间呈线性关系,如图 1-36 中直线 1 所示,这种换向称为直线换向。直线换向电流变化均匀,在换向周期里电刷中各处电流密度相等,换向元件中各种电动势的总和 $\sum e$ 为零。因此,电刷下火花很小,基本上可以实现无火花换向。

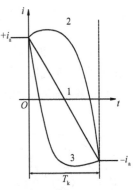

图 1-36 各种换向时电流变化波形

2. 延迟换向

直线换向时,换向元件中 $\sum e = 0$,但在实际电机中,换向元件的总电动势并不等于零。电机在正常运行时,换向元件中产生以下电动势。

(1)电势

由于换向电流的变化,与换向元件相连的磁通也相应地变化,在换向元件中产生自感电势 e_L。如果与该元件同槽的其他元件也同时换向,则由于互感作用,还将在该换向元件中产生互感电势 e_M。通常把自感电势 e_L 与互感电势 e_M 合在一起统称为电抗电势 e_x,即

$$e_x = e_L + e_M = -(L+M)\frac{\mathrm{d}i}{\mathrm{d}t} = -L_r\frac{\mathrm{d}i}{\mathrm{d}t}$$

其中, L_r 为换向元件的电感系数; L 为换向元件的自感系数; M 为换向元件的互感系数。

根据楞次定律,电抗电势的方向总是阻碍换向元件中电流变化的。因此,它与元件换向前电流 $+i_a$ 方向相同。

(2)反应电势

直流电机运行时,换向元件总在几何中性线处。在几何中性线附近,虽然主磁极磁场基本为零,但电枢反应磁场 B_a 却有一定数值,换向元件切割电枢反应磁场产生电枢反应电动势 e_a。分析表明,无论是发电机还是电动机,电枢反应电动势 e_a 的方向与电抗电动势 e_x 的方向一致,均阻碍电流换向。换向元件中的电流 i_a 是由直线换向电流 i_L 和附加换向电流 i_c 叠加而成,其中, i_c 是由电抗电势和电枢反应电势共同作用产生的,如图 1-36 中曲线 2 所示。由于附加换向电流 i_c 的出现,使换向元件中的电流改变方向的时刻向后推延,称为延迟换向。延迟换向电流开始变化得慢,电刷的前刷边电流密度小,后刷边电流密度大。当换向结束时,被电刷短路

的换向元件瞬时离开,换向元件中产生的一部分磁场能量 $L_r\dfrac{i_c^2}{2}$ 以弧光放电的形式释放出来,导致后刷边常常会出现火花。因此,大电流、高转速的电机,其换向比较困难。

3. 超越换向

为了改善换向,可在换向元件中产生改善换向的电动势 e_k,尽量使 e_k 与 $e_x + e_a$ 相等,方向相反。如果 e_k 的作用大于 $e_x + e_a$,则换向元件中 $\sum e$ 的方向是帮助换向元件中电流变化,附加换向电流 i_c 将反向,从而换向元件中电流方向改变的时刻比直线换向提前,如图 1-36 中直线 3 所示,这种换向称为超越换向。超越换向使电刷的前刷边电流密度大,产生较大火花,火花严重时影响电机正常运行。

1.8.3 改善换向的方法

改善换向的目的在于消除或削弱电刷下的火花。产生火花的原因很多,有上面分析的电磁原因,还有机械原因、化学原因,其中最主要的是电磁原因。换向不良会使电刷下出现火花,使换向器表面受到损伤,电刷磨损加快,影响电机正常运行。

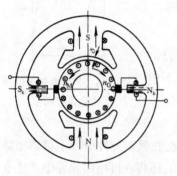

图 1-37 用换向极改善换向

为改善换向,一般直流电机都在两个主极之间的几何中性线处安装换向极,如图 1-37 所示。换向极磁场的方向应与电枢反应磁场方向相反,其强度应比电枢反应磁场稍强。因此,装有换向极后,换向极产生的磁动势除应抵消电枢反应磁动势外,还应在换向区产生附加电动势 e_k,与电抗电动势 e_x 相抵消,这样就可消除附加换向电流 i_c,使换向变为直线换向。

换向极的极性可以按换向极磁场与电枢磁场相反的原则确定。对于发电机,换向极的极性应与顺电枢旋转方向下一个主磁极的极性相同;对于电动机,换向极的极性应与顺电枢旋转方向下一个主磁极的极性相反。

由于电抗电动势 e_x 与电枢电流 I_a 成正比,所以换向极磁场也应与电枢电流 I_a 成正比,以便附加电动势 e_k 与电抗电动势 e_x 在不同负载下都相抵消。因此,换向极绕组应与电枢绕组串联。只要换向极的设计与调整良好,就能实现无火花换向。直流电机容量大于 1 kw 时,大多设计装有换向极。对于不装换向极的小型直流电机,则可通过移动电刷的方法使换向元件在主磁场的影响下产生与 $e_x + e_a$ 相抵消的电动势,以改善换向,消除电刷下的电磁性火花。该方法效果虽不理想,但比较简单。另外,电刷的质量对换向也有很大的影响。

1.8.4 环火与补偿绕组

电枢反应使磁场发生畸变,这不仅给换向带来困难,而且在极尖下增磁区域内可使磁密达到很大数值。当元件切割该磁密时,将感应出较大的感应电势,使与这些元件相连接的换向片的片间电位差较高。当片间电位差超过一定极限时,造成换向片之间的空气电离击穿,就会在换向片的片间形成电位差火花。电刷下的换向火花与换向片间的电位差火花汇合在一起可能会导致正、负电刷之间形成很长的电弧,在换向器的整个圆周上发生环火,如图 1-38 所示。这种环火能在很短的时间内烧坏换向器和电刷,甚至烧坏电枢绕组。为防止环火,必须设法克服电枢磁动势对气隙磁场的影响。最有效的办法是在主磁极上安装补偿绕组,即在主极极靴上专门冲出一些均匀分布的槽,槽内安装一套补偿绕组,如图 1-39 所示。

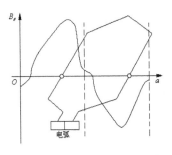

图 1-38　产生环火的片间电弧

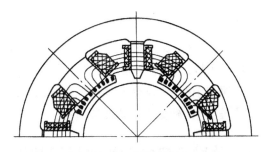

图 1-39　补偿绕组

　　补偿绕组与电枢绕组串联,其磁动势方向与电枢反应磁动势方向相反,使任何负载下都能减少或消除电枢反应所引起的气隙磁场畸变,以达到消除环火的目的。由于在主磁极上装置的补偿绕组的结构复杂、成本较高,因此,一般电机不采用,在大容量和重载运行的电机中可加装补偿绕组。

第 2 章 直流电动机的电力拖动

【内容提要】本章主要讲述直流电动机的机械特性,启动和反转、制动、调速以及调速的性能指标。培养学生应用基本公式和基本方程进行推演分析的能力,应用机械特性分析电动机的启动、反转、调速和制动的能力。

【重点】他励直流电动机的机械特性,启动、制动、调速。

【难点】他励直流电动机的制动。

2.1 他励直流电动机的机械特性

电动机的机械特性是指稳态运行时电动机电枢电压、励磁电流、电枢回路电阻均为常数时,电动机转速 n 与电磁转矩 T 之间的函数关系,即 $n = f(T)$。他励直流电动机拖动系统如图 2-1 所示,由电压平衡方程式 $U_a = E_a + R_a I_a$、转矩公式 $T = C_T \Phi I_a$ 以及电动势公式 $E_a = C_E \Phi n$,可得机械特性方程式为

$$n = \frac{U_a}{C_E \Phi} - \frac{R_a T}{C_E C_T \Phi^2} = n_0 - \beta T = n_0 - \Delta n \tag{2-1}$$

其中,$n_0 = \dfrac{U}{C_E \Phi}$ 为理想空载转速;$\beta T = \Delta n = \dfrac{R_a T}{C_E C_T \Phi^2}$ 为转速降;$\beta = \dfrac{R_a}{C_E C_T \Phi^2}$ 为机械特性曲线的斜率。

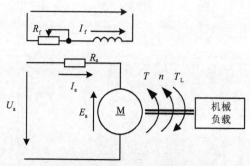

图 2-1 他励直流电动机拖动系统

2.1.1 固有机械特性

固有机械特性是指电动机电枢电压和励磁电流为额定值、电枢回路不外串电阻情况下的机械特性,即式(2-1)中 $U_a = U_N$、$\Phi = \Phi_N$,故固有机械特性方程式为

$$n = \frac{U_N}{C_E \Phi_N} - \frac{R_a T}{C_E C_T \Phi_N^2} = n_0 - \beta T = n_0 - \Delta n \tag{2-2}$$

他励直流电动机的固有机械特性曲线如图 2-2 所示。

他励直流电动机的固有机械特性具有以下特点。

①其特性是一条略为下斜的直线。由于 R_a 很小,斜率 $\beta = \dfrac{R_a}{C_E C_T \Phi_N^2}$ 也很小,当转矩 T 变化时,转速 n 变化不大,习惯上称为硬特性。

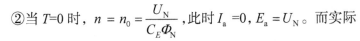

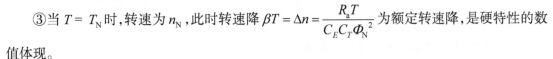

图 2-2 他励直流电动机的固有机械特性

②当 $T=0$ 时,$n = n_0 = \dfrac{U_N}{C_E \Phi_N}$,此时 $I_a = 0$,$E_a = U_N$。而实际空载时,电机本身还有空载损耗转矩 T_0,因此实际的空载转速为

$$n_0' = \frac{U_N}{C_E \Phi_N} - \frac{R_a T_0}{C_E C_T \Phi_N^2}$$

③当 $T = T_N$ 时,转速为 n_N,此时转速降 $\beta T = \Delta n = \dfrac{R_a T}{C_E C_T \Phi_N^2}$ 为额定转速降,是硬特性的数值体现。

当电枢电流较大时,考虑电枢反应的影响,由于磁路饱和,电枢反应会产生明显的去磁作用,从而使转速升高,其效果是使机械特性变硬,甚至呈上翘现象。为了避免机械特性曲线上翘,除在主磁极上装有励磁绕组外,还装有一个匝数很少的串励绕组,称为稳定绕组,用它的磁动势来抵消电枢反应的去磁作用,即保持机械特性不受电枢反应影响。

2.1.2 人为机械特性

人为机械特性是指人为调整直流电动机的电枢电压、励磁电流、电枢回路电阻等参数后的机械特性。

1. 电枢回路串接电阻时的人为机械特性

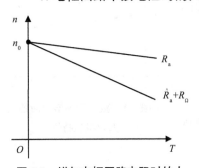

图 2-3 增加电枢回路电阻时的人为机械特性

电动机电枢两端的电源电压为额定电压 U_N、气隙磁通量为额定值 Φ_N、电枢回路总电阻为 $R_a + R_\Omega$。与固有机械特性相比,只是把电枢回路总电阻由 R_a 改成 $R_a' = R_a + R_\Omega$,其余不变,因此机械特性表达式变成

$$n = \frac{U_N}{C_E \Phi_N} - \frac{(R_a + R_\Omega)T}{C_E C_T \Phi_N^2} \qquad (2\text{-}3)$$

其人为机械特性如图 2-3 所示。串接的电阻值不同,人为机械特性不同。这一组人为机械特性的特点如下:

①理想空载转速 n_0 不变,与固有机械特性相同;

②斜率 $\beta = \dfrac{R_a + R_\Omega}{C_E C_T \Phi_N^2}$ 随($R_a + R_\Omega$)的增大成正比增加,R_Ω 越大,斜率 β 越大,机械特性越软,因而形成经过 n_0 的一簇放射状直线。

2. 改变电枢电压时的人为机械特性

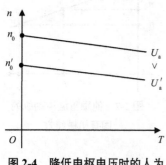

图 2-4　降低电枢电压时的人为
机械特性

气隙磁通量为额定值 Φ_N，电枢回路不串接电阻，改变电枢电压为 U'_a 时，机械特性表达式为

$$n = \frac{U'_a}{C_E \Phi_N} - \frac{R_a T}{C_E C_T \Phi_N^2} \qquad (2\text{-}4)$$

不同电压的人为机械特性如图 2-4 所示。这一组人为机械特性的特点如下：

①不同电压 U 时的理想空载转速 n_0 不同，理想空载转速 n_0 与 U 成正比；

②各条特性曲线的斜率 β 与电压无关，均与固有机械特性斜率相同，各条人为机械特性是一组平行直线。

改变电枢电压的人为机械特性主要用于调速，并且调速时能保持机械特性的硬度不变。

3. 减少气隙磁通量时的人为机械特性

在励磁回路中串接可调电阻，就可改变励磁电流 I_f 大小，即改变气隙磁量通量。实际上在额定励磁电流时，电机的磁路已接近于饱和，若在额定励磁电流基础上继续增大电流，气隙磁通量增加不多，所以改变气隙磁通量一般都是指减少磁通量。

电动机电枢两端电压为 U_N，电枢回路不串电阻（$R_\Omega = 0$），改变气隙磁通量的人为机械特性表达式为

$$n = \frac{U_N}{C_E \Phi} - \frac{R_a T}{C_E C_T \Phi^2} \qquad (2\text{-}5)$$

图 2-5 是他励直流电动机减少气隙磁通量时的人为机械特性，减弱磁通主要用于调速，由于磁通只能减弱，所以只能从电机的额定转速向上调速。由于受到电机换向能力和机械强度的限制，向上调速的范围不大。

改变气隙磁通量的人为机械特性的特点如下。

①气隙磁通量减少会使理想空载转速 n_0 升高。

②因斜率 β 与气隙磁通量的平方成反比，气隙磁通减少会使斜率 β 增大。人为机械特性是一组直线，磁通减弱时，机械特性上移而且变软。

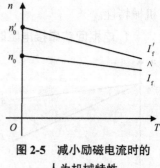

图 2-5　减小励磁电流时的
人为机械特性

2.1.3　电力拖动系统稳定运行的条件

实际的电力拖动系统运行时，经常受到外界某种短时的扰动，如负载的突然变化或电网电压波动（注意：这种变化不是人为的控制调节），而使电动机转速发生变化，离开原平衡状态。在分析系统的静态稳定性时，只考虑转矩平衡条件是不够的，还必须研究在扰动作用下系统的转矩、转速的变化趋势和稳定情况。当系统在某一工作点稳定运行时，扰动作用导致系统的转速发生变化，如果在扰动持续期间系统能在新的条件下达到新的平衡，而且在扰动消失后能够

自动回到原来的工作点稳速运行,这样的系统是稳定的,否则系统是不稳定的。显然,稳定运行是拖动系统所必须满足的条件。

为了使系统能稳定运行,电动机的机械特性和负载特性必须配合得当,为了便于分析电力拖动系统稳定运行的情况,通常把电动机的机械特性曲线和负载特性曲线画在同一张坐标图上,如图2-6和图2-7所示是电动机两种不同的机械特性。

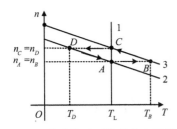
图2-6 电力拖动系统的稳定运行

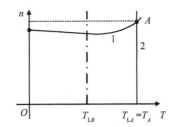
图2-7 电力拖动系统的不稳定运行

在图2-6中,直线1是恒转矩负载的机械特性 $n=f(T_L)$,直线2、直线3是他励直流电动机的机械特性 $n=f(T)$。根据运动方程式,当电动机的电磁转矩 T 等于总负载转矩 T_L 时, $\dfrac{\mathrm{d}n}{\mathrm{d}t}=0$,即 n 为一定值,系统在电动机特性曲线和负载特性曲线的交点 A 处稳定运行, A 点为运行工作点。由于外界的扰动,如电源电压突然上升,使机械特性偏高,由曲线2变为曲线3。扰动使原来 T 与 T_L 的平衡状态受到破坏,但由于惯性,转速还来不及变化,电动机的工作点瞬间从 A 点过渡到 B 点,这时电磁转矩 T 增大并大于负载转矩 T_L,转速将沿机械特性曲线3由 B 点上升到 C 点。随着转速的升高,电动机转矩也逐渐减小,最后在 C 点达到新的平衡,并在一个较高的转速 n_C 下稳定运行。当扰动消失后,机械特性曲线由3恢复到原机械特性曲线2,这时电动机的特性由 C 点瞬间过渡到 D 点,由于电磁转矩 T 减少并小于负载转矩,故转速下降,最后又恢复到原运行点 A,重新达到平衡。因此, A 点的运行情况是稳定的, A 点是稳定工作点。用类似方法不难分析,在其他扰动(例如负载突然减小,电源电压突然降低等)的作用下,系统也是稳定的。

图2-7所示是直流电动机与恒转矩负载组成的拖动系统运行不稳定的例子。图中曲线1是直流电动机的机械特性,当电磁转矩较大时,机械特性曲线上翘;直线2是负载的机械特性,两条机械特性相交于 A 点。当系统在 A 点运行时,电磁转矩 $T_A=T_{LA}$,转速为 n_A。当出现干扰,如负载转矩突然从 T_{LA} 降到 T_{LB},由于机械惯性,拖动系统瞬时转速仍保持 n_A,由机械特性看到相应的电磁转矩 $T_A>T_{LB}$,根据运动方程式判断,系统开始加速,在加速过程中,电磁转矩和转速沿电动机机械特性曲线向上变化,随着 n 的升高, T 不断增大,而负载转矩则保持 T_{LB} 不变, $T-T_{LB}$ 将继续增大,使系统持续不断地加速,最后导致电动机因转速过高和电枢电流过大而损坏。可见,系统不能在原来工作点 A 的附近继续稳定运行。如果他励(或并励)直流电动机的电枢反应较强,由于去磁效应减小了气隙主磁通,则随着电磁转矩的增大,电动机的转速 n 要上升,具有上翘的机械特性。这样的电动机在拖动恒转矩类负载时显然也不能稳定运

行。为了避免因电动机具有上翘的机械特性而导致电力拖动系统不能稳定运行,设计直流电动机时在他励和并励电动机的主磁极上通常都加一个稳定绕组,以削弱电枢反应去磁效应的影响。

应该指出,由具有上翘的机械特性的电动机构成的拖动系统并非都是不稳定的。如机械特性略微上翘的电动机拖动通风机类负载(如水泵)时就能够稳定运行,请读者自行分析。

基于上述分析,电力拖动系统静态稳定运行的条件如下:

①电动机的机械特性与负载的机械特性必须有交点,该点处的 $T = T_L$,实现转矩平衡(必要条件);

②在交点处,满足 $\dfrac{\mathrm{d}T}{\mathrm{d}n} < \dfrac{\mathrm{d}T_L}{\mathrm{d}n}$(充分条件)。

应当指出,上面所表示的电力拖动稳定运行的条件,不论对直流电动机还是交流电动机都适用,因而具有普遍意义。

【例 2-1】 某他励直流电动机数据为 $P_N = 60\ \mathrm{kW}$,$U_N = 220\ \mathrm{V}$,$I_N = 350\ \mathrm{A}$,$n_N = 1\,000\ \mathrm{r/min}$。试求:

(1)固有的机械特性的表达式;

(2)50 % 额定负载时的转速;

(3)转速为 1 050 r/min 时的电枢电流值;

(4)电枢回路串 $R_\Omega = 0.4\ \Omega$ 时的人为机械特性表达式;

(5)端电压为 $U = 110\ \mathrm{V}$ 时的机械特性表达式;

(6)磁通为 $\Phi = 0.8\Phi_N$ 时的机械特性表达式。

解:

(1) $R_a = \dfrac{U_N I_N - P_N}{2 I_N^2} = \dfrac{220 \times 350 - 60 \times 10^3}{2 \times 350^2} = 0.069\,4\ \Omega$

$E_{aN} = U_N - I_N R_a = 220 - 350 \times 0.069\,4 = 195.71\ \mathrm{V}$

$C_E \Phi_N = \dfrac{E_{aN}}{n_N} = \dfrac{195.71}{1\,000} = 0.195\,71$

所以 $n_0 = \dfrac{U_N}{C_E \Phi_N} = \dfrac{220}{0.195\,71} = 1\,124.1\ \mathrm{r/min}$

$\beta_N = \dfrac{R_a}{C_E C_T \Phi_N^2} = \dfrac{R_a}{9.55 \times (C_E \Phi_N)^2} = \dfrac{0.069\,4}{9.55 \times (0.195\,71)^2} = 0.189\,7$

所以机械特性为 $n = 1\,124.1 - 0.189\,7T$

(2)50 % 额定负载时

$T = 0.5 T_L = 0.5 C_T \Phi_N I_N = 0.5 \times 9.55 \times 0.195\,71 \times 350 = 327\ \mathrm{N \cdot m}$

则 $n = 1124.1 - 0.189\,7 \times 327 = 1062\ \mathrm{r/min}$

(3)由 $1050 = 1124.1 - 0.189\,7T$,可得 $T = 390.6\ \mathrm{N \cdot m}$,则

$I_a = \dfrac{T}{C_T \Phi_N} = \dfrac{390.6}{9.55 \times 0.195\,71} = 209\ \mathrm{A}$

（4） $n_0 = \dfrac{U_N}{C_E \varPhi_N} = \dfrac{220}{0.195\,71} = 1\,124.1\,\text{r/min}$

$\beta = \dfrac{R_a + R_\Omega}{C_E C_T \varPhi_N^2} = \dfrac{0.069\,4 + 0.4}{9.55 \times (0.195\,71)^2} = 1.283$

$n = 1124.1 - 1.283T$

（5） $n_0' = \dfrac{U}{U_N} \cdot n_0 = \dfrac{110}{220} \times 1\,124.1 = 562.05\,\text{r/min}$

$\beta = \beta_N = 0.189\,7$

$n = 562.05 - 0.189\,7T$

（6） $n_0' = \dfrac{U_N}{C_E \varPhi} = \dfrac{220}{0.8 \times 0.195\,71} = 1\,405.1\,\text{r/min}$

$\beta' = \dfrac{\beta_N}{0.8 \times 0.8} = \dfrac{0.189\,7}{0.64} = 0.296$

所以 $n = 1\,405.1 - 0.296T$

2.2 他励直流电动机的启动和反转

2.2.1 他励直流电动机的启动

电动机的启动是指处于静止状态的电动机接通电源后,转速逐渐上升,最后达到所要求的转速稳定运行状态的过程。在启动过程中,电枢电流 I_a、电磁转矩 T、转速 n 都随时间变化。启动直流电动机时,应当先给电动机的励磁绕组通入额定励磁电流,在电机的气隙中建立额定磁通,然后接通电枢回路。对直流电动机的启动要求为:①要有较大的启动转矩 T_{st};②启动电流 I_{st} 要限制在安全范围内;③启动设备操作方便,启动时间快,运行可靠,成本低廉。他励直流电动机不采取任何限制启动电流的措施,把电枢直接接到额定电压的电源上启动,这种启动方法称为直接启动。由于电枢电感一般很小,拖动系统的机械惯性较大,通电瞬间电机转速 $n = 0$,反电势 $E_a = 0$,启动电流迅速上升到最大值 $I_{st} = U_N / R_a$,由于 R_a 很小,启动电流 I_{st} 可能达到额定电流的 10~20 倍。这样大的启动电流将造成电动机换向困难,换向器上产生强烈的火花,甚至烧坏换向器,过大的启动电流还会使电网电压波动,影响其他用电设备。过大的启动转矩产生的冲击还可能损伤传动机构的齿轮等部件。因此,除了容量只有数百瓦的微型直流电动机,由于 R_a 较大可以直接启动外,一般直流电动机的最大允许电流为 $(2 \sim 2.5)I_N$,所以都不允许直接启动。为限制启动时过大的启动电流,可以采用降低电源电压或在电枢回路中串电阻的方法。

1. 降低电源电压启动

降低电源电压启动,即启动时将施加在直流电动机电枢两端的电源电压降低,以减小启动电流 I_{st},电动机启动后,随着电机转速的增加,再逐渐提高电枢电压,并使电枢电流限制在一定范围内,最后把电压升到额定电压 U_N。降电压启动方式的机械特性如图 2-8 所示。

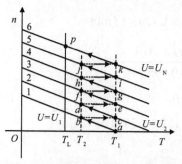

图 2-8 降低电源电压启动时的机械特性及启动过程

采用这种方法的优点是启动过程中启动平滑,能量消耗少;缺点是设备投资高,需配有专用可调压电源设备。

2. 电枢回路中串电阻启动

(1)启动过程

直流电动机电枢回路串电阻启动时,若负载 T_L 已知,可根据启动的基本要求确定所串电阻的数值。为保持启动过程中在满足启动电流要求的前提下有较大的启动转矩,启动电阻常为多级可变电阻。在启动过程中,可以随着转速上升,逐段将电阻短接。启动完成后,启动电阻全部切除,电动机稳定运行在额定工作点。

这种启动方法设备简单,操作方便,缺点是启动过程中能量消耗大,因此频繁启动的大、中型电动机不宜采用。

下面以图 2-9 所示的三级电阻启动为例说明,r_{st1}、r_{st2}、r_{st3} 为启动电阻;$R_1 = R_a + r_{st1}$;$R_2 = R_a + r_{st1} + r_{st2}$;$R_3 = R_a + r_{st1} + r_{st2} + r_{st3}$;$KM_1$、$KM_2$、$KM_3$ 为接触器的动合触点。采用分级启动,若忽略电枢回路电感,合理地选择并切除每次的电阻值时,就能做到每切除一段启动电阻,电枢电流就瞬间增大到最大电流 I_1。此后,随着转速上升,电枢电流逐渐下降。每当电枢电流下降到某一数值 I_2 时就切除一段启动电阻,电枢电流就又突增到最大电流 I_1。这样,在启动过程中把电枢电流限制在 $I_1 \sim I_2$,I_2 为切换电流。启动过程如下:电动机通入励磁电流,KM_1、KM_2、KM_3 断开,电枢回路总电阻 $R_3 = R_a + r_{st1} + r_{st2} + r_{st3}$ 接通电源电压,电机运行点在图 2-10 中的 a 点,$n = 0$,$E_a = 0$,启动电流 $I_1 = \dfrac{U_N}{R_3}$,启动转矩为 $T_1 > T_L$,电动机开始升速,对应的机械特性曲线如图 2-10 中的 R_3 曲线,转速上升,电势 E_a 增大,启动电流下降,到图 2-10 中的 b 点,启动电流降到切换电流 I_2;在此瞬间 KM_3 闭合,切除一段启动电阻 r_{st3},电枢回路总电阻变为 $R_2 = R_a + r_{st1} + r_{st2}$,切除电阻瞬间转速不变,电枢电流突增到最大电流 I_1,运行点由 b 点到 c 点,在相应的特性 R_2 曲线上,随着转速上升,电枢电流逐渐下降,下降到 I_2 时,到图中的 d 点,KM_2 闭合,切除一段启动电阻 r_{st2},电枢回路总电阻变为 $R_1 = R_a + r_{st1}$,切除电阻瞬间转速不变,电枢电流又突增到最大电流 I_1,运行点由 d 点到 e 点沿着 R_1 特性曲线,电动机转速上升,电枢电流逐渐下降,下降到 I_2 时,到图中的 f 点,KM_1 闭合,再切除一段启动电阻 r_{st1},电枢回路总电阻变

为 $R = R_a$，切除电阻瞬间转速不变，电枢电流又突增到最大电流 I_1，运行点由 f 点到 g 点。此后电动机在固有机械特性上升速，直到 w 点，$T = T_L$，电动机稳定运行，启动过程结束。

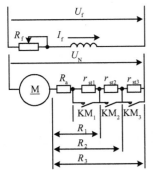

图 2-9　电枢串电阻三级启动的接线图

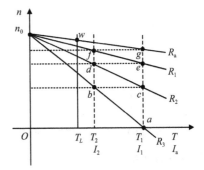

图 2-10　电枢串电阻三级启动的启动过程

（2）启动电阻计算

各级启动电阻的计算应该在启动过程中以最大启动电流 I_1（或最大启动转矩 T_1）及切换电流 I_2（或切换转矩 T_2）不变为原则。对于普通型直流电动机，通常取

$$\left.\begin{array}{l} I_1 = (2 \sim 2.5)I_N \\ I_2 = (1.1 \sim 1.2)I_N \end{array}\right\} \tag{2-6}$$

在切换启动电阻瞬间，电动机的转速不能突变，所以在图中 b、c 两点的电枢电动势相等，而电源电压为额定值不变，因此 b、c 两点的电枢压降也相等，即

$$I_2 R_3 = I_1 R_2$$

令 $I_1 / I_2 = \lambda$，λ 称为启动电流（或启动转矩）比，于是各级启动电阻为

$$R_3 = \lambda R_2$$

同理，在 d、e 两点和 f、g 两点有

$$\left.\begin{array}{l} I_2 R_2 = I_1 R_1 \\ R_1 = \lambda R_a \end{array}\right\}$$

由上式可得

$$R_3 = \lambda^3 R_a$$

推广到一般情况，若启动级数为 m，则

$$R_m = \lambda^m R_a$$

启动电流比为

$$\lambda = \sqrt[m]{\dfrac{R_m}{R_a}}$$

计算启动电阻时有以下两种情况。

（1）启动级数尚未确定

可以按下面步骤计算启动电阻：

①根据电动机的铭牌数据估算：

$$R_a = \left(\frac{1}{2} \sim \frac{2}{3}\right)\frac{U_N I_N - P_N}{I_N^2} \qquad (2\text{-}7)$$

②根据生产机械对启动时间、启动的平稳性以及电动机的最大允许电流,确定 I_1 及 I_2,并计算 R_m 及 λ,即

$$\left.\begin{aligned} R_m &= \frac{U_N}{I_1} \\ \lambda &= \frac{I_1}{I_2} \end{aligned}\right\} \qquad (2\text{-}8)$$

要求启动时间短时,可取较大的 I_1;要求启动平稳、启动转矩冲击小时,需要较多的启动级数,这时应取较小的 λ 值。

③由 R_a、R_m 及 λ,按下式计算启动级数：

$$m = \frac{\ln\dfrac{R_m}{R_a}}{\ln\lambda}$$

应该把求出的 m 凑成整数 m'。

④由 m' 求出新的启动电流比：

$$\lambda' = \sqrt[m']{\frac{R_m}{R_a}}$$

⑤计算各段启动电阻：

$$\left.\begin{aligned} r_{st1} &= R_1 - R_a = \lambda' R_a - R_a = (\lambda' - 1)R_a \\ r_{st2} &= R_2 - R_1 = \lambda' R_1 - R_1 = \lambda' r_{st1} \\ r_{st3} &= R_3 - R_2 = \lambda' r_{st2} \\ &\cdots \\ r_{stm} &= \lambda' r_{st(m-1)} \end{aligned}\right\} \qquad (2\text{-}9)$$

（2）启动级数 m 已知

根据电动机最大允许电流,确定 I_1 并计算：

$$\lambda = \sqrt[m]{\frac{R_m}{R_a}} = \sqrt[m]{\frac{U_N}{I_1 R_a}}$$

由求得的 λ 值可以计算出 $I_2 = I_1/\lambda$,然后校核 I_2。一般情况下,I_2 应在 $(1.1 \sim 1.2)I_N$,如果不在规定范围内,应增加级数,重新计算 λ 和 I_2,直到满足要求为止,然后按式（2-9）计算各级启动电阻。

【例 2-1】他励直流电动机额定数据如下：$P_N = 29\,\text{kW}$,$U_N = 440\,\text{V}$,$I_N = 76.2\,\text{A}$,$n_N = 1000\,\text{r/min}$。采用三级启动,最大启动电流为 $2I_N$。试计算各段启动电阻值。

解：

估算电枢电阻

$$R_a = \frac{1}{2}\left(\frac{U_N I_N - P_N}{I_N^2}\right) = \frac{1}{2}\left(\frac{440 \times 76.2 - 29\,000}{76.2^2}\right) = 0.39\ \Omega$$

最大启动电流 $I_1 = 2 \times I_N = 152.4\ \text{A}$ ，则

$$R_3 = \frac{U_N}{I_1} = \frac{440}{152.4} = 2.887\ \Omega$$

$$\lambda = \sqrt[3]{\frac{R_3}{R_a}} = \sqrt[3]{\frac{2.887}{0.39}} = 1.95$$

则启动时各级电枢回路电阻为

$$R_1 = \lambda R_a = 1.95 \times 0.39 = 0.76\ \Omega$$

$$R_2 = \lambda^2 R_a = 1.95^2 \times 0.39 = 1.483\ \Omega$$

$$R_3 = \lambda^3 R_a = 2.892\ \Omega$$

各级启动电阻为

$$r_{st1} = R_1 - R_a = 0.76 - 0.39 = 0.37\ \Omega$$

$$r_{st2} = R_2 - R_1 = 1.483 - 0.76 = 0.723\ \Omega$$

$$r_{st3} = R_3 - R_2 = 2.892 - 1.483 = 1.409\ \Omega$$

2.2.2　他励直流电动机的反转

由直流电动机转矩公式 $T = C_T \Phi I_a$ 可知，当改变气隙磁通的方向或改变电枢电流 I_a 的方向时，都能改变电磁转矩 T 的方向，从而实现电动机的反转。具体做法是将励磁绕组接到直流电源的两端对调，或将电枢绕组接到直流电源的两端对调。注意，若同时改变励磁磁通及电枢电流方向，则电机转向不变。

2.3　他励直流电动机的调速

在由他励直流电动机作为原动机的电力拖动系统中，为了提高劳动生产率，保证产品质量，被拖动的生产机械根据工艺要求需要电动机在运行中能调节转速。如车床切削工件，粗加工时用低速，精加工时用高速。轧钢机在轧制不同的品种和不同厚度的钢材时，就必须有不同的工作速度，以保证生产的需要，这种人为改变速度的方法称为调速。

实现生产机械转速变化有两种办法：一是机械调速，即通过改变传动机构的速比实现速度变化；二是电气调速，即人为地改变电气参数，在负载不变的条件下，使电动机的工作点从一条机械特性曲线转换到另一条机械特性曲线上，达到对电动机转速的控制，它与电动机负载或电压随机波动引起的速度变化的概念不同。这里只分析电气的调速方法及其性能特点。

电力拖动系统一般要求转速调节范围宽，调节平稳，运行可靠，调节方法简单、经济。直流电动机在调速方面具有显著的优点。从直流电动机的转速公式 $n = \dfrac{U_N}{C_E \Phi_N} - \dfrac{(R_a + R_\Omega)T}{C_E C_T \Phi_N^2}$ 可知，其调速方法有电枢串电阻调速、改变电枢电源电压调速和弱磁调速。

2.3.1 电枢串电阻调速

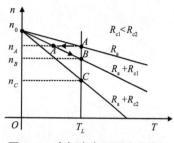

图 2-11 电枢串电阻调速时的机械特性

他励直流电动机拖动负载运行时,保持电源电压及励磁电流为额定值不变,在电枢回路中串入不同的电阻值,电动机将运行于不同的转速,电枢串电阻调速时的机械特性如图 2-11 所示。图中的负载为恒转矩。当电枢回路串入电阻 R_c 时,电动机的理想空载点 n_0 不变,机械特性的斜率 $\beta = \dfrac{R_a + R_c}{C_E C_T \Phi_N^2}$ 将增大。电动机和负载的机械特性的交点将下移,即电动机稳定运行转速降低。电枢回路串入的电阻值 R_c 越大,电动机的机械特性的斜率 β 越大,电动机和负载的机械特性的交点越下移,电动机稳定运行转速越低。如图中,串入的电阻值 $R_{c2} > R_{c1}$,交点 C 的转速 n_C 低于交点 B 的转速 n_B,它们都比原来没有外串电阻的交点 A 的转速低。

通常把电动机运行在固有机械特性上的转速称为基速,那么电枢回路串电阻调速的方法的调速范围只能在基速以下调节。电枢回路串电阻调速时,如果拖动的是恒转矩负载 T_L,根据电磁转矩公式 $T = C_T \Phi I_a$ 可知,不管电枢回路串接多大电阻,电动机运行于多大转速下,电动机电枢电流 I_a 的大小将不变。可见在电动机励磁磁通保持恒定的情况下,电枢电流 I_a 的大小仅取决于负载转矩 T_L。T_L 大,I_a 也大,T_L 不变,I_a 也不变。电动机拖动恒转矩负载采用电枢串电阻调速时,电枢电流大小不变,但转速越低,电枢回路电阻上电能损耗越大,电动机的效率越低。

电枢回路串接电阻调速方法的优点是设备简单,调节方便。缺点是电枢回路串入电阻后电动机的机械特性变软,使负载波动时电动机产生较大的转速变化,稳定性差,电能损耗增大,调速效率较低。

2.3.2 弱磁调速

弱磁调速是保持他励直流电动机电枢电压为额定电压,电枢回路不串电阻,人为减少励磁电流,使主磁通减少,达到改变电动机转速的目的。由他励直流电动机机械特性方程可知,减弱励磁磁通,理想空载转速 n_0 升高,同时机械特性斜率也变大,Δn 增大,但因电枢电阻 R_a 很小,如果负载不是很大,n_0 比 Δn 增加得多些,所以减弱励磁磁通,转速升高。直流电动机带恒转矩负载弱磁调速时的机械特性如 2-12 所示。

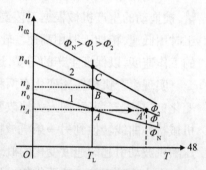

图 2-12 他励直流电动机弱磁调速

图中曲线 1 为电动机的固有机械特性,励磁磁通为额定值,电动机的机械特性和负载特性的交点为 A,电动机轴上带恒转矩负载运行。曲线 2 为弱磁后的人为特性。励磁磁通减少后,电动机稳态运行点由 A 过渡到 B,$n_B > n_A$。弱磁调速的范围是在基速与电动机所允许最高转速之间调节,但电动机所允许的最高转速值是受换向与机械强度限制,一般为$(1.2 \sim 1.5)n_N$,特殊设计的电动机可达$3n_N$,所以单独使用弱磁调速方法,调速范围不大。若电动机拖动负载转矩不变,弱磁调速时,要特别注意电枢电流不要过载,因为$T = C_T \Phi I_a$,若磁通减少,为保持T_L不变,电枢电流I_a就增大。如果电动机拖动的是恒功率负载,即$P_L = T_L \Omega =$常数,那么电磁功率$P_M = T\Omega =$常数,弱磁调速时,虽然转速升高,但电磁转矩减小,结果电枢电流下降,所以弱磁调速适用于恒功率负载。弱磁调速方法的优点是由于在功率较小的励磁回路内控制励磁电流,因此功率损耗小,设备简单,运行费用低。

2.3.3 改变电枢端电压调速

保持直流电动机磁通为额定值,电枢回路不串接电阻,通过改变电枢电压来改变直流电动机转速的调速方法称为调压调速,最高电压不应超过额定电压。以他励直流电动机拖动恒转矩负载为例,降低电枢电压的机械特性如图2-13所示。

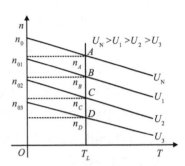

图 2-13 降低电源电压调速时的机械特性

由直流电动机的机械特性

$$n = \frac{U}{C_E \Phi_N} - \frac{R_a T}{C_E C_T \Phi_N^2}$$

可知,改变电枢电压时,机械特性仍为直线,斜率$\beta = \dfrac{R_a}{C_E C_T \Phi_N^2}$

保持不变。随着电枢电压的降低,机械特性平行地向下移动。在不同的电枢电压U_N、U_1、U_2、U_3时,电动机的转速分别是n_A、n_B、n_C、n_D,电源电压越低,转速也越低。同样,改变电枢电源电压调速方法的调速范围,也只能在额定转速之下调节。同时,电动机机械特性的硬度不变。因此,即使电动机在低速运行时,转速随负载变动而变化的幅度较小,即转速稳定性好。当电枢电源电压连续调节,转速变化也是连续的,所以这种调速称为无级调速。改变电枢电源电压调速方法的优点是调速平滑性好,即可实现无级调速,调速效率高,转速稳定性好。缺点是所需的调压电源设备投资较高。这种调速方法在直流电力拖动系统中被广泛应用。为了扩大调速范围,电力拖动系统常常把调压调速与弱磁调速结合起来,在基速以下采用调压调速,基速以上采用弱磁调速。

2.3.4 调速的性能指标

电动机调速方法有多种,为了比较各种调速方法的优劣,要用调速的性能指标来评价。电动机调速的性能指标主要有以下几项。

1. 调速范围

调速范围是指电动机在额定负载下调速时,其最高转速n_{max}与最低转速n_{min}之比,用D表示,即

$$D = \frac{n_{max}}{n_{min}} \tag{2-10}$$

电动机最高转速受电动机的换向及机械强度限制,最低转速受转速相对稳定性(即静差率)要求的限制。

2. 静差率 δ

静差率或称转速变化率是指电动机从理想空载转速 n_0 到额定负载时转速的变化率,用 $\delta\%$ 表示,即

$$\delta\% = \frac{n_0 - n}{n_0} \times 100\% \qquad (2\text{-}11)$$

式中,n 为额定负载转矩($T_L = T_N$)时的转速。从式(2-11)可见,在 n_0 相同时,机械特性越硬,额定负载时转速降 Δn 越小,静差率 $\delta\%$ 越小,转速的相对稳定性越好,负载波动时,转速变化也越小。电枢串电阻调速时,外串电阻越大,转速就越低,在 $T = T_N$ 时的静差率越大。如果生产机械要求静差率不能超过最大值 δ_{max},那么电动机在 $T = T_N$ 时的最低转速 n_{min} 也就确定了,于是满足静差率 δ_{max} 要求的调速范围也就相应地确定了。

由式(2-11)还可看出静差率除与机械特性硬度有关外,还与电机理想空载转速 n_0 成反比。对于同样硬度的特性,理想空载转速 n_0 不同,其静差率却不同,理想空载转速越低,静差率越大。例如他励直流电动机改变电枢端电压调速时,虽然转速降相同,但其静差率却不同。为了保证转速的相对稳定性,要求静差率应不大于某一允许值。

通过以上分析可见,调速范围 D 与静差率 δ 两项性能指标互相制约。当采用同一种方法调速时,静差率要求较低时,可以得到较大的调速范围;反之,静差率要求较高时,调速范围变小。如果静差率要求一定时,采用不同的调速方法,其调速范围不同,如改变电枢电源电压调速比电枢串电阻调速的调速范围大。所以调速范围与静差率互相制约,因此需要调速的生产机械必须同时给出静差率与调速范围这两项指标,以便选择适当的调速方法。

3. 调速的平滑性

调速的平滑性用调速时相邻两级转速比表示,即

$$k = \frac{n_i}{n_{i-1}} \qquad (2\text{-}12)$$

其中 k 为平滑系数。平滑系数 k 越接近1,说明调速的平滑性越好。如果转速连续可调,其级数趋于无穷多,平滑系数 k 趋近于1称为无级调速,其平滑性最好;调速不连续,级数有限,称为有级调速。

4. 经济指标

选择调速方案时,除考虑上述技术指标外,还必须考虑调速设备投资、调速时的电能消耗、维修工作量和费用等经济指标。

5. 恒转矩和恒功率的调速方式与负载类型的配合

电动机有两种调速方式,即恒转矩与恒功率调速方式,都是用来表征电动机采用某种调速方法时的负载能力,并不是指电动机的实际输出。

恒转矩调速方式是指在某种调速方法中保持电枢电流 $I_a = I_N$ 不变,电动机的电磁转矩也恒定不变,称这种调速方式为恒转矩调速方式。当他励直流电动机电枢回路串电阻调速和改

变电枢电源电压调速时，因 $\Phi = \Phi_N$ 不变，$I_a = I_N$ 不变，电磁转矩 $T = C_T\Phi_N I_N = T_N$，与 n 无关，所以属于恒转矩调速方式。恒功率调速方式是指在某种调速方法中，保持电枢电流 $I_a = I_N$ 不变，电动机电磁功率也恒定不变，他励直流电动机弱磁调速时，$U = U_N$，Φ 变化，保持 $I_a = I_N$ 不变，允许输出的转矩 $T = C_T\Phi I_N$，Φ 与 n 有 $\Phi = \dfrac{U_N - I_N R_a}{C_E n} = \dfrac{C_1}{n}$，所以 $T = C_T \cdot \dfrac{C_1}{n} \cdot I_N = C_2\dfrac{1}{n}$，$T$ 与 n 成反比变化。电动机的输出功率

$$P = \frac{Tn}{9\,550} = \frac{1}{9\,550}\frac{C_2}{n}n = \frac{C_2}{9\,550} = 常数$$

可见弱磁调速时电动机允许输出功率为常数，属于恒功率调速。电动机采用恒转矩调速方式时，如果拖动恒转矩负载运行，并且使电动机额定转矩与负载转矩相等，那么不论运行在什么转速下，电动机的电枢电流 $I_a = I_N$ 不变，此时电动机得到充分利用，则这种恒转矩调速方式与恒转矩负载的配合是合适的，也称相匹配。电动机采用恒功率调速方式时，如果拖动恒功率负载运行，并使电磁功率 P_M 为额定值不变，那么不论运行在什么转速下，电动机的电枢电流 $I_a = I_N$ 不变，电动机被充分利用，则恒功率调速方式与恒功率负载相匹配。

如图 2-14（a）所示，如果电动机采用恒转矩调速方式拖动恒功率负载运行，假如让电动机低速运行时，负载转矩等于电动机额定转矩，电动机的电枢电流等于额定电流，此时电动机利用是充分的。但当系统运行在高速时，由于负载是恒功率的，高速时负载转矩 T_L 小，因此电动机电磁转矩 T 就小于额定转矩 T_N。而恒转矩调速时磁通不变，电磁转矩 T 减小，电枢电流 I_a 也必然减小，结果 $I_a < I_N$，电动机的利用就不充分了，这种情况叫作电动机调速方式与所拖动的负载不匹配。从以上分析可看出，拖动恒功率负载采用恒转矩调速方式的电动机，按低速运行选配好合适的电动机，而高速时电动机容量就有所浪费。如图 2-14（b）所示，拖动恒转矩负载若采用恒功率调速方式的电动机，在 n_N 以下调速方式与负载是匹配的，但在 n_N 以上电机将过载。调速方式与负载的配合如图 2-14 所示，曲线 1 为负载的机械特性；曲线 2 为电动机不同调速方式的机械特性。

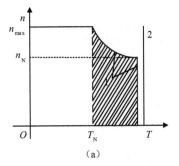 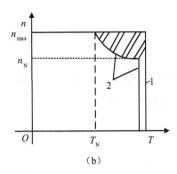

图 2-14　调速方式与负载的配合

（a）恒转矩调速方式与恒功率负载的配合；（b）恒功率调速方式与恒转矩负载的配合

【例 2-3】　某台他励直流电动机，额定功率 $P_N = 22\,kW$，额定电压 $U_N = 220\,V$，额定电流 $I_N = 115\,A$。额定转速 $n_N = 1\,500\,r/min$，电枢回路总电阻 $R_a = 0.1\,\Omega$，忽略空载转矩 T_0，电动机带

额定负载运行时,要求把转速降到 1000 r/min。计算:

(1)采用电枢串电阻调速,需串入的电阻值;

(2)采用降低电源电压调速,需把电源电压降到多少?

(3)上述两种调速情况,电动机输入功率与输出功率各是多少?(输入功率不计励磁回路的功率)

解:

(1)电枢串入电阻值的计算

$$C_E\varPhi_N = \frac{U_N - R_a I_N}{n_N} = \frac{220 - 0.1 \times 115}{1500} = 0.139$$

理想空载转速

$$n_0 = \frac{U_N}{C_E\varPhi_N} = \frac{220}{0.139} = 1582.7 \text{ r/min}$$

额定转速降落

$$\Delta n_N = n_0 - n_N = 1582.7 - 1500 = 82.7 \text{ r/min}$$

电枢串电阻后转速降落

$$\Delta n = n_0 - n = 1582.7 - 1000 = 582.7 \text{ r/min}$$

$$\frac{R_a + R}{R_a} = \frac{\Delta n}{\Delta n_N}$$

$$R = R_a\left(\frac{\Delta n}{\Delta n_N} - 1\right) = 0.1 \times \left(\frac{582.7}{82.7} - 1\right) = 0.605 \ \Omega$$

(2)降低电源电压数值的计算

降低电源电压后的理想空载转速

$$n_{01} = n + \Delta n_N = 1000 + 82.7 = 1082.7 \text{ r/min}$$

降低后的电源电压为 U_1,则

$$\frac{U_1}{U_N} = \frac{n_{01}}{n_0}$$

$$U_1 = \frac{n_{01}}{n_0} U_N = \frac{1082.7}{1582.7} \times 220 \text{ V} = 150.5 \text{ V}$$

(3)电动机降速后输入功率与输出功率计算

电动机输出转矩

$$T_2 = 9550\frac{P_N}{n_N} = 9550 \times \frac{22}{1500} = 140.1 \text{ N·m}$$

输出功率

$$P_2 = T_2\Omega = T_2\frac{2\pi}{60}n = 140.1 \times \frac{2\pi}{60} \times 1000 = 14670 \text{ W}$$

电枢电阻降速时输入功率

$$P_1 = U_N I_N = 220 \times 115 = 25300 \text{ W}$$

2.4 他励直流电动机的制动

电动机制动运行状态的特征是电动机的电磁转矩 T 与转速 n 方向相反,制动的含义是在旋转的电机上施加一个与旋转方向相反的转矩。施加的转矩既可以是电机的电磁转矩,也可以是制动闸的机械摩擦转矩。前者叫电气制动,后者叫机械制动。电气制动的制动转矩大,操作方便,有时还可回收系统动能,在电力拖动系统中得到广泛的应用。

本节讨论的制动是电气制动。电动机的电气制动有两个目的。①使系统迅速减速停车。这时的制动是指电动机从某一转速迅速减速到零的过程。若电动机在工作时断开电源,则整个拖动系统的转速慢慢下降,直到转速为零而停车,这种自然停车过程是靠很小的摩擦阻转矩进行制动减速的,因而制动时间长,工作效率低。采用电气制动,在制动过程中,使电动机的电磁转矩 T 由拖动转矩变为制动转矩起着制动的作用,从而缩短停车时间,以提高生产率。②限制位能性负载的下降速度。这时的制动是指电动机处于某一稳定的制动运行状态时,电动机的电磁转矩 T 起到与负载转矩相平衡的作用。例如起重机下放重物时,若不采取措施,由于重力作用,重物下降速度将越来越快,直到超过允许的安全下放速度。为防止这种情况发生,可以用电气制动的方法,使电动机的电磁转矩与重物产生的负载转矩相平衡,从而使下放速度稳定在某一安全下放速度上。在上述这两种情况中,前者属于过渡过程,称为"制动过程",后者属于稳定运行,称为"制动运行"。

他励直流电动机电气制动的方法有能耗制动、反接制动和回馈制动三种。

2.4.1 能耗制动

他励直流电动机能耗制动的特点是:电枢电源电压 $U_a = 0$,电动机制动时,将电枢与电源脱离,电枢回路通过电阻 R 构成闭合回路,将系统动能转换成电能消耗在电枢回路的电阻上,能耗制动由此而得名。

能耗制动又分为能耗制动过程和能耗制动运行,它们分别用于不同场合。

1. 能耗制动过程——迅速停车

图 2-15 是他励直流电动机能耗制动的原理图。

（1）制动方法

当 KM_1 闭合,KM_2 断开,电动机拖动反抗性恒转矩负载工作在正向电动运行状态,电动机电磁转矩 T 与转速 n 的方向相同,T 为拖动转矩,$T = T_L$,这时 I_a、T、T_L 和 n 的正方向均为正值。电动机工作于图 2-16 中 A 点。能耗制动时,保持电动机励磁不变,使 KM_1 断开,接触器 KM_2 闭合,此时电动机电枢脱离电源接到能耗制动电阻 R 上,电枢电源电压 $U_a = 0$。由于机械惯性,制动初始瞬间转速 n 不能突变,保持原来的方向和大小,特性 1 的工作点从 A 点平移到特性曲线 2 上的 B 点,E_a 也保持原来的大小和方向,而电枢电流 $I_a = \dfrac{-E_a}{R_a + R}$,电流 I_a 变为负,其方向与原来电动运行时相反,因此电磁转矩 T 也变负,此时 T 的方向与转速 n 的方向相反,起制动作用,系统进入制动过程。能耗制动的机械特性是一条通过坐标原点并与电枢回路

串接电阻 R 的人为机械特性平行的直线。如果电动机拖动的是反抗性恒转矩负载，能耗制动开始，电动机的运行点从 A 点到 B 点，在制动转矩的作用下，系统减速，沿机械特性曲线 2 下降。在减速过程中，E_a 逐渐减小，I_a、T 随之变小，直至 $n=0$ 时，$E_a=0$，$I_a=0$，$T=0$，制动过程结束，系统停车。

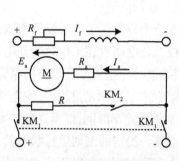

图 2-15　能耗制动原理图

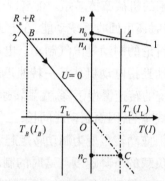

图 2-16　能耗制动机械特性图

1-固有特性；2-U=0 时的机械特性

（2）制动电阻的选取

能耗制动时 $U_a=0$，机械特性方程为

$$n=-\frac{R_a+R}{C_E C_T \Phi_N^2}T=-\beta T \tag{2-13}$$

式中，$\beta=-\dfrac{R_a+R}{C_E C_T \Phi_N^2}$ 为斜率，斜率 β 随制动电阻 R 的变化而变化，能耗制动开始瞬间，由于电枢电流 $|I_a|$ 与制动电阻 R 成反比，外串电阻 R 越小，$|I_a|$ 及 $|T_a|$ 就越大，制动效果越好，停车迅速。但 $|I_a|$ 受电机换向条件限制不能太大，制动开始时应将 I_a 限制在最大允许值 I_{max}，即

$$|I_a|=\frac{E_a}{R_a+R}\leqslant I_{max}=(2\sim2.5)I_N$$

由此可得能耗制动电阻计算公式

$$R\geqslant\frac{E_a}{(2\sim2.5)I_N}-R_a \tag{2-14}$$

式中，E_a 为制动开始时电动机的电枢电动势。

（3）多级能耗制动

从机械特性可见，在制动过程中，制动转矩随着转速的降低而减小，制动作用减弱，拖长了制动时间。为了克服这个缺点，在某些生产机械中采用多级能耗制动。图 2-17 为两级能耗制动时的线路，制动开始时触头 KM_1、KM_2 断开，电阻 R_{c1}、R_{c2} 全部串入电枢回路中，机械特性为图 2-17 中的直线 1，随着转速下降，运行点沿着 $B\rightarrow C$ 下降，在 C 点，KM_1 闭合，切除电阻 R_{c1}，瞬间电磁转矩增大，运行从 C 点过渡到 D 点。此后 n 与 T 将沿 $D\rightarrow E$ 变化，到 E 点时，KM_2 闭合，切除电阻 R_{c2}，运行点从 E 点过渡 F 点，并沿 $F\rightarrow O$ 变化，直到 O 点，$n=0$，系统停车。采用分级制动，增大了平均制动转矩，缩短了制动时间。

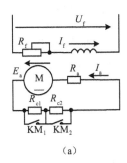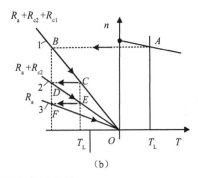

（a）　　　　　　　　　　　　　（b）

图 2-17　两级能耗制动的线路与机械特性

（a）两级能耗制动接线图；（b）两级能耗制动的机械特性

2. 能耗制动运行——下放重物

如果电动机拖动的是位能性恒转矩负载，当制动运行到 $T=0$，$n=0$ 时，负载转矩 $T_L \neq 0$，系统在负载带动下开始反向旋转，电动机将继续沿图 2-16 机械特性 2 直到 C 点，$T=T_L$ 稳定运行，因此 C 点是稳定工作点。在 C 点上 n 为负，T 为正，所以 T 是制动转矩，电动机在 C 点上的稳定运行叫作能耗制动运行。在能耗制动时，电动机靠惯性旋转或者靠位能性恒转矩负载带动旋转，电枢通过切割磁场，将机械能转变成电能消耗在电枢回路的电阻上。

能耗制动过程——停车和能耗制动运行——下放重物，其功率转换关系相同，不同的是在能耗制动运行时，机械功率的输入是靠重物下降时减少的位能提供的，能量转换功率 $E_a I_a$ 是固定的，而在能耗制动过程中，能量转换功率 $E_a I_a$ 在停车过程中是变化的。

能耗制动方法比较简单，制动时，$U_a=0$，电动机不吸收电功率，比较经济和安全，常用于反抗性负载制动停车和位能性负载匀速下放。

2.4.2 反接制动

他励直流电动机反接制动分为电压反接制动和转速反向的反接制动。

1. 电压反接制动

（1）制动方法

图 2-18（a）是电压反接制动时的接线图。电机加额定励磁 n_c，接触器的触点 KM_1 闭合，KM_2 断开，电动机拖动反抗性恒转矩负载在固有机械特性的 A 点运行，如图 2-18（b）所示，电动机处于正向电动运行状态，电磁转矩 T 与转速 n 的方向相同。当断开触头 KM_1，闭合 KM_2，使电枢电压反极性，$U_a=-U_N$，$n_0=-\dfrac{U_N}{C_E \Phi_N}$ 为负值。同时电枢回路串入电阻 R_c，电枢回路总电阻为 R_a+R_c，电动机则进入电压反接制动状态。电动机机械特性方程式变为

$$n = \frac{-U_N}{C_E \Phi_N} - \left(\frac{R_a+R_c}{C_E C_T \Phi_N^2} \right) T = -n_0 - \beta T \tag{2-15}$$

相应的机械特性为图 2-18（b）中第 Ⅱ 象限的直线 2。反接制动初始瞬间，由于机械惯性，转速不能突变，保持原来的方向和大小，电枢感应电动势也保持原来的大小和方向，工作点从 A 点

过渡到机械特性 2 的 B 点,电枢电流变为 $I_a = \dfrac{-U_N - E_a}{R_a + R_c} < 0$ 为负值, $T = C_E \Phi I_a$ 为负值,电磁转矩 T 与转速 n 的方向相反,电磁转矩为制动转矩。T 与 n 沿着机械特性曲线 2 的 $B \rightarrow C$ 向下变化,电动机减速,在 C 点 $n=0$,制动停车结束,此时应将 KM_2 断开并切断电源,使制动过程结束。否则,因为电动机轴上带的是反抗性恒转矩负载,若不切断电源,电动机将反向启动,在 D 点反向稳定运行。

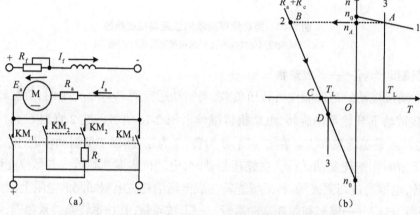

图 2-18　他励直流电动机电压反接制动接线图和机械特性

(a)电压反接制动接线图;(b)电压反接制动机械特性

(2)制动电阻的选择和效果

电压反接的制动效果与制动电阻 R_c 的大小有关, R_c 越小,电枢电流 I_a 越大,电磁转矩 T 越大,制动过程越短,停机越快。制动过程中的最大电枢电流,即工作于 B 点时的电枢电流大小取决于电源电压 U_N、制动开始时的电枢电动势 E_a 及电枢回路电阻 $R_a + R_c$。为了限制电压反接制动过程中的电流不超过允许值 I_{max},所以选择 R_c 的原则为

$$I_a = \frac{U_N + E_a}{R_a + R_c} \leqslant I_{max} = (2{\sim}2.5)I_N$$

由此

$$R_c \geqslant \frac{U_N + E_a}{(2{\sim}2.5)I_N} - R_a$$

或

$$R_c \geqslant \frac{2U_N}{(2{\sim}2.5)I_N} - R_a \tag{2-16}$$

对于同一台电动机,由换向条件决定的最大电枢电流 I_{max} 只有一个,采用电压反向的反接制动时的外串电枢回路电阻的最小值差不多比能耗制动时大一倍,机械特性曲线的斜率也比能耗制动时大。所以,在制动停车过程中,电压反接的制动转矩比能耗制动转矩大,因此制动停车的时间短,得到更加强烈的制动效果。在制动过程中,系统速度降低所释放出来的动能减去空载损耗后,转变为电磁功率 P_M。同时电动机仍接在电源上,仍从电源吸收电功率,所有这

些功率全部消耗在电枢回路的电阻 $R_a + R_c$ 上。采用电压反接制动,在转速降低后仍有良好的制动效果,并能将拖动系统的制动停车和反向运行主动结合起来。因此,一些频繁正、反转的可逆拖动系统,例如龙门刨床主传动系统,从正转变为反转时,用反接制动最为方便。

2. 转速反向的反接制动

（1）制动方法

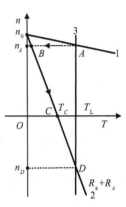

图 2-19　转速反向反接制动的机械特性

他励直流电动机拖动位能性恒转矩负载运行时,为了实现稳速下放重物,电动机应提供制动性的电磁转矩,即采用转速反向反接制动,使电动机工作于限速制动运行状态。设他励直流电动机拖动位能性恒转矩负载,以 n_a 的速度提升重物,电动机转速及电磁转矩均为正值,工作点为图 2-19 中曲线 1 与负载 T_L 的交点 A。为了低速下放重物,在电动机电枢回路中串入一较大电阻 R_c,电动机机械特性变为曲线 2。如图 2-19 所示,由于转速来不及突变,工作点由 A 点平移到 B 点,因 $T_B < T_L$,系统降速,工作点沿人为特性下降,电枢电势 E_a 随之减小,电枢电流 I_a 和电磁转矩 T 随之增大。到 C 点时系统速度为零,重物停止上升,此时 $T_C < T_L$,故重物将拖动电动机反向加速,但电枢电流 $I_a = \dfrac{U_a - (-E_a)}{R_a + R_c}$ 与电动机运行时方向一致,电磁转矩仍为正,成为阻碍运动的制动转矩。工作点由 C 点下移到 D 点,$T < T_L$,系统重新稳定运行。这时 n 反向,电枢电势 E_a 也改变方向,电动机处在反接制动运行状态下,稳定下放重物。所以,转速反向的反接制动也称为电动势反接制动。

（2）制动电阻的选取

转速反向的反接制动效果与制动电阻 R_c 的大小有关,R_c 越小,特性 2 的斜率越小,转速越低,下放重物的速度越慢。其制动电阻的计算为

$$R_c = \frac{U_N + E_a}{I_L} - R_a$$

转速反向的反接制动运行的机械特性与电动状态电枢串电阻人为特性完全相同,转速反向的反接制动运行时的功率关系与电压反接制动过程的功率关系相同,二者的区别仅在于输入到电动机轴上的机械功率的来源不同,电压反接制动中向电动机输送的机械功率是系统减速释放的动能,而在转速反向的反接制动运行时是位能性负载减少位能提供的,或者说是位能性负载倒拉电动机运行得到的。

2.4.3　回馈制动

他励直流电动机运行时,若电动机实际转速在外部条件作用下变得高于其理想空载转速 n_0,使电枢电势 E_a 大于电网电压 U_N,电动机处于发电状态,将系统的动能转换成电能回馈电网,故称为回馈制动状态。

1. 正向回馈制动过程

在采用降压调速的电力拖动系统中,由于系统机械惯性的存在,转速来不及变化,会出现 $E_a > U_N$ 的情况,发生短暂的回馈制动过程。图 2-20(a)绘出了电枢电压由 U_N 突降至 U_1 的机械特性。若原来稳定工作点在第一象限的 A 点上,电压降到 U_1,工作点变化情况如图中箭头所示,从 $A \to B \to C \to D$,最后稳定运行于 D 点,在这个降速过程中,从 $B \to C$ 这一阶段,电动机转速 $n > n_0'$,相应的电枢电势 $E_a > U_1$,所以电枢电流为负值,电流回馈给电网,电磁转矩为负值,是一个阻碍运动的制动转矩,该制动转矩使拖动系统更快地降速。当工作点 B 降到 C 点时,$n = n_0'$,$T = 0$,电枢电流和相应的制动转矩均下降到零,制动过程结束。之后,工作点进入第一象限,电动机工作于电动状态,由于 $T < T_L$,电动机继续降速至 D 点并稳定运行。输入的机械功率是系统从高速到低速这一降速过程中释放出来的动能所提供的,大部分电能被送回到直流电源。这就是把这种制动方式称为回馈制动的原因。

正向回馈制动过程同样出现在他励直流电动机增加磁通 Φ 的减速过程中,图 2-20(b)机械特性从 $B \to C$ 这一阶段也是回馈制动阶段,读者可自行分析。

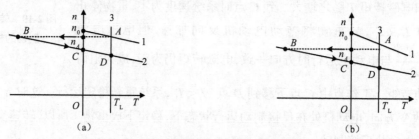

图 2-20　调速时出现的正向回馈制动
(a)改变电枢电压调速;(b)改变励磁电流调速

2. 正向回馈制动运行

他励直流电动机在电动状态下下放位能性负载时,若电磁转矩和位能性负载产生的转矩均与转速方向相同,则拖动系统转速会迅速升高,当转速 $n > n_0$,将进入另一种限速运行状态——回馈制动运行状态。

下面以电车下坡行驶为例加以说明。设电车在水平路面行驶时,电动机转速 $n > 0$,电磁转矩 $T > 0$,电动机工作点位于第一象限 A 点,如图 2-21 所示。

当电车下坡时,T_L 反向,变成帮助电车向下行驶,负载特性变为特性 3,在 T 与 T_L 的共同作用下,n 加速,工作点由 A 点沿机械特性 1 向上移动,到达 B 点,以 n_B 大于 n_0 的速度稳定运行。这种回馈制动能使电车恒速下坡,故称为正向回馈制动运行。其轴上输入的机械功率是电车减少位能所提供的。

3. 反向回馈制动运行

设电动机带动位能性恒转矩负载运行于正向提升状态,电动机运行时稳定工作点为 A。将电枢电压反接,电动机机械特性曲线 1 变为曲线 2,如图 2-22 所示。

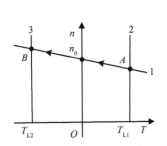

图 2-21　回馈制动电车下坡过程

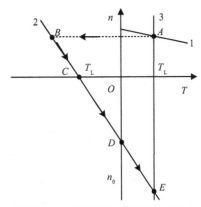

图 2-22　回馈制动下放重物过程

运行点由 $A \rightarrow B$，T_B 变负，在 T_B 与 T_L 的共同作用下，转速迅速降低到 $n=0$（图中 C 点），在 T_B 与 T_L 的继续作用下，电动机开始反转，工作点沿机械特性继续下移，经过反向电动状态进入第四象限，最后稳定运行于 E 点，$T=T_L$ 系统以 n_E 速度均匀下放重物，此时 $|n| > |-n_0|$，电动机处于反向回馈制动运行状态。

从图中可以看出，回馈制动运行时，电枢回路中外串电阻越大，机械特性越陡，稳定运行转速越高。为不使负载下放速度过高，通常在电枢回路不串电阻。即使这样，稳定运行转速也高于 n_0，所以这种制动方法仅在起重机下放较轻的重物时采用。由于回馈制动可以回收利用制动中释放出的大部分能量，所以最为经济。

【例 2-4】　一台他励直流电动机的额定数据为：$P_N = 33\,\text{kW}$，$U_N = 440\,\text{V}$，$I_N = 85\,\text{A}$，$n_N = 1\,050\,\text{r/min}$，电枢电阻 $R_a = 0.068R_N$，负载为位能性负载。

（1）电动机在电枢反接的回馈制动下下放重物，如果此时负载电流 $I_Z = 62\,\text{A}$，若电枢电路中不串接电阻，求电动机的转速；

（2）电动机在能耗制动下下放重物，如果要求电动机转速为 550 r/min，电枢负载电流为额定电流，求电枢电路附加电阻值（考虑空载转矩）；

（3）电动机在转速反向的反接制动下工作，电动机下放重物的速度为 650 r/min。电枢负载电流为 50 A，求电枢电路应串接的电阻（考虑空载转矩）。

解：$R_a = 0.068R_N = 0.068 \times \dfrac{U_N}{I_N} = 0.68 \times \dfrac{440}{85} = 0.352\,\Omega$

$$C_E \Phi_N = \frac{U_N - I_N R_a}{n_N} = \frac{440 - 85 \times 0.352}{1\,050} = 0.390\,6$$

$$C_T \Phi_N = 9.55 C_E \Phi_N = 9.55 \times 0.390\,6 = 3.73$$

（1）因为电动机在电枢反接的回馈制动下下放重物，故此时电源电压的方向与提升重物时的电源电压方向相反，则

$$n_1 = \frac{-U_N - I_a' R_a}{C_E \Phi_N} = \frac{-440 - 62 \times 0.352}{0.390\,6} = -1\,183\,\text{r/min}$$

（2）电动机在能耗制动下下放重物，转速为负，即 $n_2 = -550\,\text{r/min}$，有

$$R_{\Omega 1} = -\frac{C_E \Phi_N n_2}{I_N} - R_a = \left[-\frac{0.039\,06 \times (-550)}{85} - 0.352 \right] = 2.175\,4\ \Omega$$

（3）电动机在转速反向的反接制动下工作时，应该串接的电阻值为

$$R_{\Omega 2} = \frac{U_N - C_E \Phi_N n_3}{I_a''} - R_a = \left[\frac{440 - 0.039\,06 \times (-650)}{50} - 0.352 \right] = 13.526\ \Omega$$

2.5 串励直流电动机的电力拖动

并励直流电动机的机械特性与他励直流电动机的机械特性基本相似。前面分析的他励直流电动机的启动、调速、制动方法对并励直流电动机同样适用。串励直流电动机的机械特性与他励直流电动机的机械特性有较大的不同，下面单独分析串励直流电动机的电力拖动。

2.5.1 串励直流电动机的机械特性

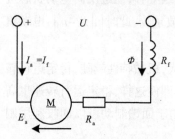

图 2-23 串励直流电动机接线图

图 2-23 是串励直流电动机的接线图，励磁绕组与电枢绕组串联，电枢电流 I_a 就是励磁电流 I_f，电枢电流 I_a（即负载）的变化将使励磁电流 I_f 变化，同时引起主磁通 Φ 变化。

串励直流电动机的机械特性表达式为

$$n = \frac{U}{C_E \Phi} - \frac{R}{C_E C_T \Phi^2} T \qquad (2\text{-}17)$$

其中 R 为电枢回路总电阻，在电流较小时，磁路不饱和，磁通与电流成正比，$\Phi = K I_a$，转矩与电流的平方成正比，即 $T = C_T K I_a^2$。将上述关系式代入式（2-17），合并常数为

$$n = \frac{U}{C_E K I_a} - \frac{R}{C_E C_T K^2 I_a^2} C_T K I_a^2 = \frac{C}{\sqrt{T}} - C' \qquad (2\text{-}18)$$

式中 C 与 C' 均为常数。

当电流很大时，磁路饱和，磁通不随电流变化，将 $\Phi = K_2$ 代入式（2-17），得

$$n = \frac{U}{C_E K_2} - \frac{R}{C_E C_T K_2^2} T = n_0 - \Delta n \qquad (2\text{-}19)$$

串励直流电动机的机械特性曲线如图 2-24 所示。

由串励直流电动机的机械特性曲线可以看出：

①特性曲线是一条非线性的软特性，随着负载转矩的增大，转速自动减小，保持功率基本不变，起着自动安全保护作用，适用于起重运输的设备；

②由机械特性公式可见，$I_a = 0$，$T = 0$，理想空载转速为无穷大，实际电机主磁极有很小剩磁磁通存在，n_0 一般可达（5~6）n_N，这个速度足以造成电动机的损坏。因此，串励直流电动机是不允许空载、轻载运行或用皮带传动的；

③ T 与 I_a 的平方成正比，因此串励直流电动机的启动转矩大，过载能力强。

串励直流电动机同样可以采用电枢回路串电阻、改变电源电压和改变磁通的方法来获得

各种人为特性,其人为机械特性曲线的变化趋势和他励直流电动机的人为机械特性曲线的变化趋势相似,如图 2-24 曲线 2 为电枢串电阻人为特性,图 2-25 中曲线 2 为串励直流电动机降压的人为特性曲线。图 2-26 为串励直流电动机的励磁绕组并联分路电阻 R_B,当改变阻值时,励磁绕组电流也随之改变,从而改变主磁通。弱磁后的人为特性位于固有特性曲线 2 上,特性变软。

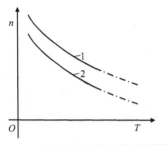

图 2-24 串励直流电动机的机械特性

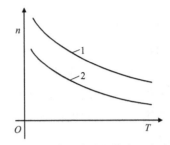

图 2-25 串励直流电动机的降压人为特性

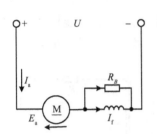

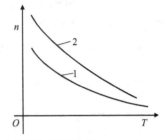

图 2-26 励磁绕组并联分路电阻 R_B 的电路图和机械特性

2.5.2 串励直流电动机的启动与调速

1. 启动

为了限制启动电流,串励直流电动机的启动方法和他励直流电动机一样,也可以采用电枢回路串电阻启动和降低电源电压启动。由于电磁转矩与电枢电流的平方成正比,所以启动转矩大,适合重载启动,如起重、运输设备等。

2. 调速

串励直流电动机的调速也是采用电枢回路串电阻、降压和弱磁三种方法,其调速原理与他励直流电动机相同。

2.5.3 串励直流电动机的电气制动

与他励直流电动机相同,串励直流电动机既可工作在电动状态又可工作在制动状态,但由于串励直流电动机理想空载转速太高,不可能 $n > n_0$,所以不能有回馈制动运转状态,只能进行能耗制动和反接制动。

1. 串励直流电动机的能耗制动

串励直流电动机的能耗制动分为他励能耗制动和自励能耗制动两种。

（1）他励能耗制动

他励能耗制动是把励磁绕组由串励形式改接成他励形式，即把励磁绕组串电阻接到电源上，电枢绕组脱离电源外接制动电阻 R 后形成回路，如图 2-27（a）所示。由于串励直流电动机的励磁绕组电阻 R_f 很小，如果采用原来的电源，电流较大，则必须在励磁回路中串入一个较大的限流电阻 R_1。此外，因 I_a 已反向，还必须保持励磁电流 I_f 的方向与电动状态时相同，否则不能产生制动转矩。他励能耗制动时的机械特性为一直线，如图 2-27（a）中直线 BO 段所示，其制动过程与他励电动机的能耗制动方法相似，可以取得较好的制动效果。若电动机带的是反抗性恒转矩负载，电动机将沿能耗制动特性曲线降速到 n 为零而可靠停车。若电动机带的是位能性恒转矩负载，电动机将会在重物的拖动下反转而最后稳定运行于 C 点，以 n_C 的速度匀速下放重物。

（2）自励能耗制动

自励能耗制动时，电动机脱离电源后通过制动电阻 R_f 形成回路，为了实现制动，必须同时改接串励绕组，以保证励磁电流的方向改变，如图 2-27（b）所示。自励能耗制动时的机械特性如图 2-27（b）中曲线 BO 段所示，主要用于断电事故状态时的安全制动停车。

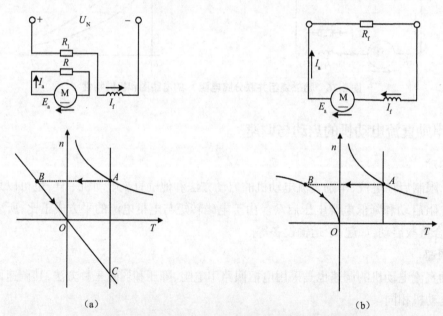

图 2-27　串励直流电动机他(自)励能耗制动电路及特性图
（a）他励能耗制动电路及特性图；（b）自励能耗制动电路及特性图

2. 串励直流电动机的反接制动

串励直流电动机的反接制动也有电枢电压反接制动和电动势反接制动两种。

（1）电枢电压反接制动

串励直流电动机电枢电压反接制动的原理、过程和他励直流电动机相同。反接制动时，电枢回路也必须串入足够大的电阻以限制电流,制动方法和机械特性如图 2-28 所示。工作点从 A 点过渡到 B 点,反接制动开始,到 C 点如需停车应断开电源,如要反转,则电动机的工作点为 D 点,进入反向电动状态,以 $-n_D$ 的速度稳定运行。

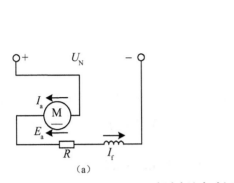
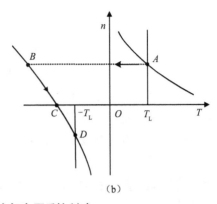

图 2-28 串励直流电动机电枢电压反接制动

(a)电路图;(b)特性图

(2)转速反向的反接制动

串励直流电动机转速反向的反接制动原理、过程也与他励直流电动机相同,其机械特性如图 2-29 所示。

当电动机轴上带位能性负载 T_L 时,运行于固有特性 1 上的 A 点,在电枢回路中串入较大电阻 R_C,机械特性变为曲线 2,电动机的工作点由 A 点过渡到 B 点,$T_B < T_L$,系统降速到 D 点,$n=0$。但位能性转矩 T_L 仍大于 T_D,电动机反转,由第一象限的电动状态延伸到第四象限的转速反向的反接制动状态,直到 C 点,$T_C = T_L$,电动机以低速下放重物。这种制动状态适用于以一定转速下降重物,防止下降重物转速太高。

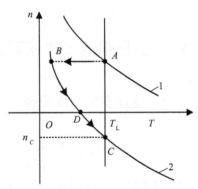

图 2-29 串励直流发动机转速反向的反接制动

第 3 章 变压器

【内容提要】本章从变压器工作原理和结构入手,分析了空载状态和负载状态下铁芯和绕组间电磁耦合和相互作用的电磁物理过程,借助电磁感应原理建立了电路上的电动势平衡方程,推导了磁路上的磁动势平衡方程,最后得到折算的变压器等效电路。在分析三相变压器的结构和工作原理后,着重说明了联结组和并联运行问题。本章随后阐述了试验测量变压器等效电路参数的方法,分析了变压器的外特性、效率特性,介绍了特殊变压器的工作原理和使用要求。

【重点】变压器等效电路及参数测量,三相变压器联结组和并联运行。

【难点】变压器的电动势平衡方程和磁动势平衡方程。

变压器是一种静止的电器设备,它利用电磁感应原理,将一种电压、电流的交流电能转换成同频率的另一种电压、电流的交流电能。变压器可以用于能量转换、信号转换或电气隔离等目的,在电能的生产、传输、转换和利用过程中得到广泛应用,是极其重要的电气设备。

3.1 变压器的工作原理和结构

3.1.1 变压器的工作原理

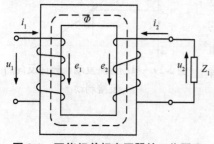

图 3-1 双绕组单相变压器的工作原理

变压器工作原理的基础是电磁感应定律。图 3-1 为双绕组单相变压器的工作原理图。变压器的基本结构是两个互相绝缘的绕组套在一个共同的铁芯上。变压器的两个绕组的匝数分别为 N_1 和 N_2,彼此绝缘,绕组之间只有磁的耦合而没有电的联系。匝数为 N_1 的绕组接交流电源,称为一次(原边或初级)绕组;匝数为 N_2 的绕组接负载,称为二次(副边或次级)绕组。当一次绕组接到交流电源时,绕组中便有交流电流 i_1 流过,并在铁芯中产生与外加电压频率相同的交变磁通 Φ,此交变磁通同时交链一次绕组和二次绕组。

根据电磁感应定律,交变磁通 Φ 在一次绕组、二次绕组中感应出相同频率的电动势 e_1 和 e_2。若忽略绕组的漏磁通,变压器的一次电压、二次电压可以近似表示为

$$u_1 \approx -e_1 = N_1 \frac{\mathrm{d}\Phi}{\mathrm{d}t}$$

$$u_2 \approx e_2 = -N_2 \frac{\mathrm{d}\Phi}{\mathrm{d}t}$$

$$\frac{u_1}{u_2} = \frac{e_1}{e_2} = \frac{N_1}{N_2}$$

由此可见,变压器一次绕组、二次绕组电势之比以及电压之比都等于一次绕组、二次绕组的匝数之比。因此,改变一次绕组或二次绕组的匝数,即可改变二次绕组电压的大小,满足各种不同用电者的要求,这就是变压器的基本工作原理。

3.1.2 变压器的分类

变压器的种类很多,可按其相数、绕组、结构、冷却方式和用途的不同来进行分类。

①按照变压器的相数来分,可以分为三相变压器和单相变压器。在三相电力系统中,一般应用三相变压器,当容量过大且受运输条件限制时,在三相电力系统中也可以应用三台单相式变压器组成变压器组。

②按照绕组的数目来分,分为双绕组变压器和三绕组变压器。通常的变压器都为双绕组变压器,即在同一铁芯柱上有两个绕组,一个为原边绕组,一个为副边绕组。三绕组变压器为容量较大的变压器(在 5 600 kVA 以上),用以连接三种不同的电压输电线路。在特殊的情况下,也可应用更多绕组的变压器。

③按照结构形式来分,分为芯式变压器和壳式变压器。电力变压器都是芯式变压器。

④按照绝缘和冷却条件来分,分为油浸式变压器和干式变压器。为了加强绝缘和冷却条件,变压器的铁芯和绕组都一起浸入灌满变压器油的油箱中。在特殊情况下,例如路灯或矿山照明时可用干式变压器。

此外,还有各种专门用途的特殊变压器。例如,试验用高压变压器,电炉用变压器,电焊用变压器和可控硅线路中用的整流变压器,用于测量仪表的电压互感器与电流互感器等。

3.1.3 变压器的基本结构

通常的电力变压器大部分为油浸式,图 3-2 为油浸式电力变压器的结构,其结构主要由铁芯、绕组、油箱和绝缘套管等部件组成。铁芯和绕组是变压器进行电磁感应的基本部分,称为器身;油箱起机械支撑、冷却散热和保护作用;油起冷却和绝缘作用;套管主要起绝缘作用。

图 3-2 油浸式电力变压器

1—油箱;2—铭牌;3—油表;
4—储油柜;5—低压套管;
6—高压套管;7—分接开关;8—吊环;
9—接地螺栓;10—放油阀门

1. 铁芯

铁芯是变压器的磁路部分,分为铁芯柱和铁轭两部分。绕组包围着的部分称为铁芯柱,铁轭将铁芯柱连接起来,使之形成闭合磁路。为了提高磁路的磁导率和降低铁芯的涡流损耗,铁芯通常由厚度为 0.35 mm 且表面涂有绝缘漆的硅钢片叠压而成。

按铁芯的结构划分变压器,可以分为芯式变压器和壳式变压器。芯式结构的特点是铁芯柱被绕组包围。在单相芯式变压器中,绕组放在两个铁芯柱上,两柱上的对应边绕组可接成串联或并联,如图 3-3 所示。在三相芯式变压器中,每相各有一个铁芯柱,用两个铁轭把所有的铁芯柱连接起来,如图 3-4 所示。壳式结构的特点是铁芯包围绕组的顶面、底面和侧面,如图 3-5 所示。壳式结构的机械强度较好,但制造复杂,铁芯用材较多,散热不好。芯式结构比较简单,绕组的装配及绝缘比较容易。因此,电力变压器的铁芯主要采用芯式结构。

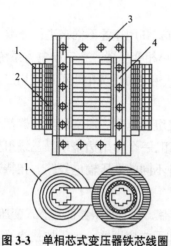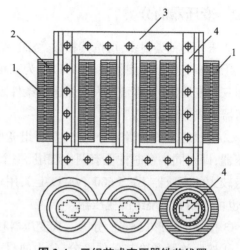

图 3-3　单相芯式变压器铁芯线圈

1—高压线圈;2—低压线圈;3—铁轭;4—铁芯柱

图 3-4　三组芯式变压器铁芯线圈

1—高压线圈;2—低压线圈;3—铁轭;4—铁芯柱

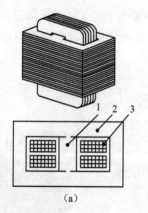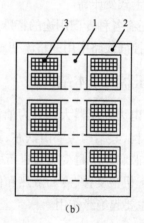

（a）

（b）

图 3-5　壳式变压器

（a）单相;（b）三相

1—铁芯柱;2—铁轭;3—线圈

　　为了减小接缝间隙以减小磁阻和励磁电流,硅钢片叠装一般采用交错式叠法,使相邻层的接缝错开。对热轧硅钢片,叠片次序如图 3-6 所示。当采用冷轧硅钢片时,由于这种钢片顺碾轧方向磁导率高,损耗小,如果按直角切片法裁料,则会在拐角处引起附加损耗,故采用图 3-7 所示的 45° 斜接缝叠装法。

　　铁芯柱的截面一般制成阶梯形,以充分利用绕组内圆空间,如图 3-8 所示。容量较大的变压器,铁芯中常设有油道,以改善铁芯内部的散热条件。

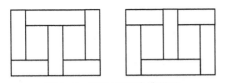
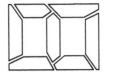

图 3-6　热轧硅钢片的排法　　　　　图 3-7　冷轧硅钢片的排法

图 3-8　铁芯柱截面

2. 绕组

绕组是变压器的电路部分,一般用绝缘材料涂裹的扁铜(或铝)线或圆铜(或铝)线绕制而成。变压器的绕组一般都绕成圆形,这种形状的绕组在外力作用下有较好的力学性能,不易变形,同时也便于绕制。

根据高压绕组与低压绕组的排放方法不同,绕组又可分为同心式与交叠式两类。

同心式绕组的高低压绕组均制成圆筒形,同心绕组套在铁芯柱的外面。一般情况下大部分同心式绕组都将低压绕组套在里面靠近铁芯,高压绕组套在外边。另外,高低压绕组间、绕组和铁芯间都必须有一定的绝缘间隙,并用绝缘纸筒把它们隔开。同心式绕组结构简单,制造方便,适用于芯式变压器,如图 3-3 和 3-4 所示。

交叠式绕组的线圈制成圆饼状,沿铁芯柱高度依次交叠放置,如图 3-9 所示。由于绕组均为饼形,因此这种绕组也称为"饼式"绕组。这种绕组机械强度好,引出线的布置和焊接方便,漏抗小,易于接成多路并联,多用于壳式变压器和电压低、电流大的电炉变压器中。

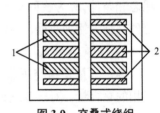

图 3-9　交叠式绕组
1—高压绕组;2—低压绕组

3. 变压器油

电力变压器的铁芯和绕组都需浸在变压器油中。变压器油的作用:一是变压器油有较大的介质常数,可以增强绝缘;二是铁芯和绕组因损耗而发出的热量可以通过变压器油在受热后产生的对流作用传送到油箱表面,再由油箱表面散发到环境中。

变压器油要求十分纯净,不含杂质,如酸、碱、硫、水分、灰尘、纤维等。如果含有少量的水分,也将使绝缘强度大大降低,同时水分将腐蚀金属,降低散热能力。

4. 油箱

电力变压器的油箱一般都制成椭圆形,以提高油箱的机械强度,且所需油较少。为了防止潮气浸入,希望油箱内部与外界空气隔离,但是不透气是做不到的。因为当油受热后会膨胀,将油箱中的空气逐出油箱;当油冷却的时候会收缩,便又从箱外吸进含有潮气的空气,这种现象称为呼吸作用。为了减小油与空气的接触面积,以降低油的氧化速度和浸入变压器油的水分,在油箱上安装圆筒形的储油器(亦称膨胀器或油枕),通过管道与变压器的油箱接通,使油面的升降限制在储油器中。储油器油面上部的空气由通气管道与外部自由流通,在通气管道中存放有氯化钙等干燥剂,空气中的水分大部分被干燥剂吸收。储油器的底部有沉积器,以沉聚侵入变压器油中的水分和污物,需定期排除。在储油器的外侧还安装有油位表,以观察储油器中油面的高低。

在油箱顶盖上装有一排气管(亦称安全气道),用于保护变压器油箱。排气管为一长钢管,上端部装有一定厚度的玻璃板。当变压器内部发生严重事故而有大量气体形成时,油管内的压力增加,油流和气体将冲破玻璃板向外喷出,以免油箱受到强烈的压力而爆裂。

在储油器与油箱的油路通道间装有气体继电器,当变压器内部发生故障产生气体或油箱漏油而使油面下降时,可发出报警信号或自动切断变压器电源。

5. 绝缘套管

为了将变压器绕组的引出线从油箱内引出到油箱外,需用绝缘套管将带电的引线与箱体可靠地绝缘。绝缘套管同时还起固定引线的作用。

图 3-10 绝缘套管

绝缘套管由外部的瓷套与中心的导电杆组成,如图 3-10 所示。其导电杆在油箱中的一端与绕组的出线端相接,在油箱外面的一端和外线路相接。

3.1.4 变压器的额定值

制造厂按国家标准,根据某种变压器的设计和试验数据而规定的该种变压器的正常运行状态和条件,称为该种变压器的额定运行状况。表征额定运行状况的各种数值称为额定值,额定值又称为铭牌数据,一般都在铭牌上标明或写在产品说明书上。

(1)额定容量 S_N

额定容量是指变压器的额定视在功率,单位为 VA 或 kVA。三相变压器的额定容量是指三相的总容量。对于双绕组电力变压器,一次绕组、二次绕组的容量设计为相同数值。

(2)额定电压 U_{1N} 和 U_{2N}

一次额定电压 U_{1N} 是指电源加到变压器一次绕组的额定电压。二次额定电压 U_{2N} 是指当一次绕组加上额定电压 U_{1N} 时,二次绕组的空载电压。U_{1N} 和 U_{2N} 的单位为 V 或 kV。对三相变压器来说,两者均指线电压。

(3)额定电流 I_{1N} 和 I_{2N}

额定电流是指根据额定容量和额定电压算出的线电流值,单位为 A。

对单相变压器,一次和二次的额定电流分别为

$$I_{1N} = \frac{S_N}{U_{1N}}, \quad I_{2N} = \frac{S_N}{U_{2N}}$$

对三相变压器

$$I_{1N} = \frac{S_N}{\sqrt{3}U_{1N}}, \quad I_{2N} = \frac{S_N}{\sqrt{3}U_{2N}}$$

（4）额定频率 f_N

我国规定标准工业用电频率为 50 Hz。

此外，额定运行时变压器的效率、温升等数据也是额定值。铭牌上还标有变压器的型号、相数、联结组和接线图、阻抗电压、运行方式（如长期或短时远行）、冷却方式等。为便于运输，有时还标出变压器的总重、油重、器身重和外形尺寸等。

3.2 变压器的空载运行

空载运行是指变压器一次绕组接到额定电压、额定频率的电源上，二次绕组开路无电流时的运行状态。这是变压器运行的一种极限状态。

3.2.1 空载时的电磁物理现象

图 3-11 是空载运行的变压器的示意图，一次绕组、二次绕组电路的各物理量和参数分别用下标"1"和"2"标注。当一次绕组接上电源 u_1 后，一次绕组中流过空载电流 i_0，i_0 在一次绕组中建立空载磁动势 $F_0=N_1i_0$，并建立起交变磁场。该交变磁场的磁通分为两部分：一部分沿铁芯闭合，称为主磁通 Φ，同时交链一次绕组、二次绕组，并在一次绕组、二次绕组中感应电动势 e_1、e_2；另一部分只交链一

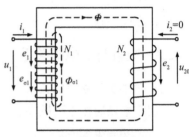

图 3-11　变压器空载运行

次绕组，经一次绕组附近的空气闭合，称为一次绕组的漏磁通 $\Phi_{\sigma1}$，$\Phi_{\sigma1}$ 将在一次绕组中感应电动势 $e_{\sigma1}$。由于铁芯的磁导率远比铁芯外非铁磁材料的磁导率大，故总磁通中的绝大部分是主磁通，而漏磁通只占总磁通的一小部分（0.1%~0.2%）。此外，空载电流 i_0 还在一次绕组中产生电阻压降 i_0r_1。这就是变压器空载运行时的电磁物理现象。

虽然主磁通和漏磁通都是由空载电流 i_0 产生的，但两者的性质却不同。

（1）磁路不同，磁阻不同

主磁通 Φ 同时交链一次绕组、二次绕组，它所行经的路径为沿着铁芯而闭合的磁路，磁阻较小。由于铁磁材料有饱和现象，所以主磁路的磁阻不是常数。漏磁通 $\Phi_{\sigma1}$ 只交链一次绕组，它所行经的路径大部分为非磁性物质，磁阻较大，磁阻基本上是常数。

（2）功能不同

主磁通在一次绕组、二次绕组中均感应电动势，当二次绕组侧接上负载时便有电功率向负载输出，故主磁通起传递功率的作用。漏磁通仅在一次绕组中感应电动势，不能传递能量，仅起电压降作用。

3.2.2 正方向规定

为了定性和定量分析变压器运行过程，需要先设置各电磁量的正方向。变压器中各电磁量都是交流量，从原理上讲，各物理量的变化规律是一定的，不因正方向的选择不同而改变，所

以这些物理量的正方向可以任意设定。如果规定不同的正方向,列出的电磁方程式和绘制的相量图将会不同。通常按习惯方式规定正方向。

变压器一次绕组相当于连接在电网的负载,因此按用电惯例规定正方向。电流 i_0 的正方向与产生它的电源电压 u_1 的正方向一致。i_0 产生的磁通(Φ、$\Phi_{\sigma1}$)的正方向与 i_0 的正方向符合右手螺旋定则,感应电动势 e_1 的正方向与产生它的磁通的正方向符合右手螺旋定则,这样 e_1 与 i_0 正方向一致。

变压器二次绕组相当于外接负载的电源,因此按发电惯例规定正方向。磁通 Φ 的正方向与 i_2 的正方向符合右手螺旋定则;感应电动势 e_2 的正方向与产生它的磁通 Φ 的正方向符合右手螺旋定则。这样 e_2 与 i_2 正方向一致;输出电压 u_2 正方向与电流 i_2 的正方向一致。

综上所述,规定正方向的原则为:在电压产生电流和电流产生电压降的关系上,电流与电压的正方向一致,电压降与电流的正方向相同;在电流产生磁通的关系上,它们之间的正方向遵循右手螺旋定则;在交变磁通产生感应电动势的关系上,电动势的正方向与产生该磁通的电流的正方向一致。

3.2.3 空载时的电磁关系

1. 电动势与磁通的关系

假定主磁通按正弦规律变化

$$\Phi = \Phi_{\mathrm{m}} \sin \omega t$$

式中,Φ_{m} 是主磁通的最大值。

根据法拉第电磁感应定律,主磁通在变压器一次绕组、二次绕组中产生的随时间交变的感应电动势为

$$
\begin{aligned}
e_1 &= -N_1 \frac{\mathrm{d}\Phi}{\mathrm{d}t} = -N_1 \frac{\mathrm{d}(\Phi_{\mathrm{m}} \sin \omega t)}{\mathrm{d}t} \\
&= -\omega N_1 \Phi_{\mathrm{m}} \cos \omega t = E_{1\mathrm{m}} \sin \left(\omega t - \frac{\pi}{2} \right)
\end{aligned}
\tag{3-1}
$$

$$
\begin{aligned}
e_2 &= -N_2 \frac{\mathrm{d}\Phi}{\mathrm{d}t} = -N_2 \frac{\mathrm{d}(\Phi_{\mathrm{m}} \sin \omega t)}{\mathrm{d}t} \\
&= -\omega N_2 \Phi_{\mathrm{m}} \cos \omega t = E_{2\mathrm{m}} \sin \left(\omega t - \frac{\pi}{2} \right)
\end{aligned}
\tag{3-2}
$$

式中,N_1、N_2 分别是一次绕组、二次绕组的匝数,$E_{1\mathrm{m}}$、$E_{2\mathrm{m}}$ 是一次绕组 e_1 和二次绕组 e_2 的最大值。

由式(3-1)和式(3-2)可以看出,由正弦交变磁通在变压器一次绕组、二次绕组中产生的感应电动势也是按正弦规律变化的,其电动势幅值分别为 $E_{1\mathrm{m}} = \omega N_1 \Phi_{\mathrm{m}}$ 和 $E_{2\mathrm{m}} = \omega N_2 \Phi_{\mathrm{m}}$,但电动势的相位滞后于主磁通90°。如果将式(3-1)和式(3-2)写成相量形式,有

$$
\left.
\begin{aligned}
\dot{E}_1 &= -\mathrm{j} \frac{\omega N_1}{\sqrt{2}} \dot{\Phi}_{\mathrm{m}} = -\mathrm{j} \frac{2\pi f N_1}{\sqrt{2}} \dot{\Phi}_{\mathrm{m}} = -\mathrm{j} 4.44 f N_1 \dot{\Phi}_{\mathrm{m}} \\
\dot{E}_2 &= -\mathrm{j} \frac{\omega N_2}{\sqrt{2}} \dot{\Phi}_{\mathrm{m}} = -\mathrm{j} \frac{2\pi f N_2}{\sqrt{2}} \dot{\Phi}_{\mathrm{m}} = -\mathrm{j} 4.44 f N_2 \dot{\Phi}_{\mathrm{m}}
\end{aligned}
\right\}
\tag{3-3}
$$

电动势的有效值为

$$E_1 = 4.44fN_1\Phi_m \Big\}$$
$$E_2 = 4.44fN_2\Phi_m \Big\}$$

(3-4)

式中，f 是交流电源频率。

式（3-4）表明，一次绕组、二次绕组中感应电动势的有效值与主磁通的幅值、线圈匝数和磁通的交变频率成正比。当变压器接到额定频率的电网上运行时，由于 f 和 N_1、N_2 均为常值，故电动势 E_1、E_2 的大小仅取决于磁通 Φ。

在图 3-11 中，当一次电流 i_0 交变时，一次绕组中的漏磁通 $\Phi_{\sigma 1}$ 也随着变化，于是在一次绕组中也产生漏感电动势 $e_{\sigma 1}$，其表达式为

$$e_{\sigma 1} = -N_1\frac{d\Phi_{\sigma 1}}{dt} = -N_1\frac{d(\Phi_{\sigma 1m}\sin\omega t)}{dt}$$
$$= -\omega N_1\Phi_{\sigma 1m}\cos\omega t = E_{\sigma 1m}\sin\left(\omega t - \frac{\pi}{2}\right)$$

(3-5)

式（3-5）的相量形式为

$$\dot{E}_{\sigma 1} = -j\frac{\omega N_1}{\sqrt{2}}\dot{\Phi}_{\sigma 1} = -j\frac{2\pi fN_1}{\sqrt{2}}\dot{\Phi}_{1\sigma} = -j4.44fN_1\dot{\Phi}_{\sigma 1}$$

(3-6)

2. 电动势平衡方程式

变压器空载时，除了感应电动势外，空载电流 i_0 在一次绕组中也要产生电阻压降 i_0r_1。按图 3-11 规定的正方向，根据基尔霍夫电压定律，空载时一次绕组的电动势平衡方程式用相量表示为

$$\dot{U}_1 = -\dot{E}_1 - \dot{E}_{\sigma 1} + \dot{I}_0r_1$$

(3-7)

将漏感电动势写成压降的形式为

$$\dot{E}_{\sigma 1} = -j\omega L_{\sigma 1}\dot{I}_0 = -jx_{\sigma 1}\dot{I}_0$$

(3-8)

式中，$L_{\sigma 1} = N_1\Phi_{\sigma 1m}/\sqrt{2}I_0$ 是一次绕组的漏电感，$x_{\sigma 1} = \omega L_{\sigma 1}$ 是一次绕组的漏电抗。

将式（3-8）代入式（3-7），可得

$$\dot{U}_1 = -\dot{E}_1 + \dot{I}_0r_1 + j\dot{I}_0x_{\sigma 1} = -\dot{E}_1 + \dot{I}_0Z_1$$

(3-9)

式中，$Z_1 = r_1 + jx_{\sigma 1}$ 是一次绕组的漏阻抗。

对于电力变压器，空载时一次绕组的漏阻抗压降 I_0Z_1 很小，其数值不超过 U_1 的 0.2%，可将 I_0Z_1 忽略，则式（3-9）变成

$$\dot{U}_1 \approx -\dot{E}_1 \approx j4.44fN_1\dot{\Phi}_m$$

上式表明，当 f、N_1 确定时，主磁通 Φ_m 大小主要决定于外加端电压 u_1 大小，而与磁路性质和尺寸无关。

空载时，由于二次绕组中的电流为零，无电阻压降，因此二次绕组的空载电压等于感应电动势，即 $\dot{U}_{20} = \dot{E}_2$。

3. 电压比

在变压器中，一次绕组侧电动势 E_1 和二次侧电动势 E_2 之比称为变压器的电压比，用 k 表示，即

$$k = \frac{E_1}{E_2} = \frac{\sqrt{2}fN_1\Phi_m}{\sqrt{2}fN_2\Phi_m} = \frac{N_1}{N_2}$$

上式表明,变压器的变比等于一次绕组、二次绕组的匝数比。当变压器空载运行时,由于 $U_1 \approx E_1$,$U_2 \approx E_2$,于是

$$k = \frac{E_1}{E_2} \approx \frac{U_1}{U_2}$$

对于三相变压器,变比 k 是指一次绕组、二次绕组的相电势(或相电压)之比,$k>1$ 为降压变压器,$k<1$ 为升压变压器。

3.2.4 励磁电流

空载时,变压器铁芯上仅有一次绕组电流 i_0 所形成的励磁磁动势,所以空载电流就是励磁电流 i_m,即 $i_0 = i_m$。i_0 可以分成两部分:一部分为 i_μ,称为磁化电流,用以建立磁通,是空载电流的无功分量;另一部分为 i_{Fe},称为铁耗电流,对应于铁耗(磁滞损耗和涡流损耗),是空载电流的有功分量。

变压器空载运行时,如果变压器外加电压为正弦波形时,主磁通波形基本上也是正弦的,建立该主磁通电流的幅值及波形取决铁芯的磁化性能及饱和程度,分为以下三种情况。

①外加电压低,磁路不饱和且不计铁耗,则空载电流 i_0 全部为励磁电流 i_μ,且 i_μ 与 Φ 呈线性关系,利用线性磁化曲线求解磁通对应的励磁电流,如图 3-12 所示。此时,Φ 按正弦变化,i_μ 波形也为正弦波形,且 i_μ 与 Φ 同相。

②当磁路饱和时,仍不计铁耗影响,则 i_μ 和 Φ 的关系呈非线性关系,i_μ 比 Φ 增加速度快。利用饱和磁化曲线求解磁通对应的励磁电流,如图 3-13 所示。当 Φ 按正弦变化,由于铁芯饱和关系,i_μ 的波形将呈尖顶状,铁芯饱和程度越高,尖顶的程度越严重。根据谐波分析方法,电流尖顶波可分解为基波和奇次谐波的组合,所有谐波中三次谐波分量最大。由于铁磁材料磁化曲线的非线性关系,要在变压器中建立正弦波磁通,励磁电流必须包含三次谐波分量,即在磁路饱和时,只有尖顶波的磁化电流才能激发正弦波的主磁通。由于不计铁耗,i_μ 和 Φ 仍然同相,同时过零点并同时达最大值。

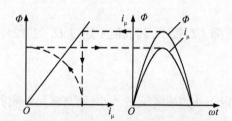

图 3-12　磁路不饱和时励磁电流波形

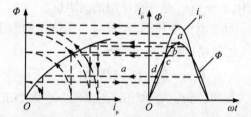

图 3-13　磁路饱和时励磁电流波形

③实际上,变压器铁芯中存在铁耗,即磁滞损耗和涡流损耗,其中磁滞损耗占铁耗的大部分。当考虑磁滞损耗而不考虑涡流损耗时,将磁化曲线 $\Phi = f(i_\mu)$ 改为磁滞回线,利用作图法求空载电流曲线 $i_0 = f(\omega t)$,如图 3-14 所示。这时空载电流 i_0 不和主磁通 Φ 同相位,而是超前 α_m 角度,α_m 称为磁滞角。因此,考虑磁滞损耗后,空载电流 i_0 中除了磁化电流 i_μ 外,还包含有功分量 i_h。i_h 比 Φ 超前 $90°$,和反电动势 e_1 反相位,而和外施电压 u_1 同相位。这说明一次绕组从

电网吸取了有功功率,用以供给磁滞损耗。实际上如果考虑涡流损耗,i_{h} 还要加大,两者之和用 i_{Fe} 表示。所以,当考虑铁芯损耗时,空载电流 $i_{0}=i_{\mu}+i_{Fe}$。

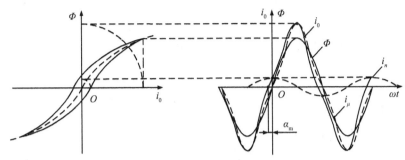

图 3-14 考虑磁滞损耗时励磁电流波形

3.2.5 相量图、等效电路

1. 相量图

为了清楚地表示出变压器空载时各参数之间的大小和相位关系,可用相量图来表示,如图 3-15 所示。根据变压器空载时的电势平衡方程式 $\dot{U}_{1}=-\dot{E}_{1}+\dot{I}_{0}r_{1}+\mathrm{j}\dot{I}_{0}x_{1\sigma}$,可画出对应的相量图,其作图步骤如下:首先在横轴的正方向画出主磁通 $\dot{\boldsymbol{\Phi}}_{m}$ 作为参考相量,$\dot{E}_{1}$ 和 $\dot{E}_{2}$ 滞后 $\dot{\boldsymbol{\Phi}}_{m}$ 90°,等效正弦空载电流 $\dot{I}_{0}$ 超前 $\dot{\boldsymbol{\Phi}}_{m}$ 铁耗角 α_{m} ,相量 $\dot{I}_{0}r_{1}$ 平行于 $\dot{I}_{0}$,在 $\dot{I}_{0}r_{1}$ 末端画相量 $\mathrm{j}\dot{I}_{0}x_{\sigma1}$,且垂直于 $\dot{I}_{0}$,从 O 点到 $\mathrm{j}\dot{I}_{0}x_{\sigma1}$ 的顶点画一相量即为 $\dot{U}_{1}$ 。

2. 等效电路

从前面的分析可知,变压器的一次绕组、二次绕组侧有电和磁的联系,分析变压器各电磁量之间的关系,不可避免地要涉及磁路的计算,而磁路的分析和计算非常复杂。因此,在进行变压器运行问题的分析时,希望能用一个既能正确反映变压器内部电和磁的关系,又便于工程

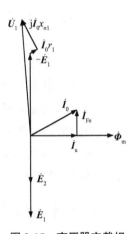

图 3-15 变压器空载相量图

计算的纯电路形式来等效实际的变压器,这个电路就是变压器的等效电路。有了等效电路,就可以对实际变压器复杂的电路和磁路的计算转化为纯电路的分析计算,使得对变压器的分析变得简单实用。

变压器空载时一次绕组侧回路电势平衡方程式为

$$\dot{U}_{1}=-\dot{E}_{1}+\dot{I}_{0}r_{1}+\mathrm{j}\dot{I}_{0}'x_{\sigma1}$$

式中,$\dot{I}_{0}r_{1}+\mathrm{j}\dot{I}_{0}x_{\sigma1}$ 为空载电流在一次绕组的漏阻抗上产生的压降。同样,对主磁通所感应的电动势 $-\dot{E}_{1}$ 也可以用阻抗压降来表示。考虑到主磁通在铁芯中要引起铁损,故不能单独地引入一个电抗,而应引入一个阻抗 Z_{m} 把 $-\dot{E}_{1}$ 和 $\dot{I}_{0}$ 联系起来,这时电动势 $-\dot{E}_{1}$ 的作用可以看成是 $\dot{I}_{0}$ 流过 Z_{m} 的阻抗压降,即

$$-\dot{E}_{1}=\dot{I}_{0}Z_{m}=\dot{I}_{0}(r_{m}+\mathrm{j}x_{m}) \tag{3-10}$$

式中，r_m 是励磁电阻，是对应于铁耗的等效电阻；$I_0^2 r_m$ 等于铁耗，其中 x_m 是励磁电抗，表示与主磁通相对应的电抗，是用来表征变压器铁芯磁化性能的一个重要参数。

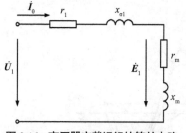

图 3-16 变压器空载运行的等效电路

将式（3-10）代入式（3-7），得

$$\dot{U}_1 = -\dot{E}_1 + \dot{I}_0 r_1 + j\dot{I}_0 x_{\sigma 1} = \dot{I}_0 (r_m + jx_m) + \dot{I}_0 (r_1 + jx_{\sigma 1}) \tag{3-11}$$

对应式（3-11），得空载运行的等效电路如图 3-16 所示。

3.3 变压器的负载运行

3.3.1 负载时的电磁物理现象

变压器的负载运行是指一次绕组接交流电源，二次绕组接负载时的运行方式，如图 3-17 所示。空载时，二次绕组电流及其磁动势为零，对一次绕组电路毫无影响，一次电流为空载电流 $\dot{I}_0$。负载运行时，二次绕组有二次电流 $\dot{I}_2$ 的存在，建立起二次磁动势 $\dot{I}_2 N_2$，该磁动势也作用在主磁路上，使主磁通变化，改变了变压器原来的磁动势平衡状态，导致电动势也随之改

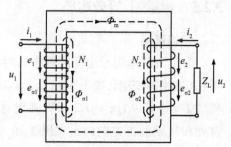

图 3-17 变压器的负载运行

变。电动势的改变又破坏了已建立的电压平衡，迫使一次电流随之改变，即 $\dot{I}_2$ 的出现使一次绕组电流由 $\dot{I}_0$ 增加为负载电流 $\dot{I}_1$，一次绕组的磁动势也变为 $\dot{I}_1 N_1$。一次绕组和二次绕组的合成磁动势产生负载时的主磁通 $\dot{\Phi}_m$，变压器的电磁关系也重新达到平衡。

3.3.2 基本方程式

1. 磁动势平衡方程式

变压器负载运行时，一次绕组电流 $\dot{I}_1$ 和二次绕组电流 $\dot{I}_2$ 在铁芯磁路上分别施加磁动势 $\dot{I}_1 N_1$ 和 $\dot{I}_2 N_2$，若两个磁动势规定的正方向相同，则磁路上的合成磁动势为 $\dot{I}_1 N_1 + \dot{I}_2 N_2$，如图 3-17 所示。这一合成磁动势在铁芯中产生磁通 $\dot{\Phi}_m$。

负载运行时，一次绕组等效电路方程为 $\dot{U}_1 = \dot{I}_1 Z_1 - \dot{E}_1$，与空载运行时的等效电路方程相比，尽管 $\dot{I}_1$ 比 $\dot{I}_0$ 显著增加，但是因漏阻抗 Z_1 很小，电压降 $\dot{I}_1 Z_1$ 还是比主磁通产生的电动势 $-\dot{E}_1$ 小很多，故在负载运行时仍可认为 $\dot{U}_1 \approx -\dot{E}_1 = -j4.44 N_1 f_1 \dot{\Phi}_m$。当电源电压和频率不变时，可以认为从空载到负载的状态转换过程中，主磁通 $\dot{\Phi}_m$ 和磁路磁阻 R_m 基本不变，因此，产生主磁通 $\dot{\Phi}_m$ 的磁动势也保持不变。负载运行时的磁动势平衡方程式可写成

$$\dot{I}_1 N_1 + \dot{I}_2 N_2 = \dot{I}_0 N_1 \tag{3-12}$$

将上述关系式写成

$$\dot{I}_1 N_1 = \dot{I}_0 N_1 - \dot{I}_2 N_2 \tag{3-13}$$

上式说明,变压器负载运行时的一次绕组磁动势 $\dot{I}_1 N_1$ 有两个分量,一个分量用来建立主磁通 $\dot{\Phi}_m$ 的空载磁动势 $\dot{I}_0 N_1$;另一个分量 $-\dot{I}_2 N_2$ 用来抵消二次绕组磁动势 $\dot{I}_2 N_2$ 对主磁通的影响,这一分量把变压器的一次侧的电功率传送给变压器的二次侧上。上式也说明了变压器负载运行时,一次绕组、二次绕组电流通过电磁感应作用紧密地联系在一起,二次绕组电流的增加或减小,必然引起一次绕组电流的增加或减小;相应地,二次绕组输出功率的增大或减小,也将使一次绕组从电网吸收的功率同时增大或减小。

一次绕组、二次绕组电流还在各自的绕组中产生漏磁通、感应漏磁电动势。因漏磁通磁路主要经过空气,不产生损耗,故通常将漏磁电动势写成漏抗压降的形式,即

$$-\dot{E}_{\sigma 1} = jx_1 \dot{I}_1$$
$$-\dot{E}_{\sigma 2} = jx_2 \dot{I}_2$$

式中,$\dot{E}_{\sigma 1}$、x_1 是一次绕组的漏磁电动势和漏抗,$\dot{E}_{\sigma 2}$、x_2 是二次绕组的漏磁电动势和漏抗。一次绕组、二次绕组电流还在各自绕组中产生电阻压降 $\dot{I}_1 r_1$ 及 $\dot{I}_2 r_2$。

综上所述,把变压器负载运行时所发生的电磁现象汇总,如图3-18所示。

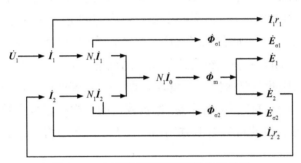

图3-18 变压器负载运行时的电磁关系

2. 电动势平衡方程式

通过前面的分析,规定各物理量的正方向,根据基尔霍夫电压定律,写出变压器负载运行时一次绕组和二次绕组的电动势平衡方程式

$$\dot{U}_1 = -\dot{E}_1 - \dot{E}_{\sigma 1} + \dot{I}_1 r_1 = -\dot{E}_1 + \dot{I}_1 r_1 + j\dot{I}_1 x_{\sigma 1} = -\dot{E}_1 + \dot{I}_1 Z_1 \qquad (3\text{-}14)$$

$$\dot{U}_2 = \dot{E}_2 + \dot{E}_{\sigma 2} - \dot{I}_2 r_2 = \dot{E}_2 - \dot{I}_2 r_2 - j\dot{I}_2 x_{\sigma 2} = \dot{E}_2 - \dot{I}_2 Z_2 \qquad (3\text{-}15)$$

式中,$Z_1 = r_1 + jx_{\sigma 1}$ 是一次绕组的漏抗,$Z_2 = r_2 + jx_{2\sigma}$ 是二次绕组的漏抗。

由于 Z_1、Z_2 很小,若略去 $\dot{I}_1 Z_1$、$\dot{I}_2 Z_2$,则

$$\dot{U}_1 \approx -\dot{E}_1 \qquad \dot{U}_2 \approx \dot{E}_2$$

变压器负载运行时

$$\frac{U_1}{U_2} \approx \frac{E_1}{E_2} = \frac{N_1}{N_2} = k$$

上式表明,变压器负载运行时一次绕组和二次绕组的电压比等于一次绕组、二次绕组的匝数比。

3.3.3 折算

由前面分析可知,变压器负载运行时的基本方程式可归纳为

$$
\left.
\begin{aligned}
\dot{U}_1 &= -\dot{E}_1 + \dot{I}_1 Z_1 \\
\dot{U}_2 &= \dot{E}_2 - \dot{I}_2 Z_2 \\
\dot{I}_1 N_1 + \dot{I}_2 N_2 &= \dot{I}_0 N_1 \\
\dot{E}_1 &= -\dot{I}_0 Z_m \\
\dot{E}_1 &= k\dot{E}_2 \\
\dot{U}_2 &= \dot{I}_2 Z_L
\end{aligned}
\right\}
\tag{3-16}
$$

利用上述基本方程式可以对变压器运行状态进行计算。由于一次绕组、二次绕组匝数不等($N_1 \neq N_2$),且是求解复数的联立方程组,实际运算相当复杂困难。为此,引入一种新的方法——折算法。

所谓折算法是指变压器在进行定量计算时,设法将一次绕组、二次绕组折算成相同的匝数,即 $k=1$,这样主磁通在一次绕组、二次绕组中的感应电动势 $\dot{E}_1 = \dot{E}_2$,使计算大为简化。折算法是研究变压器的一种计算方法,它不改变变压器内部的电磁关系,折算前后变压器的磁动势、功率、损耗等均保持不变。通常把二次绕组参数折算到一次绕组侧,即用一个匝数为 N_1 且和二次绕组具有同样磁动势的新绕组去代替原来的绕组。由于二次绕组对一次绕组的影响是通过磁动势起作用的,因此只要保持二次绕组磁动势不变,新的变压器与原变压器等效。

为了区别二次绕组折算前后的各个量,把折算后的二次绕组各参数值叫作折算值或归算值,在原来二次绕组参数值的符号右上方用加" ′ "表示。下面将介绍二次绕组折算值的具体求法。

1. 二次电流的折算

根据折算前后二次绕组磁动势不变的原则,即

$$
\dot{I}_2' N_1 = \dot{I}_2 N_2
$$

由此可得折算后的二次电流

$$
\dot{I}_2' = \frac{\dot{I}_2}{k}
\tag{3-17}
$$

可见二次电流的折算值等于实际值除以变压器变比。

2. 二次绕组电动势、电压的折算

因为折算前后主磁场和漏磁场都没有发生变化。根据电势与绕组匝数成正比的关系,可得

$$
\frac{\dot{E}_2'}{\dot{E}_2} = \frac{N_1}{N_2}
$$

由此可得

$$
\dot{E}_2' = k\dot{E}_2
\tag{3-18}
$$

因为折算前后二次绕组输出的视在功率保持不变,即

$$
\dot{U}_2' \dot{I}_2' = \dot{U}_2 \dot{I}_2
$$

由此可得 $\dot{U}'_2 = k\dot{U}_2$。

可见电压、电势的折算值等于实际值乘以变压器变比。

3. 二次绕组漏阻抗、负载阻抗折算

根据折算前后二次绕组有功损耗和无功损耗不变原则,得

$$\dot{I}'^2_2 r'_2 = \dot{I}^2_2 r_2 , \quad \dot{x}'^2_2 r'_2 = \dot{x}^2_2 r_2$$

由此可得

$$r'_2 = k^2 r_2 , \quad x'_2 = k^2 x_2 \qquad\qquad (3\text{-}19)$$

因而 $Z'_2 = k^2 Z_2$,同理可得负载阻抗 $Z'_L = k^2 Z_L$。

可见阻抗的折算值等于实际值乘以变压器变比的平方。

3.3.4 折算后的基本方程式、等效电路和相量图

1. 基本方程式

变压器折算后描述变压器负载运行时的基本方程式变为

$$\left.\begin{aligned}
\dot{U}_1 &= -\dot{E}_1 + \dot{I}_1 Z_1 \\
\dot{U}'_2 &= \dot{E}'_2 - \dot{I}'_2 Z'_2 \\
\dot{I}_1 + \dot{I}'_2 &= \dot{I}_0 \\
\dot{E}_1 &= -\dot{I}_0 Z_m \\
\dot{E}_1 &= \dot{E}'_2 \\
\dot{U}'_2 &= \dot{I}_2 Z'_L
\end{aligned}\right\} \qquad\qquad (3\text{-}20)$$

2. 等效电路

根据上述方程组画出变压器负载运行示意图 3-19。图中二次绕组各物理量均已折合到一次绕组侧。由于 $\dot{E}_1 = \dot{E}'_2$,即端点 b—d 和 c—e 分别是等电位,因此可以将两个绕组并联起来,合并成一个绕组,看作是有励磁电流 $\dot{I}_1 + \dot{I}'_2 = \dot{I}_0$ 流过。这样,合并后的绕组连同变压器铁芯在内就相当于一个绕在铁芯上的电感线圈,可以用等值阻抗 $Z_m = R_m + jX_m$ 来代替,得到变压器负载运行时的等效电路图 3-20。根据以上说明,负载运行时的变压器可以用具有 3 个支路的"T"形电路代替。

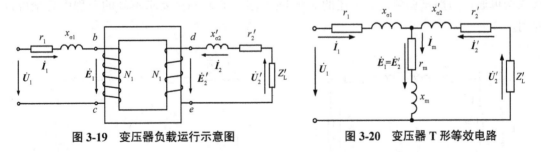

图 3-19 变压器负载运行示意图　　　　图 3-20 变压器 T 形等效电路

3. 相量图

变压器负载运行时,一次绕组、二次绕组的电势、电压和电流之间的相位关系,不仅可用基本方程式和等效电路表示,还可以用相量图表示。一般把相量图作为定性分析的有效工具。

69

绘制相量图时,各物理量的正方向规定必须与基本方程式和等效电路的正方向规定一致。

按下述步骤画出变压器感性负载时的相量图,如图 3-21 所示。

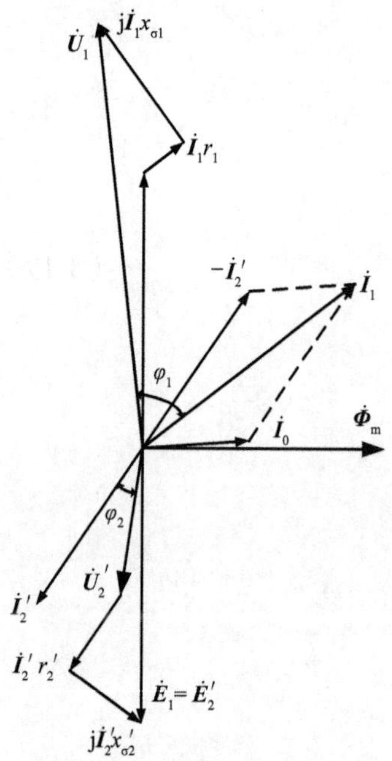

①选定一个参考相量且只能选择一个参考相量。通常将 $\dot{U}_2'$ 作为参考相量,根据给定的负载确定 φ_2,由此画出 $\dot{I}_2'$。

②根据二次侧电动势平衡方程式 $\dot{E}_2' = \dot{U}_2' + \dot{I}_2' Z_2'$,在 $\dot{U}_2'$ 定点绘制平行于 $\dot{I}_2'$ 的 $\dot{I}_2' r_2'$,再加上垂直于 $\dot{I}_2'$ 的 $j\dot{I}_2' x_{\sigma2}$,由此得到 $\dot{E}_2'$ 和 $\dot{E}_1$($\dot{E}_1 = \dot{E}_2'$)。

③磁通 $\dot{\Phi}_m$ 超前 $\dot{E}_1$ 90°,励磁电流超前 $\dot{\Phi}_m$ 铁耗角 $\alpha = \arctan \dfrac{R_m}{x_m}$,因此可画出 $\dot{\Phi}_m$ 和 $\dot{I}_0$。

④根据方程式 $\dot{I}_1 = \dot{I}_0 + (-\dot{I}_2')$,可画出 $\dot{I}_1$。

⑤根据方程式 $\dot{U}_1 = -\dot{E}_1 + \dot{I}_1 Z_1$,在 $-\dot{E}_1$ 上加上与 $\dot{I}_1$ 平行的 $\dot{I}_1 r_1$,再加上与 $\dot{I}_1$ 垂直的 $j\dot{I}_1 x_{1\sigma}$,即得 $\dot{U}_1$。

图 3-21 变压器感性负载时的相量图

3.3.5 Γ 形等效电路和简化等效电路

T 形等效电路虽然能正确反应变压器负载运行的情况,但是它含有串联和并联支路,运算较繁。考虑到变压器的励磁电流与额定电流相比数值较小,仅为额定电流的 3%~8%,大型变压器甚至不到 1%,因此把励磁支路移至端点处,进行计算时引起的误差并不大,可大大简化了计算。这样的电路称为近似的或 Γ 形等效电路,如图 3-22 所示。

此外,在分析变压器运行的某些问题时,例如二次绕组的端电压变化,变压器并联运行的负载分配等,由于励磁电流 $\dot{I}_0$ 相对于额定电流比较小,因此在分析上述问题时常常把 $\dot{I}_0$ 忽略不计,从而将电路进一步简化为如图 3-23 所示的串联阻抗电路,用 Z_k 表示变压器的全部漏阻抗,包括一次侧漏阻抗、二次侧漏阻抗,即

$$Z_k = r_k + jx_k$$

其中 $r_k = r_1 + r_2'$,$x_k = x_{\sigma1} + x_{\sigma2}'$。$Z_k$ 称为短路阻抗,r_k 称为短路电阻,x_k 称为短路电抗。以上参数均可通过短路试验测定。上述的简化等效电路,在对精度要求不高的工程中完全可以使用。

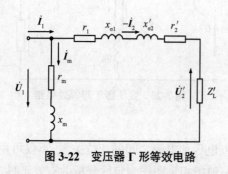

图 3-22 变压器 Γ 形等效电路

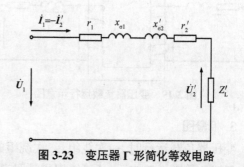

图 3-23 变压器 Γ 形简化等效电路

与简化等效电路对应的相量图如图 3-24 所示,相应的电压平衡方程式为

$$\dot{U}_1 = \dot{I}_1 R_k + j\dot{I}_1 X_k - \dot{U}_2' \qquad (3\text{-}21)$$

3.4 三相变压器

电力系统中普遍采用三相变压器。本节着重讨论三相变压器的磁路系统、电路系统、绕组联结组和磁路系统对电势波形的影响及变压器的并联运行。

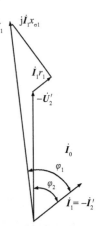

图 3-24 感性负载下变压器简化相量图

3.4.1 三相变压器的磁路系统

三相变压器的磁路分为两大类:一类是各相磁路互不相关,如三相变压器组;另一类是三相磁路相互关联,如三相心式变压器。

三相变压器组由三台相同的单相变压器组合而成,各相磁路彼此独立,互不相关,各相仅有电路间的联系,如图 3-25 所示。当一次侧加三相对称电压时,三相的主磁通和励磁电流是对称的。

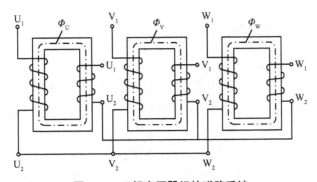

图 3-25 三相变压器组的磁路系统

三相心式变压器是由三相变压器组的铁芯演变而来的。把三个单相心式变压器合并成图 3-26(a)所示的结构,当外加三相对称电压时,三相铁芯中的主磁通也对称,其瞬时表达式为

$$\left.\begin{aligned}
\Phi_U &= \Phi_m \sin \omega t \\
\Phi_V &= \Phi_m \sin(\omega t - 120°) \\
\Phi_W &= \Phi_m \sin(\omega t - 240°)
\end{aligned}\right\} \qquad (3\text{-}22)$$

显然通过中间铁芯柱的磁通为 $\dot{\Phi}_U + \dot{\Phi}_V + \dot{\Phi}_W = 0$,即中间铁芯柱没有磁通通过。因此可将中间的铁芯柱省去,如图 3-26(b)所示。为了制造方便,通常把三个铁芯柱排列在同一个平面内,如图 3-26(c)所示,这是当前广泛应用的三相芯式变压器的铁芯。在这种铁芯结构的变压器中,任一瞬间某一相的磁通均以其他两相铁芯为回路,因此各相磁路彼此相关联。

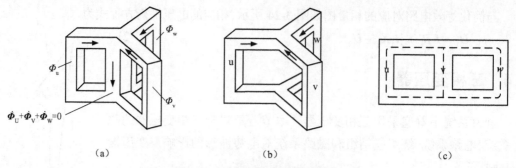

图 3-26　三相芯式变压器的磁路

(a)组合磁路结构;(b)简化磁路结构;(c)实用磁路结构

当三相芯式变压器外加三相对称电压时,虽然三相磁通基本对称,但 v 相磁路比较短,磁阻较小,因而 v 相励磁电流较小。与负载电流相比,每相的励磁电流很小,通常仅为额定电流的百分之几,因此,这种不对称对变压器负载运行的影响极小,完全可以忽略。

与三相变压器组相比较,三相心式变压器的材料消耗少,价格低,占地面积小,维护简单。但是对于大型和超大型变压器,为了便于制造和运输,并减少电站的备用容量,往往采用三相变压器组。

3.4.2　三相变压器的电路系统

1. 绕组的端点标志与极性

为说明三相变压器各绕组的物理量,采用文字标志标记变压器绕组端点。一次绕组的首端通常用大写的 U_1、V_1、W_1 表示,末端用大写的 U_2、V_2、W_2 表示,中点用 N 表示;二次绕组的首端用小写的 u_1、v_1、w_1 表示,末端用 u_2、v_2、w_2 表示,中点用 n 表示。

为说明变压器的一次绕组和二次绕组间的磁耦合关系,采用同名端标记变压器绕组端点。绕在同一铁芯柱上的一次绕组和二次绕组与同一磁通 Φ 交链,当磁通 Φ 交变时,绕组中产生感应电动势,引起绕组端点电位变化。在同一瞬间,一次绕组的某一端点的电位为正时,二次绕组必有一端点其电位也为正,这两个对应的端点称为同名端或同极性端。在对应的端点上用"."标注同名端。同名端取决于绕组的绕制方向,与绕组首末端的符号标志无关。若一次绕组和二次绕组的绕向相同,则两个绕组的上端(或下端)就是同名端,如图 3-27(a)、3-27(c)所示;若绕向相反,则一次绕组的上端与二次绕组的下端为同名端,如图 3-27(b)、3-27(d)所示。

利用绕组端点标志和同名端可以确定同一铁芯柱磁耦合绕组的相位关系。规定同一铁芯柱上绕组电动势的正方向为从首端指向末端。当一次绕组和二次绕组首端是同名端时,其电动势相位相同,如图 3-27(a)、3-27(d)所示。当首端不是同名端时,一次绕组和二次绕组电动势相位相反,如图 3-27(b)、3-27(c)所示。

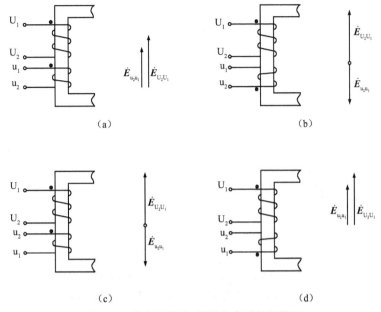

图 3-27　绕组的标志、极性和电动势相量图

(a)首端相同,同名端相同;(b)首端相同,同名端相反;(c)首端相反,同名端相同;(d)首端相反,同名端相反

2. 三相绕组的联结方式

三相变压器在外接三相对称电压和外接三相对称负载时,每相均由同一铁芯柱及柱上的一次绕组、二次绕组构成。各相的一次侧绕组联结成三相对称电路后连接到电网,作为电网的三相对称负载;各相的二次侧绕组联结成三相对称电路后连接到负载,提供三相对称电压。一次侧(或二次侧)三相对称绕组的各相电压、电流大小相等,相位互差120°。分析时只需取一相绕组,按单相变压器进行分析。

三相绕组有多种方法联结成三相对称形式。常用的方法有星形接法和三角形接法。

以一次绕组为例,如果把三个绕组的末端 U_2 、V_2 、W_2 连接在一起,结成中点,而把它们的首端 U_1 、V_1 、W_1 引出的是星形接法,用"Y"表示;当有中点引出线时,用YN表示。对于二次绕组则用y及yn表示。如果把一相绕组的末端与另一相绕组的首端相接,顺次形成一闭合回路,并在绕组连接点处引出,即为三角形连接,用"D"表示。二次绕组用d表示。

星形连接绕组按相序自左向右排列,与其对应的相量图如图 3-28(a)所示,三角形连接有两种连接顺序:一种按 U_1U_2 — W_1W_2 — V_1V_2 的顺序连接,称为顺接,与其对应的相量图如图 3-28(b)所示;另一种按 U_1U_2 — V_1V_2 — W_1W_2 的顺序连接,称为倒接,与其对应的相量图如图 3-28(c)所示。

3. 单相变压器的联结组

变压器的联结组是变压器一次绕组和二次绕组组合接线形式的一种表示方法,用于表示变压器一次绕组和二次绕组联结形式和对应的线电动势之间的相位关系,由联结方式和联结组标号两部分组成。

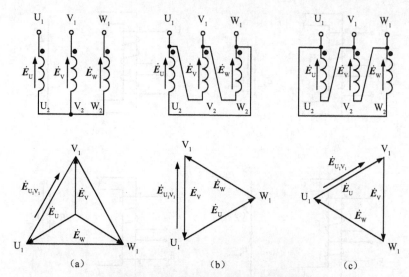

图 3-28　三相绕组的连接方式及相量图

（a）星形连接；（b）三角形连接（顺接）；（c）三角形连接（倒接）

　　单相变压器有一种联结方式，为 I 形接法；三相绕组常用三种联结方式，分别为星形接法（Y，y）、三角形接法（D，d）和曲折形接法（Z，z）。一次绕组和二次绕组的线电动势因联结方式不同而具有不同的相位差，相位差为 30° 的整数倍，可以用时钟表示法表示。时钟表示法把一次绕组的线电动势相量作为时钟的长针，固定指向 12 时的位置，对应的二次绕组的线电动势相量作为时钟的短针，其所指的钟点数就是变压器联结组号。常用联结组标号为 0 到 11。

　　对于单相变压器，当一次绕组和二次绕组电动势相位相同时，联结组为 I，I0，如图 3-27（a）和 3-27（d）所示。当一次绕组和二次绕组电动势相位相反时，其联结组为 I，I6，如图 3-27（b）和 3-27（c）所示。其中 I0，I6 表示一次绕组和二次绕组都是单相绕组，0 和 6 表示联结组标号。

4. 三相变压器的联结组

　　三相变压器的联结组需用一次绕组、二次绕组的线电势相位差来表示，不仅与绕组的接法有关，也与绕组的标志方法有关。判别线电动势时应先确定相电动势，再根据联结方式确定线电动势。

（1）Yy 接法

　　Yy 连接有两种接法。图 3-29（a）中一次绕组、二次绕组的同名端有相同的首端标志，此时一次侧、二次侧对应各相的相电势同相位，一次绕组、二次绕组线电势 $\dot{E}_{U_1V_1}$ 和 $\dot{E}_{u_1v_1}$ 为相同相电动势的线性叠加，因而具有相同相位。如果把 $\dot{E}_{U_1V_1}$ 指向时钟 12 点，则 $\dot{E}_{u_1v_1}$ 也指向 12 点，两者相位差为零，其联结组为 Yy0。图 3-29（b）中一次绕组、二次绕组的同名端有相异的首端标志，则一次侧、二次侧线电动势 $\dot{E}_{U_1V_1}$ 和 $\dot{E}_{u_1v_1}$ 相位相差 180°，联结组为 Yy6。

　　按照 u、v、w 标准相序改变三相变压器绕组端点标志相当于人为调整一次绕组和二次绕组之间的相位差，可直接改变联结组标号。在图 3-29 中，若保持接线和一次侧标志不变，仅把二次侧标志作如下更动：u_1u_2 改为 w_1w_2，w_1w_2 改为 v_1v_2，v_1v_2 改为 u_1u_2，即把原来的 u 相改作 w

相,原来的 w 相改作 v 相,原来的 v 相改作 u 相。在这种情况下,相序仍保持不变,更改标志后的各相电势滞后了 120°,相应的线电动势也滞后了 120°。更改后的联结组标号增大 4 个组号,由原来的 Yy0 联结组应改为 Yy4 联结组;由原来的 Yy6 联结组应改为 Yy10 联结组。

同理,按照标准相序把原来的 w 相改作 u 相,原来的 u 相改作 v 相,原来的 v 相改作 w 相。在这种情况下,相序仍保持不变,更改标志后的各相电动势滞后了 240°,相应的线电动势也滞后 240°。更改后的联结组标号应增大 8 个组号,由原来的 Yy0 联结组改称为 Yy8 联结组;由原来的 Yy6 联结组改称为 Yy2 联结组。Yy 连接总共有 2、4、6、8、l0、0 六个偶数联结组。

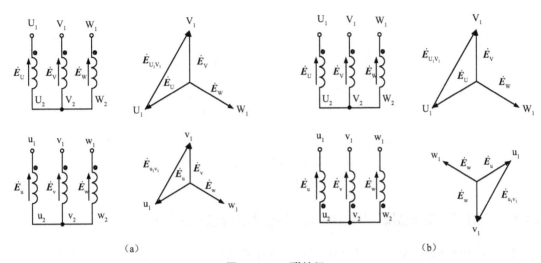

图 3-29 Yy 联结组

(a)Yy0 联结组;(b)Yy6 联结组

（2）Yd 接法

在 Yd 联结法中, d 的两种联结顺序如图 3-30 所示。在图 3-30（a）中,$\dot{E}_{u_1v_1}$ 滞后量 $\dot{E}_{U_1V_1}$ 330°,属于 Yd11 联结组。在图 3-30（b）中,$\dot{E}_{u_1v_1}$ 滞后量 $\dot{E}_{U_1V_1}$ 30°,属于 Yd1 联结组。

同理,如保持接线及一次侧标志不变,更改二次侧标志,Yd 连接总共有 1、3、5、7、9、11 六种奇数连接组别。

此外,三相变压器还可以接成 Dy 和 Dd。按照类似方法分析,Dd 接法可以得到与 Yy 接法相同的偶数组别,Dy 接法可以得到与 Yd 接法相同的奇数组别。

尽管三相变压器联结组很多,但对于电力变压器,为了便于制造和并联运行,我国国家标准 GB 1094 规定,只生产 Yyn0、Yd11、YNd11、YNy0、Yy0 五种标准联结组别的电力变压器。其中前 3 种最常用,对于单相变压器,标准联结组为 II0。

在用相量图判断变压器的联结组时应注意以下几点:

①一次绕组和二次绕组的相电动势均从首端指向末端,线电动势 $\dot{E}_{U_1V_1}$ 从 U 指向 V;

②绕组的同名端（极性）只表示绕组的绕法,与绕组首末端的标志无关;

③同一铁芯柱上的绕组（在联结图中为上下对应的绕组）,首端为同极性时相电动势相位相同,首端为异极性时相电动势相位相反;

④相量图中 U、V、W 与 u、v、w 的排列顺序必须同为顺时针排列,即一次侧和二次侧的一相电动势同为正相序。

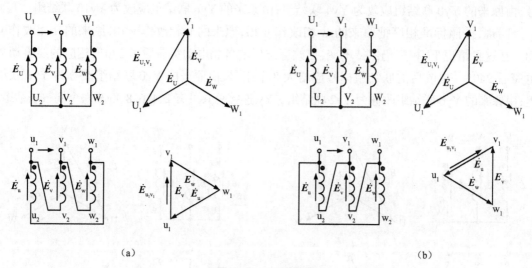

（a）   （b）

图 3-30 Yd 联结组

（a）Yd11 联结组;（b）Yd1 联结组

3.4.3 三相变压器绕组联结组和磁路系统对电势波形的影响

根据单相变压器空载运行的分析结果,当变压器的外加电压为正弦波形时,其感应电动势以及主磁通也是正弦波,但由于变压器的饱和及磁滞的影响,所以励磁电流为一尖顶波,含有奇次谐波,其中三次谐波最大,即

$$
\left.
\begin{aligned}
i_{03U} &= I_{03m}\sin 3\omega t \\
i_{03V} &= I_{03m}\sin 3(\omega t-120°) = I_{03m}\sin 3\omega t \\
i_{03W} &= I_{03m}\sin 3(\omega t-120°) = I_{03m}\sin 3\omega t
\end{aligned}
\right\}
\tag{3-23}
$$

三相变压器励磁电流的三次谐波在时间上的相位相同。三相绕组的三次谐波是否能在三相绕组中流通,与绕组的联结方式有关。

当三相变压器的一次绕组为 YN 或 D 接法,则励磁电流的三次谐波电流能够流通,这时励磁电流为尖顶波。二次绕组不论是 y 接法或 d 接法,铁芯中的主磁通均为正弦波,因此各相电动势也为正弦波。

当一次绕组为 Y 接法,则励磁电流的三次谐波电流无通路,不能流通,将使磁通成为非正弦波形,使电动势波形受到影响,形成非正弦波形。当二次绕组或其他结构能提供三次谐波通路时,可以削弱或消除波形畸变。下面分别予以说明。

1. Yy 联结的三相变压器

在三相变压器中,三次谐波电流在时间上是同相的,因此在一次绕组无中线的 Y 接法中,三次谐波电流在绕组中没有通路,使励磁电流波形接近于正弦波形,由于铁芯的饱和现象,主磁通近似为平顶波,把该平顶波再分解为基波和高次谐波,高次谐波中三次谐波最大,如图

3-31 所示。三次谐波磁通的影响有多大,取决于磁路系统的结构。

对于三相变压器组而言,其三相磁路彼此无关,各相三次谐波磁通 Φ_3 可以自由流通,并在一次绕组、二次绕组中感应出相应的电动势。由于三次谐波磁通的频率 f_3 是基波磁通频率的三倍,所以 Φ_3 感应的三次谐波相电势 e_3 就相当大,其幅值可达基波电势 e_1 幅值的 45%~60%。由图 3-32 可见,e_1 和 e_3 的波峰正好相加,结果使相电势波形畸变,最大值上升有可能将相绕组线圈的绝缘击穿,因此 Yy 接法不宜用于三组变压器组。

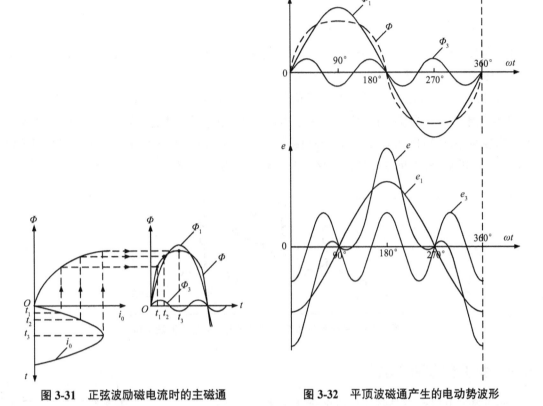

图 3-31　正弦波励磁电流时的主磁通　　　图 3-32　平顶波磁通产生的电动势波形

与三相变压器组相比,心式变压器的三相磁路彼此关联,基波磁通 Φ_1 可以在三相之间互相构成通路。各相三次谐波磁通 Φ_3 在时间上同相位,无法在三铁芯柱中闭合流通,只能借助于变压器油及油箱壁等形成回路,如图 3-33 所示。

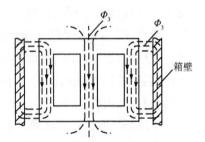

图 3-33　三相心式变压器中三次谐波磁通路径

这种情况下三次谐波的磁路磁阻较大,所以三次谐波磁通大为减少,因此保证了主磁通接近于正弦波,这样相电动势的波形也就更接近于正弦波。心式变压器可以采用 Yy 接法,由于三次谐波磁通沿油箱壁闭合,并以三倍电网频率脉振,故在油箱壁内产生较大的附加的涡流损耗,导致变压器局部发热,所以要限制变压器的容量,这种接法的三相心式变压器的容量不超过 1 800 kVA。

2. Yd 联结的三相变压器

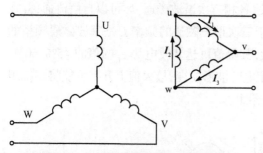

图3-34　Yd 联结组中的三角形接法

Yd 联结组的一次绕组为星形联结,若接到电源,一次绕组三次谐波电流也无法流通,因而在主磁通和一次绕组、二次绕组的相电动势中会出现三次谐波分量;二次绕组为三角形联结,故三次绕组的三次谐波电动势将在闭合的三角形内产生三次谐波环流,如图3-34所示。由于主磁通是由作用在铁芯上的合成磁动势所激励,所以一次绕组正弦励磁电流和二次绕组三次谐波电流共同激励时,其效果与一次绕组尖顶波励磁电流的效果完全相同,故 Yd 连接的三相变压器的主磁通和相电动势的波形接近于正弦形。

可见,三相变压器只要有一侧是三角形连接,就不存在 Yy 联结中出现的问题。在超高压、大容量电力变压器中,有时为了满足电力系统运行的需要,使变压器一次绕组、二次绕组的中点都接地外,然后再加上一个第三绕组接成三角接法,如图3-35所示。这个第三绕组提供3次谐波电流的通路,保证主磁通波形接近或达到正弦波形,从而改善电势波形。

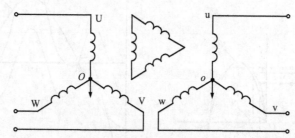

图3-35　具有第三绕组的变压器内部的三次谐波环流

3.4.4　变压器的并联运行

变压器的并联运行是将两台或多台变压器的一次绕组和二次绕组分别接在各自的公共母线上,同时对负载供电,图3-36是两台三相变压器并联运行的接线图。变压器的并联运行可以提高供电的可靠性,减少备用容量,并可根据负载的大小来调整投入运行的变压器台数,以提高运行效率。

变压器并联运行时必须具备下列三个条件:

①各台变压器的一次绕组额定电压和二次绕组额定电压应分别相等,此时各台变压器的一次绕组与二次绕组的线电压之比相等;

②各台变压器的二次绕组的线电压对一次绕组的

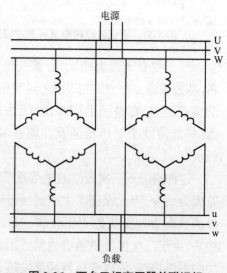

图3-36　两台三相变压器并联运行

线电压的相位差应相等,即各台变压器应具有相同的联接组;

③各台变压器短路阻抗标幺值应相等,短路电抗和短路电阻之比(阻抗角)也应相等。

上述三个条件中,第二个条件必须严格保证。因为当各台变压器的一次绕组接到同一电网时,如果联结组标号不同,则它们的二次绕组的线电压的相位不同。

1. 联结组标号不同对变压器并联运行的影响

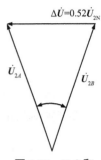

三相变压器并联运行时,如果两台变压器的联结组标号不同,则对应的二次绕组的线电压的相位偏移至少是30°。例如,Yy0 和 Yd11 并联时,即使二次绕组的线电动势大小相等,二次绕组的线电压的相位偏移是30°,此情况下的线电压差值为 $\Delta \dot{U} = 2\dot{U}_{2N}\sin15° = 0.52\dot{U}_{2N}$,如图3-37所示。由于变压器本身的漏阻抗很小,这样大的电动势差将在两变压器中产生很大的环流,使变压器的绕组烧坏,故联结组标号不同的变压器绝对不允许并联运行。

图 3-37　Yy0 和 Yd11 并联时的相移

2. 变比不相等对变压器并联运行影响

为了便于分析,假设两台变压器并联运行,联结组和短路阻抗的标幺值都相同,但变比不相等,变比分别为 k_A、k_B,且 $k_A < k_B$。两台变压器的一次绕组接到同一电源上,故一次绕组的电压相等。两台变压器变比不同,因此二次绕组的空载电压不相等。第一台变压器的二次绕组电动势 $\dot{U}_{20A} = \dot{U}_1 / k_A$,第二台变压器二次绕组电动势 $\dot{U}_{20B} = \dot{U}_1 / k_B$。由于 $k_A < k_B$,所以电动势 $\dot{U}_{20A} > \dot{U}_{20B}$。若两台变压器二次绕组接在同一母线上,则在两台变压器二次绕组及线路所构成的闭合回路内出现电动势差 $\Delta \dot{U}_{20} = \dot{U}_{20A} - \dot{U}_{20B}$,该电动势差在变压器并联运行时会在闭合回路中产生环流,如图3-38所示。该环流的大小为

$$\dot{I}_C = \frac{\Delta \dot{U}_{20}}{Z_{kA}+Z_{kB}} = \frac{\dot{U}_1}{Z_{kA}+Z_{kB}}\left(\frac{1}{k_A}-\frac{1}{k_B}\right)$$

式中,Z_{kA} 和 Z_{kB} 分别为两台变压器的短路阻抗。

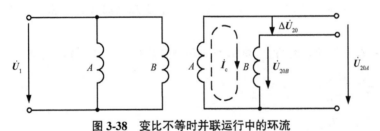

图 3-38　变比不等时并联运行中的环流

由于 Z_k 很小,所以不大的 k 值差异就会引起较大的环流。环流不仅占据了变压器的容量,而且还增加了损耗,提高了温升。因此一般要求空载环流不超过额定电流的10%,故要求变压器的变比的偏差应不大于1%。

3. 短路阻抗不相等对变压器并联运行影响

假设两台变比相等且联接组相同,但短路阻抗不等的变压器并联运行。由于两台变压器一次绕组、二次绕组侧分别接在公共母线 U_1 和 U_2 上,故其简化电路如图3-39所示。

由图可知

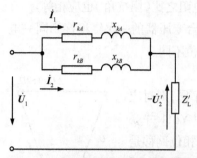

图 3-39　变比和联接组相同的两台变压器并联时的简化等效电路

$$\dot{I} = \dot{I}_A + \dot{I}_B \qquad (3\text{-}24)$$

此时两台变压器内部的阻抗压降应相等,即

$$\dot{I}_A Z_{kA} = \dot{I}_B Z_{kB} \qquad (3\text{-}25)$$

对以上两式联立求解,可得出每台变压器所分担的负载电流。

如果变压器 A 的额定电压、额定电流、额定阻抗分别为 U_{AN}、I_{AN}、Z_{AN},变压器 B 的额定电压、额定电流、额定阻抗分别为 U_{BN}、I_{BN}、Z_{BN},由于 $U_{AN} = U_{BN}$,即 $I_{AN}Z_{AN} = I_{BN}Z_{BN}$,则式(3-38)可写成

$$\frac{\dot{I}_A Z_{kA}}{\dot{I}_{AN} Z_{AN}} = \frac{\dot{I}_B Z_{kB}}{\dot{I}_{BN} Z_{BN}} \qquad (3\text{-}26)$$

将上式化成标么值形式,得

$$\dot{I}_A^* Z_{Ak}^* = \dot{I}_B^* Z_{Bk}^*$$

$$\frac{\dot{I}_A^*}{\dot{I}_B^*} = \frac{Z_{Bk}^*}{Z_{Ak}^*} = \frac{z_{Bk}^*}{z_{Ak}^*} / \phi_{Bk} - \phi_{Ak} \qquad (3\text{-}27)$$

式中,ϕ_{Ak}、ϕ_{Bk} 是变压器 A、B 的短路阻抗的幅角。

为了使并联运行的两台变压器按照它们各自额定电流的比例来分担负荷,两台变压器的电流标么值应相等,即负荷率相同。也就是说,短路阻抗标么值的模应相等,幅角也应相等。实际运行时,希望各变压器电流的标么值差不超过 10%。因而,要求各变压器的短路阻抗的标么值相差不大于 10%。

【例 3-1】两台并联运行的变压器的联结组和变比相同。$S_{AN} = 2\,500\,\text{kVA}$,$u_{kA} = 6.5\%$,$S_{BN} = 3\,150\,\text{kVA}$,$u_{kB} = 7\%$。求两台变压器并联运行时总负载为 $5\,650\,\text{kVA}$ 时,每台变压器承担的负载大小? 为了不使任何一台变压器过载,并联变压器组最大输出多大负载?

解:

(1)设第一台分担的负载为 S_{I},第二台分担的负载为 $S_{II} = 5\,650 - S_{I}$,由于

$$\frac{\dot{I}_A^*}{\dot{I}_B^*} = \frac{Z_{Bk}^*}{Z_{Ak}^*} = \frac{z_{Bk}^*}{z_{Ak}^*}$$

所以

$$\frac{\dot{S}_A^*}{\dot{S}_B^*} = \frac{z_{Bk}^*}{z_{Ak}^*} = \frac{u_{kB}}{u_{kA}}$$

即

$$\frac{S_A / 2\,500}{(5\,650 - S_A)/3\,150} = \frac{7\%}{6.5\%}$$

解得　　$S_A = 2\,603\,\text{kVA}$　　$S_B = 3\,046\,\text{kVA}$

(2)由于 $S_A = 2\,603\,\text{kVA}$ 时,已经过载,要使其不过载,其最大输出为 $S_A = 2\,500\,\text{kVA}$,则

$$\frac{1}{S_B / 3\,150} = \frac{7\%}{6.5\%}$$

解得　　$S_B = 2\,925\,\text{kVA}$　,$S_A + S_B = 2\,500 + 2\,925 = 5\,425\,\text{kVA}$

3.5 变压器参数的试验测定

由上节可知,当应用基本方程式、等效电路或相量图分析变压器的运行性能时,必须知道变压器的参数,即绕组的电阻、漏抗以及励磁阻抗,这些参数可用计算方法或试验方法求得。设计变压器时,必须根据材料和有关尺寸计算变压器的参数。对已制成的变压器可通过空载和短路试验测定变压器的励磁阻抗和短路阻抗。下面介绍变压器参数的试验测定方法。

3.5.1 空载试验

空载试验亦称开路试验。通过空载实验可以测定变压器的电压比、铁芯损耗和励磁参数 r_m、x_m、Z_m。图3-40为单相变压器和三相变压器的接线图。试验时,高压绕组开路,低压绕组加额定电压 U_1,测量此时的输入功率 p_0、电流 I_0 和二次绕组 U_{20},由此即可算出空载参数。

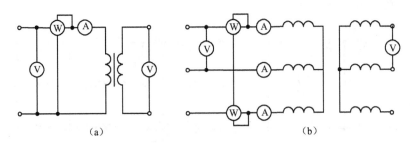

图 3-40 空载试验线路
(a)单相接线;(b)三相接线

由变压器空载运行时的等值电路可知,空载参数 $Z_0 = Z_1 + Z_m$、$r_0 = r_1 + r_m$、$x_0 = x_1 + x_m$。 x_1 是一次绕组漏磁通对应的电抗,x_m 为主磁通对应的电抗,主磁通远大于漏磁通,所以 $x_m >> x_1$,因此可略去 x_1,则 $x_0 \approx x_m$。空载损耗包括一次铜损和铁损,空载运行时,i_1、r_1 很小,因此,空载电流 I_0 产生的铜耗 $I_0^2 r_1$ 可以忽略不计。这样可以认为变压器空载时的输入功率 P_0 完全是用来抵偿变压器铁损的 P_{Fe},因此 $P_0 \approx P_{Fe} = I_0^2 r_m$,因此可得如下的空载参数

$$\left.\begin{array}{l} Z_0 = \dfrac{U_1}{I_0} = Z_1 + Z_m \approx Z_m \\[2mm] r_0 = \dfrac{P_0}{I_0^2} = r_1 + r_m \approx r_m \\[2mm] x_0 = \sqrt{Z_m^2 - r_m^2} = x + x_m \approx x_m \end{array}\right\} \qquad (3\text{-}28)$$

对于三相变压器,按上式计算时 P_0、U_1、I_0 均为每相值。但测量给出的数据却是线电压、线电流和三相总功率,所以必须将测得的数据换算成每相值。

应当强调的是,由于励磁参数与磁路的饱和程度有关,故应取额定电压下的数据来计算励磁参数。空载试验也可以在高压侧进行,但高压侧电压很高,为了安全,一般都在低压侧进行,当然这样测出来的参数都是低压侧的数值。若要得到归算到高压侧的励磁阻抗,必须将式(3-28)中计算的参数值乘以 k^2 倍。

3.5.2 短路试验

通过短路试验可测出变压器的铜损耗 p_k，并根据测得的数据计算短路阻抗 Z_k。单相变压器和三相变压器的短路试验时的接线如图 3-41 所示。

短路试验常在高压侧进行。低压侧短路，在高压侧加电压并测量电压、电流和功率。因为低压侧直接短路，在高压侧施加额定电压是绝不允许的，否则会导致一次绕组、二次绕组的电流过大，因而烧毁绕组。所以短路试验时，在高压侧施加的电压很低，使电压由零逐渐升高，直到电流达到额定值，记下此时的 U_k、I_k、p_k，这时所加电压为额定电压的 5%~10%。

因为短路试验时使用的电压很低，所以铁芯中的主磁通很小，故可忽略励磁电流和铁耗，即可认为 $Z_m = \infty$，因此认为此时变压器从电源输入的功率 p_k 完全消耗在一次绕组、二次绕组的铜耗上，即

$$p_k \approx p_{cu} = I_1^2 r_1 + I_2'^2 r_2' \approx I_k^2 r_k$$

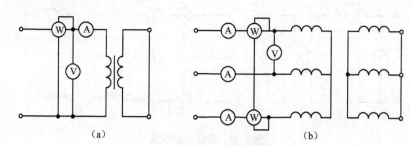

图 3-41　短路试验线路

（a）单相接线；（b）三相接线

按近似等值电路有

$$Z_k = \frac{U_k}{I_k}\ ;\ r_k \approx \frac{P_k}{I_k^2}\ ;\ x_k \approx \sqrt{Z_k^2 - r_k^2} \tag{3-29}$$

由于绕组的电阻随温度而变，而短路试验一般在室温下进行，故经过计算所得的电阻必须换算到规定工作温度时的数值。按国家标准规定，短路电阻应换算到 75 ℃时的数值，其转换关系式为

$$r_{k75℃} = r_{k\theta} \frac{T_0 + 75}{T_0 + \theta}\ ;\ Z_{k75℃} = \sqrt{r_{k75℃}^2 + x_k^2} \tag{3-30}$$

式中，θ 是试验时的室温，T_0 对于铜线为 234.5 ℃，铝线为 228 ℃。

短路试验时，当二次绕组的电流达到额定值时，则加载一次绕组上的电压应该是 $U_k = I_{1N}Z_{k75℃}$，此电压称为短路电压。如用一次额定电压的百分数表示，则短路电压表示为

$$u_k = \frac{U_k}{U_{1N}} \times 100\% = \frac{I_{1N}Z_{k75℃}}{U_{1N}} \times 100\% \tag{3-31}$$

短路电压是变压器一个很重要的参数，它标注在变压器的铭牌上。

在变压器计算中，还把短路电压 U_k 表示成额定电压的相对值，即标么值=绝对值/基值，标么值的表示是在右上角加 "*"。

$$U_k^* = \frac{U_k}{U_{1N}} = \frac{Z_{k75℃}}{\frac{U_{1N}}{I_{1N}}} = \frac{Z_{k75℃}}{Z_N} = Z_k^* \qquad (3-32)$$

式中，Z_k^* 为短路阻抗 $Z_{k75℃}$ 对额定阻抗基值 Z_N 的相对值，这个阻抗基值是额定电压 U_{1N} 与额定电流 I_{1N} 的比值，Z_k^* 称为短路阻抗的相对值。

【例 3-2】一台三相铝线电力变压器，$S_N = 750\,kVA$，$U_{1N}/U_{2N} = 10\,kV/0.4\,kV$，采用 Yy 接法，实验时室温为 20 ℃。在低压作空载试验，测得数据为 $U_2 = U_{2N} = 400\,V$，$I_0 = I_2 = 60\,A$，$p_0 = 3\,800\,W$；在高压侧作短路试验，测得数据为 $U_k = U_1 = 440\,V$，$I_k = I_{1N} = 43.3\,A$，$p_k = 10\,900\,W$。求折算到高压侧的"T"形等值电路中各参数。

解：（1）励磁参数计算

低压侧空载试验测得的励磁阻抗为

$$Z_m = \frac{U_2}{\sqrt{3}I_0} = \frac{400}{\sqrt{3} \times 60} = 3.85\,Ω$$

$$r_m = \frac{p_0}{3I_0^2} = \frac{3\,800}{3 \times 60^2} = 0.35\,Ω\,;x_m = \sqrt{Z_m^2 - r_m^2} = \sqrt{3.85^2 - 0.35^2} = 3.83\,Ω$$

$$k = \frac{U_{1N}}{U_{2N}} = \frac{10\,000/\sqrt{3}}{400/\sqrt{3}} = 25$$

低压侧测得的励磁阻抗归算到高压侧，必须乘以 k^2 倍，即

$$Z_m' = k^2 Z_m = 25^2 \times 3.85 = 2\,406\,Ω$$

$$r_m' = k^2 r_m = 25^2 \times 0.35 = 219\,Ω$$

$$x_m' = k^2 x_m = 25^2 \times 3.83 = 2\,394\,Ω$$

（2）短路参数计算

低压侧短路试验测得的短路阻抗为

$$Z_k = \frac{U_k}{\sqrt{3}I_k} = \frac{440}{\sqrt{3} \times 43.3} = 5.87\,Ω$$

$$r_k \approx \frac{P_k}{3I_k^2} = \frac{10\,900}{3 \times 43.3^2} = 1.94\,Ω$$

$$x_k \approx \sqrt{Z_k^2 - r_k^2} = \sqrt{5.87^2 - 1.94^2} = 5.54\,Ω$$

将上述的短路阻抗换算到 75 ℃，

$$r_{k75℃} = r_{kθ}\frac{T_0 + 75}{T_0 + θ} = 1.94\frac{228 + 75}{228 + 20} = 2.37\,Ω$$

$$Z_{k75℃} = \sqrt{r_{k75℃}^2 + x_k^2} = \sqrt{2.37^2 + 5.54^2} = 6.03\,Ω$$

如果 $r_1 = r_2'$，$x_1 = x_2'$，则

$$r_1 = r_2' = \frac{1}{2}r_{k75℃} = \frac{1}{2} \times 2.37 = 1.19\,Ω$$

$$x_1 = x_2' = \frac{1}{2}x_k = \frac{1}{2} \times 5.54 = 2.77\,Ω$$

3.6 变压器的运行特性

反映变压器运行性能的特性主要有两种,一种是反映输出电压随负载电流变化的外特性,另一种是反映效率随负载电流变化的效率特性。变压器的主要性能指标电压调整率和效率体现了这两个特性。下面分别讨论这两个问题。

3.6.1 外特性和电压调整率

外特性是指一次绕组外施电压和二次绕组负载功率因数不变时,二次绕组端电压随负载电流变化的规律,即 $U_2 = f(I_2)$。

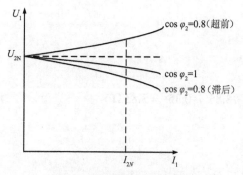

图 3-42 变压器的外特性

当变压器负载运行时,由于变压器一次绕组、二次绕组存在电阻和漏抗,负载电流必定在这些漏阻抗上产生一定的压降,因而二次绕组电压也必定随负载电流变化而变化。另外,二次绕组端电压的变化规律还与负载的性质有关。图 3-42 绘出了当 $U_1 = C$(常为额定值)时,$\cos \varphi_2 = 1$、$\cos \varphi_2 = 0.8$(滞后)、$\cos \varphi_2 = 0.8$(超前)三条外特性曲线。由图看出,施加纯电阻负载时,电压随负载电流的增大而下降;施加电感性负载时,电压随负载电流增大而降低,外特性曲线下倾,下降幅度大于纯电阻负载;施加容性负载时,电压随负载电流的增大而升高,即外特性曲线上翘。

变压器二次电压随负载变化的程度通常用电压调整率表示。电压调整率是指当变压器一次绕组接在额定频率和额定电压的电网上,二次绕组负载功率因数一定的情况下,二次绕组空载电压与负载电压之差与二次空载电压的百分比,即

$$\Delta U\% = \frac{U_{20} - U_2}{U_{20}} \times 100\% = \frac{U_{2N} - U_2}{U_{2N}} \times 100\% \qquad (3\text{-}33)$$

如果用折算到一次绕组的电压值表示,则

$$\Delta U\% = \frac{U_{1N} - U_2'}{U_{1N}} \times 100\% \qquad (3\text{-}34)$$

外特性和电压调整率反映了变压器输出电压的变化程度,在一定程度上表明了供电电压的稳定性。

电压调整率与变压器的参数及负载性质有关,由变压器负载运行简化等值电路的相量图 3-43 可以推出变压器电压调整率的计算公式。

变压器带负载时,相量图中 $\dot{U}_{1N}$ 与 $-\dot{U}_2'$ 之间的相位角差值很小,近似认为 $\overline{OD} \approx \overline{OA}$,所以有以下的几何关系

$$\begin{aligned} U_{1N} - U_2' &= \overline{OA} - \overline{OC} \approx \overline{OD} - \overline{OC} \\ &= \overline{CD} = \overline{CF} + \overline{BE} = \overline{BC} \cos \varphi_2 + \overline{AB} \sin \varphi_2 \\ &= I_1 r_k \cos \varphi_2 + I_1 x_k \sin \varphi_2 \end{aligned}$$

所以 $\Delta U\% = \dfrac{U_{1N}-U'_2}{U_{1N}}\times100\% = \left(\dfrac{I_1 r_k}{U_{1N}}\cos\varphi_2 + \dfrac{I_1 x_k}{U_{1N}}\sin\varphi_2\right)\times100\%$

额定负载时 $I_1 = I_{1N}$,有

$$\Delta U\% = \left(\dfrac{I_{1N} r_k}{U_{1N}}\cos\varphi_2 + \dfrac{I_{1N} x_k}{U_{1N}}\sin\varphi_2\right)\times100\%$$

$$= r_k^* \cos\varphi_2 + x_k^* \sin\varphi_2 \qquad\qquad (3\text{-}35)$$

如果电流不是额定值,定义 $\beta = \dfrac{I_1}{I_{1N}}$ 为负载系数,则有

$$\Delta U\% = \beta(r_k^* \cos\varphi_2 + x_k^* \sin\varphi_2)$$

上式中 φ_2 为负载的功率因数角。当负载为感性时, φ_2 取正值;当负载为容性时, φ_2 取负值。上式说明,电压变化率与负载的大小(β 值)成正比。在一定的负载系数下,漏阻抗(阻抗电压)的标么值越大,电压变化率也越大。此外,电压变化率还与负载的性质(功率因角数 φ_2 的大小和正负)有关。

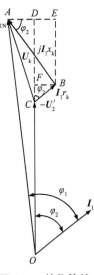

图 3-43 简化等效
电路的相量图

【**例 3-3**】某三相变压器额定数据为: S_N=600 kVA, U_{1N}/U_{2N}=10 kV/0.4 kV,采用 Yy0 接法, r_k=1.8 Ω, x_k=5 Ω,当变压器额定负载运行且 $\cos\varphi_2$ =0.8 时,求变压器的电压调整率及二次绕组的电压值。

解:额定负载一次绕组的电流

$$I_{1N} = \dfrac{S_N}{\sqrt{3}U_{1N}} = \dfrac{600\times10^3}{\sqrt{3}\times10\times10^3} = 34.64\,\text{A}$$

$\beta = 1$ 时, $\Delta U\% = \left(\dfrac{I_{1N} r_k}{U_{1N}}\cos\varphi_2 + \dfrac{I_{1N} x_k}{U_{1N}}\sin\varphi_2\right)\times100\%$

(1)当 $\cos\varphi_2 = 0.8$(滞后)时, $\sin\varphi_2 = 0.6$,则

$$\Delta U\% = \left(\dfrac{I_{1N} r_k}{U_{1N}}\cos\varphi_2 + \dfrac{I_{1N} x_k}{U_{1N}}\sin\varphi_2\right)\times100\%$$

$$= \left(\dfrac{34.64\times1.8\times0.8 + 34.64\times5\times0.6}{10\times10^3/\sqrt{3}}\right)\times100\% = 2.66\%$$

$$U_2 = (1-\Delta U)U_{2N} = (1-2.66\%)\times400 = 390.96\,\text{V}$$

(2)当 $\cos\varphi_2 = 0.8$(超前)时, $\sin\varphi_2 = -0.6$,则

$$\Delta U\% = \left(\dfrac{I_{1N} r_k}{U_{1N}}\cos\varphi_2 + \dfrac{I_{1N} x_k}{U_{1N}}\sin\varphi_2\right)\times100\%$$

$$= \left(\dfrac{34.64\times1.8\times0.8 - 34.64\times5\times0.6}{10\times10^3/\sqrt{3}}\right)\times100\% = -0.94\%$$

$$U_2 = (1-\Delta U)U_{2N} = (1+0.94\%)\times400 = 403.76\,\text{V}$$

3.6.2　损耗与效率特性

变压器在传送功率时,存在着两种基本损耗。

一是铜损耗,它是一次绕组、二次绕组中的电流流过相应的绕组电阻形成的,应用简化等值电路,则有 $\dot{I}_1 = -\dot{I}_2'$,所以铜损耗大小为

$$p_{Cu} = I_1^2 r_1 + I_2'^2 r_2' = I_1^2 r_k$$

短路实验时的电流是额定值,因此 $p_k = I_{1N}^2 r_k$,在任意条件下,变压器的铜损耗可用 p_k 表示为

$$p_{Cu} = I_1^2 r_k = \left(\frac{I_1}{I_{1N}}\right)^2 I_{1N}^2 r_k = \beta^2 p_k \qquad (3\text{-}36)$$

上式表明,变压器的铜损耗等于负载系数的平方与额定铜损耗的乘积,即铜损耗与负载的大小有关,所以铜损耗又称为可变损耗。

二是铁损耗。它包括涡流损耗和磁滞损耗两部分。当电源电压不变时,变压器主磁通幅值基本不变,铁损耗也是不变的,近似地等于空载损耗 p_0 ,因此铁损耗叫作不变损耗。

此外还有很少的其他损耗,统称为附加损耗,计算变压器的效率时往往忽略不计。因此,变压器的总损耗

$$\sum p \approx p_{Cu} + p_{Fe} = \beta^2 p_k + p_0$$

变压器的效率是指变压器输出的有功功率与输入的有功功率的百分比,一般用 η 来表示,即

$$\eta = \frac{P_2}{P_1} \times 100\% \qquad (3\text{-}37)$$

若变压器有功功率损耗仅考虑铜损耗和铁损耗时,其效率可以表示为

$$\eta = \frac{P_1 - p_{Fe} - p_{Cu}}{P_1} \times 100\% = 1 - \frac{p_{Fe} + p_{Cu}}{P_2 + p_{Fe} + p_{Cu}} \times 100\% \qquad (3\text{-}38)$$

如果不计负载电流引起的二次端电压的变化,可以认为 $P_2 = \beta S_N \cos\varphi_2$,则上式可以写成

$$\eta = \left(1 - \frac{p_0 + \beta^2 p_{kN}}{\beta S_N \cos\varphi_2 + p_0 + \beta^2 p_{kN}}\right) \times 100\% \qquad (3\text{-}39)$$

这是工程上用来计算变压器效率的公式。对于三相变压器, p_0 、 p_k 和 S_N 均为三相值。对于给定的变压器,可以通过空载试验和短路试验测定 p_0 和 p_k ,知道负载电流的大小和性质后,即可计算变压器的效率。

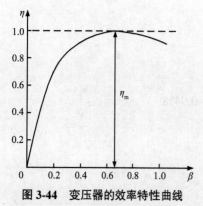

图 3-44　变压器的效率特性曲线

效率特性是指一次绕组外施电压和二次绕组负载功率因数不变时,效率随负载电流变化的规律,即 $\eta = f(I_2)$,效率特性曲线如图 3-44 所示。

由效率特性曲线可以看出,空载时输出功率为零,所以 $\eta=0$ 。负载较小时,损耗相对较大,效率较低;负载增加,效率 η 亦随之增加。超过某一负载时,因铜耗与 β^2 成正比增大,效率 η 反而降低。最大效率出现在 $\frac{\mathrm{d}\eta}{\mathrm{d}\beta} = 0$ 的地方。因此,取 η 对 β 的导数,求出最高效率 η_{max} 对应的负载系数

$$\beta_{\mathrm{m}}=\sqrt{\frac{p_0}{p_k}} \tag{3-40}$$

在效率最大时,变压器的不变损耗(铁耗)等于可变损耗(铜耗)。但由于变压器总是在额定电压下运行,但不可能长期满负载。为了提高运行的经济性,通常设计成 β_{m}=0.5~0.6,这时 p_k 为 p_0 的 3~4 倍。

【例 3-4】 某三相变压器额定数据:$S_N = 100\ \mathrm{kVA}$,$p_0 = 600\ \mathrm{W}$,$p_{kN} = 2\ 400\ \mathrm{W}$。求:

(1)当变压器供给额定负载时且功率因数 $\cos\varphi_2 = 0.8$(滞后)时的效率 η_N。

(2)当负载 $\cos\varphi_2 = 0.8$(滞后)时的最高效率 $\eta_{\max}$。

(3)当负载 $\cos\varphi_2 = 1$ 时的最高效率 $\eta_{\max}$。

解:

(1)当 $\cos\varphi_2 = 0.8$(滞后),$\beta = 1$,

$$\eta = \left(1 - \frac{p_0 + \beta^2 p_{kN}}{\beta S_N \cos\varphi_2 + p_0 + \beta^2 p_{kN}}\right) \times 100\%$$

$$= \left(1 - \frac{600 + 2\ 400}{100 \times 10^3 \times 0.8 + 600 + 2\ 400}\right) \times 100\% = 96.39\%$$

(2)最高效率时,$\beta_{\mathrm{m}} = \sqrt{\dfrac{p_0}{p_k}} = \sqrt{\dfrac{600}{2\ 400}} = 0.5$

所以当 $\cos\varphi_2 = 0.8$(滞后)时的最高效率为

$$\eta_{\max} = \left(1 - \frac{p_0 + \beta_{\mathrm{m}}^2 p_{kN}}{\beta_{\mathrm{m}} S_N \cos\varphi_2 + p_0 + \beta_{\mathrm{m}}^2 p_{kN}}\right) \times 100\%$$

$$= \left(1 - \frac{600 + 0.5^2 \times 2\ 400}{0.5 \times 100 \times 10^3 \times 0.8 + 600 + 0.5^2 \times 2\ 400}\right) \times 100\% = 97.09\%$$

(3)最高效率时 $\beta_{\mathrm{m}} = 0.5$

所以当 $\cos\phi_2 = 1$(滞后)时的最高效率为

$$\eta_{\max} = \left(1 - \frac{p_0 + \beta_{\mathrm{m}}^2 p_{kN}}{\beta_{\mathrm{m}} S_N \cos\varphi_2 + p_0 + \beta_{\mathrm{m}}^2 p_{kN}}\right) \times 100\%$$

$$= \left(1 - \frac{600 + 0.5^2 \times 2\ 400}{0.5 \times 100 \times 10^3 + 600 + 0.5^2 \times 2\ 400}\right) \times 100\% = 97.66\%$$

3.7 特殊变压器

3.7.1 三绕组变压器

1. 工作原理

当需用两种不同电压向电力系统或用户供电时,或者在枢纽变电站中需要联结几种不同电压的电力系统时,用一台三绕组变压器比用两台双绕组变压器简单而经济。

三绕组变压器的铁芯一般为心式结构,每个铁芯柱上都套着高压、中压和低压三个绕组。为了绝缘方便,高压绕组都放在最外边。对于降压变压器,中压绕组放在中间,低压绕组靠近铁芯柱,如图3-45(a)所示。对于升压变压器,为了使漏磁场分布均匀,漏电抗分配合理,以保证较好的电压调整率和提高运行性能,把中压绕组放在靠近铁芯柱,低压绕组放在中间,如图3-45(b)所示。

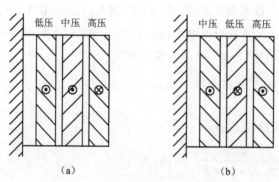

图 3-45　三绕组变压器绕组的布置法

(a)降压变压器;(b)升压变压器

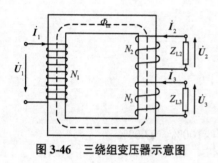

图 3-46　三绕组变压器示意图

如图 3-46 所示的三绕组变压器,一次绕组接电源,两个二次绕组对外提供两种不同的电压。设绕组 1、2、3 匝数分别为 N_1、N_2、N_3,空载时三绕组变压器各绕组间的变比为

$$\left. \begin{array}{l} k_{12} = \dfrac{N_1}{N_2} = \dfrac{U_{1N}}{U_{2N}} \\[2mm] k_{13} = \dfrac{N_1}{N_3} = \dfrac{U_{1N}}{U_{3N}} \\[2mm] k_{23} = \dfrac{N_2}{N_3} = \dfrac{U_{2N}}{U_{3N}} \end{array} \right\} \tag{3-41}$$

负载时,上述计算误差较大,最好用简化等效电路分析,将两个二次绕组折算至一次绕组。

2. 三绕组变压器的等效电路

三个绕组之间磁通交链的情况如图 3-47 所示,共有三类磁通。

(1)自漏磁通

只与一个绕组相交链的漏磁通称为自漏磁通,用符号 Φ_{11}、Φ_{22}、Φ_{33} 表示。

(2)互漏磁通

交链两个绕组而不与第三个绕组相交链的漏磁通称为互漏磁通,用符号 Φ_{12}、Φ_{23}、Φ_{13} 表示。

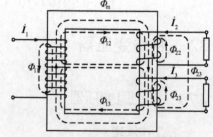

图 3-47　三绕组变压器中的磁通

这两种漏磁通的路径主要是非磁性物质(油或空气),它们不受铁芯饱和程度的影响,因

此与电流成正比。

（3）主磁通

与三个绕组同时匝链的磁通称为主磁通，用 Φ 表示。主磁通的路径在铁芯中，所以它受铁芯饱和程度的影响。主磁通由三个绕组的合成磁动势产生，合成磁动势平衡方程式为

$$\dot{I}_1 N_1 + \dot{I}_2 N_2 + \dot{I}_3 N_3 = \dot{I}_0 N_1 \tag{3-42}$$

按照图 3-47 所示正方向，并将二次绕组和第三绕组都归算到一次绕组，可写出三绕组变压器的磁动势平衡方程式。假定绕组 1 为一次绕组，绕组 2 和绕组 3 为二次绕组，式（3-42）可改写为

$$\dot{I}_1 + \dot{I}_2' + \dot{I}_3' = \dot{I}_0 \tag{3-43}$$

忽略励磁电流后，则

$$\dot{I}_1 + \dot{I}_2' + \dot{I}_3' = 0 \tag{3-44}$$

由于三绕组变压器有三个绕组在磁路上互相耦合，因此，在建立基本方程式时不可能像双绕组变压器那样简单地使用漏磁通和主磁通的概念，而必须采用每一绕组的自感和各绕组之间的互感作为基本参数。设 L_1、L_2、L_3 分别为各绕组的自感；$M_{12} = M_{21}$ 为 1、2 绕组之间的互感；$M_{13} = M_{31}$ 为 1、3 绕组之间的互感；$M_{23} = M_{32}$ 为 2、3 绕组之间的互感；r_1、r_2' 和 r_3' 为各绕组归算到一次绕组后的电阻。在正弦电压作用下稳态运行时，按规定的正方向，其电压平衡方程式为

$$\left. \begin{aligned} \dot{U}_1 &= r_1 \dot{I}_1 + j\omega L_1 \dot{I}_1 + j\omega M_{12}' \dot{I}_2' + j\omega M_{13}' \dot{I}_3' - \dot{E}_1 \\ \dot{U}_2' &= r_2' \dot{I}_2' + j\omega L_2' \dot{I}_2' + j\omega M_{21}' \dot{I}_1 + j\omega M_{23}' \dot{I}_3' - \dot{E}_2' \\ \dot{U}_3' &= r_3' \dot{I}_3' + j\omega L_3' \dot{I}_3' + j\omega M_{31}' \dot{I}_1 + j\omega M_{32}' \dot{I}_2' - \dot{E}_3' \end{aligned} \right\} \tag{3-45}$$

为了消除表达式中的耦合项，仿照双绕组变压器的推导方法，可以得到三绕组变压器的简化等值电路，如图 3-48 所示。图中绕组漏阻抗为

$$\left. \begin{aligned} Z_1 &= r_1 + jx_1 \\ Z_2' &= r_2' + jx_2' \\ Z_3' &= r_3' + jx_3' \end{aligned} \right\} \tag{3-46}$$

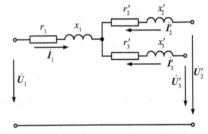

图 3-48　三绕组变压器的简化等效电路

其中

$$\left. \begin{aligned} x_1 &= \omega \left(L_1 + M_{23}' - M_{12}' - M_{13}' \right) \\ x_2' &= \omega \left(L_1 + M_{13}' - M_{12}' - M_{23}' \right) \\ x_3' &= \omega \left(L_1 + M_{12}' - M_{13}' - M_{23}' \right) \end{aligned} \right\}$$

应当指出的是，三绕组变压器等效电路中的 x_1、x_2'、x_3' 称为等值电抗，是各绕组自感电抗和各绕组之间的互感电抗组合而成的等效电抗，与自漏磁通和互漏磁通相对应，与绕组的布置情况有关；在某些情况下，其中一个可能为负值，表示它相当于一个容抗。而双绕组变压器等效电路中的 $x_{\sigma 1}'$ 和 $x_{\sigma 2}'$ 称为漏电抗，它只与各自的自漏磁通相对应。

等效阻抗 Z_1、Z_2' 和 Z_3' 可用短路试验来测定。由于三绕组变压器中每两个绕组相当于一个两绕组变压器，因此需要作三次短路试验。

3.7.2 自耦变压器

变压器的一次绕组和二次绕组中有一部分绕组是公共绕组的变压器称为自耦变压器。自耦变压器常用于一次绕组和二次绕组电压比较接近的场合,例如用以连接两个电压相近的电力系统。在工厂和实验室里,自耦变压器常常用作调压器和启动补偿器。

自耦变压器可看作是普通双绕组变压器的一种特殊连接。把一台双绕组变压器的一次绕组和二次绕组串联起来,把二次绕组作为公共绕组,一次绕组作为串联绕组。将公共绕组加上串联绕组作为新的一次绕组,而公共绕组作为新的二次绕组,就构成了一台降压自耦变压器,如图 3-49(a)所示;公共绕组加上串联绕组作为新的二次绕组,公共绕组作为新的一次绕组,就构成了一台升压自耦变压器,如图 3-49(b)所示。

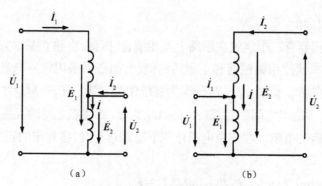

图 3-49 自耦变压器
(a)降压自耦变压器;(b)升压自耦变压器

自耦变压器与双绕组变压器一样,当原边加上额定电压 $\dot{U}_{1N}$ 时,铁芯中便产生感应电势 $\dot{E}_1$ 和 $\dot{E}_2$。如果忽略漏阻抗压降,则 $\dot{U}_{1N} \approx \dot{E}_1$,$\dot{U}_{2N} \approx \dot{E}_2$,所以

$$\frac{U_{1N}}{U_{2N}} \approx \frac{E_1}{E_2} = \frac{N_1}{N_2} = k_a \tag{3-47}$$

式中,k_a 为自耦变压器的变比。

自耦变压器的磁通势平衡方程式为

$$N_1 \dot{I}_1 + N_2 \dot{I}_2 = N_1 \dot{I}_0 \tag{3-48}$$

励磁电流 $\dot{I}_0$ 很小,可以忽略不计,则

$$N_1 \dot{I}_1 + N_2 \dot{I}_2 = \mathbf{0}$$

$$\dot{I}_1 = -\frac{N_2}{N_1} \dot{I}_2 = -\frac{1}{k_a} \dot{I}_2 \tag{3-49}$$

根据图中标明的电流正方向,得到公共绕组中的电流为

$$\dot{I} = \dot{I}_1 + \dot{I}_2 = \left(1 - \frac{1}{k_a}\right) \dot{I}_2 = (1 - k_a) \dot{I}_1 \tag{3-50}$$

上式表明公共绕组中的电流 $\dot{I}$ 等于 $\dot{I}_1$ 与 $\dot{I}_2$ 的相量和,而忽略空载励磁电流时,$\dot{I}_1$ 与 $\dot{I}_2$ 相位相反,所以 $\dot{I}$、$\dot{I}_1$ 和 $\dot{I}_2$ 的相量关系变为标量关系。当自耦变压器用作降压变压器时,$k_a > 1$,$I_2 > I_1$,$I_2 = I_1 + I$。由上式可看出,自耦变压器的二次绕组的电流 I_2 由两部分组成:一部分是直接从

电源流来的I_1,另一部分是通过电磁感应从绕组的公共部分流来的I。从而可以得到自耦变压器的额定容量为

$$S_N = U_{1N}I_{1N} = U_{2N}I_{2N} = U_{2N}(I + I_1) = U_{2N}I + U_{2N}I_1 \tag{3-51}$$

式(3-51)表明自耦变压器的额定容量由两部分组成,一部分是由绕组公共部分通过电磁感应的方式传递到二次绕组的容量$U_{2N}I$,亦称为绕组容量;另一部分是由自耦变压器一次直接通过电传导的方式传递到二次绕组的$U_{2N}I_1$。

由此看出一次绕组和二次绕组间不仅有磁的耦合,而且还有电的直接联系,使其功率传递的形式与普通变压器有所不同,它的二次绕线能直接向电源吸取功率,而且这部分功率并不增加绕组的容量。因此若自耦变压器与双绕组变压器额定容量相同,则自耦变压器的绕组容量比双绕组变压器的绕组容量小。因而变压器的体积小,造价低,而且铜耗和铁耗也小,效率高。

以上是针对降压变压器分析的,对于升压自耦变压器,其变比$k_a = \dfrac{N_2}{N_1} > 1$,有相同的结论。

3.7.3 仪用互感器

仪用互感器是一种特殊的变压器,分为电压互感器和电流互感器两种,其工作原理与变压器基本相同。互感器主要用于与小量程的标准化电压表和电流表配合测量高电压、大电流,使测量回路与被测回路隔离,以保护工作人员和测试设备的安全,以及为各类继电保护和控制系统提供控制信号。

1. 电压互感器

图 3-50 是电压互感器的原理接线图。高压绕组作为一次绕组,与被测量电路并联;低压绕组作为二次绕组,接电压表等负载。如仪表的个数不止一个,则各仪表的电压线圈都应并联。电压互感器二次绕组的额定电压统一设计成 100 V。

电压互感器的工作原理和普通降压变压器相同。当忽略漏阻抗作用时

$$\frac{U_1}{U_2} = \frac{N_1}{N_2} \tag{3-52}$$

即
$$U_1 = \frac{N_1}{N_2}U_2 = k_u U_2$$

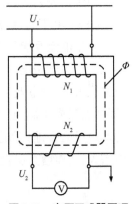

图 3-50 电压互感器原理

k_u 称为电压互感器的变压比,当测量出 U_2 后,被测电压 $U_1 = k_u U_2$。由于电压互感器二次绕组所接的测量仪表(如电压表、功率表的电压线圈等)的阻抗很大,故电压互感器在正常工作时相当于一台空载运行的降压变压器。

实际上电压互感器存在着误差,包括变比误差和相位误差。变比误差的定义为

$$\Delta k_u \% = \frac{k_u U_2 - U_1}{U_1} \times 100\%$$

相位误差是 U_1 和 $-U_2$ 之间的相位差。产生误差的原因是由于忽略漏阻抗和励磁电流。按变比误差的相对值,电压互感器的精度分为 0.2、0.5、1.0 和 3.0 四级,数字越小,准确度越高。例

如 0.5 级的电压互感器,其变比误差极限为 ±0.5%,相位误差极限为 ±20′。

在使用电压互感器时应注意:①二次绕组不允许短路,否则会产生很大的短路电流;②为保证操作人员的安全,二次绕组连同铁芯一起必须可靠接地;③二次绕组不宜接过多的仪表,以免电流过大而引起较大的漏抗压降,影响精确度。

2. 电流互感器

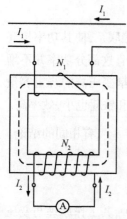

图 3-51 是电流互感器的原理接线图。低压绕组作为一次绕组,与被测量电路串联,高压绕组作为二次绕组,接电流表等负载。电流互感器二次绕组的额定电流一般统一设计成 5 A 或 1 A。

如果将励磁电流 I_0 忽略,根据磁动势平衡关系有 $I_1 N_1 + I_2 N_2 = 0$,即

$$I_1 = -\frac{N_2}{N_1} I_2 = k_i I_2$$

k_i 称为电流互感器的变流比。当测量出 I_2 后,被测电流 $I_1 = k_i I_2$。由于电流互感器二次绕组所接的仪表阻抗很小,故电流互感器在正常工作时相当于一台短路运行的升压变压器。

图 3-51 电流互感器原理

实际上,由于励磁电流和漏阻抗的影响,电流互感器也存在电流误差,其误差为

$$\Delta I\% = \frac{k_i I_2 - I_1}{I_1} \times 100\%$$

相位误差是 I_1 和 $-k_i I_2$ 之间的相位差。根据检测误差的大小,电流互感器分为 0.2、0.5、1.0、3.0 和 10 五级,级次数字越小,精确度越高。

使用电流互感器应注意:①二次绕组不允许开路,否则互感器将成为空载运行,这时线路电流 I_1 全为励磁电流,导致铁芯磁密大大增加,从而使二次绕组感应出很高的电势,容易使绕组绝缘击穿,且危及工作人员及设备,因此为了保证安全,使用仪表时副边应先接入仪表,仪表拆除时,需先将副边短路;②为防止绝缘被击穿带来的安全隐患,电流互感器二次绕组以及铁芯均应可靠接地;③电流互感器不宜接过多仪表,否则二次电流将减小,铁芯磁通和空载电流将增大,从而增大误差,降低电流互感器的精确度。

第4章 交流电机基础

【内容提要】本章主要讲述交流电机绕组的构成及连接规律,正弦磁场下交流电机绕组的感应电动势,感应电动势中的高次谐波,通有正弦电流时单相绕组和对称三相绕组的磁动势。

【重点】交流电机绕组的构成及连接规律。

【难点】正弦磁场下交流电机绕组的感应电动势,感应电动势中的高次谐波,通有正弦电流时单相绕组和对称三相绕组的磁动势。

4.1 交流电机

4.1.1 交流电机的主要型式

交流电机主要分为同步电机和异步电机两大类。同步电机主要用作发电机,是发电站的主要设备,其容量可达 100 万千瓦以上。工农业中使用的交流电几乎都来自于同步发电机。其次,同步电机还可用作电动机,或用作专门向电网发送无功功率的同步补偿机(或称同步调相机)。异步电机主要用作电动机,是工农业生产中使用最广泛的一种电动机,容量从几十瓦到几千千瓦。异步电机也可用作发电机,但数量很少。

同步电机之所以称为同步,原因在于它的转子转速 n 和电网频率 f 之间保持着一个严格的比例关系,即

$$n = \frac{60f}{p} \tag{4-1}$$

其中,p 为电机极对数,n 为转子转速,f 为电网频率。

异步电机的转子转速除与电网频率有关外,还随负载的大小发生变化。负载转矩越大,转子的转速越低,所以一般情况下有

$$n < \frac{60f}{p} \tag{4-2}$$

4.1.2 三相同步发电机

同步发电机的结构如图 4-1 所示。定子上装有三相对称的电枢绕组 U、V、W,各相绕组的构成完全相同,只是空间位置互差 120°,转子上装有励磁绕组,由直流电流励磁,所产生的磁力线从转子的 N 极穿出,经过气隙进入定子铁芯,再从定子铁芯穿出,经过气隙进入转子的 S 极构成闭合回路。

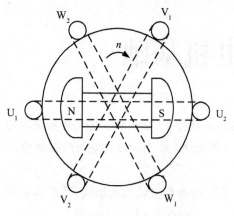

图4-1 三相同步发电机的示意图

如图4-1所示瞬间，N极中心线正好对准U相绕组的线圈边U_1，电动势e_u为最大值；当转子顺时针方向转过120°时，N极中心线正好对准V相绕组的线圈边V_1，电动势e_v为最大值；当转子顺时针方向再转过120°时，e_w为最大值。由此可见，电动势e_v滞后于电动势e_u 120°，电动势e_w滞后于e_v 120°，形成三相交流电动势。

当转子为一对磁极时，转子旋转一圈，定子绕组中的感应电动势变化一周。当转子为两对磁极时，转子旋转一圈，定子绕组中的感应电动势变化两周，频率为$f = \dfrac{pn}{60}$。

4.1.3 三相异步电动机

定子三相绕组通入三相交流电流后，会在电动机的气隙中建立一个旋转磁场。这个旋转磁场的转速叫作同步转速n_1，且

$$n_1 = \frac{60f}{p} \tag{4-3}$$

如果异步电动机的转子以转速n和旋转磁场同方向旋转，则定子旋转磁场切割转子绕组的转速将等于转速差Δn，且有

$$\Delta n = n_1 - n \tag{4-4}$$

由此可见，转子导体产生的转矩是迫使转子随定子旋转磁场转动的。转子导体电势的频率为f_2，且有

$$f_2 = \frac{p\Delta n}{60} = p\frac{n_1 - n}{60} \tag{4-5}$$

随着转子转速n的升高，转速差Δn越来越小，转子电势和电流也越来越小，因此，产生的转矩也越来越小。当转子产生的电磁转矩和静负载转矩相等时，转速稳定下来。

4.2 交流电机的绕组

4.2.1 交流电机绕组的基本要求和概念

1. 交流电机绕组的基本要求和分类

虽然交流电机定子绕组的种类很多，但对各种交流绕组的基本要求却相同。从设计制造和运行性能两个方面考虑，对交流绕组提出如下基本要求：

①三相绕组对称，以保证三相电动势和磁动势对称；

②在导体数一定的情况下，力求获得最大的电动势和磁动势；

③绕组的电动势和磁动势波形力求接近于正弦波;

④端部连线应尽可能短,以节省用铜量;

⑤绕组的绝缘和机械强度可靠,散热条件好;

⑥工艺简单,便于制造,安装和检修方便。

三相交流电机定子绕组根据绕法可分为叠绕组和波绕组,如图4-2所示。按槽内导体层数可分为单层绕组和双层绕组。汽轮发电机及大、中型异步电动机的定子绕组常采用双层叠绕组。

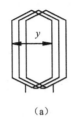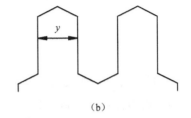

（a） （b）

图4-2 叠绕组和波绕组

（a）叠绕组;（b）波绕组

2. 交流绕组的基本概念

（1）极距 τ

相邻两个磁极轴线之间沿定子铁芯内表面的距离称为极距 τ。极距一般用每个极面下所占的槽数表示。如图4-3所示,定子槽数为 z ,磁极对数为 p ,则有

$$\tau = \frac{Z}{2p} \tag{4-6}$$

（2）线圈节距 y

一个线圈的两个有效边之间所跨过的距离称为线圈的节距 y ,如图4-2所示。节距一般用线圈跨过的槽数来表示。为使每个线圈获得尽可能大的电动势或磁动势,节距 y 应等于或接近于极距 τ 。 $y = \tau$ 的绕组称为整距绕组, $y < \tau$ 的绕组称为短距绕组。

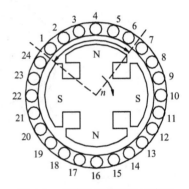

图4-3 交流电机极距的示意图

（3）电角度

电机圆周的几何角度恒为360°,称为机械角度。从电磁观点来看,若转子上有一对磁极旋转一周,定子导体就掠过一对磁极,导体中感应电动势就变化一个周期,即360°电角度。若电机的极对数为 p ,则转子转一周,定子导体中感应电动势就变化 p 个周期,即变化 $p \times 360°$ 。因此,电机整个圆周对应的机械角度为360°,而对应的空间电角度则为 $p \times 360°$,则有

电角度= p × 机械角度 （4-7）

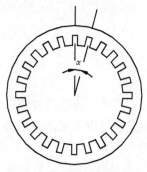

图 4-4　交流电机槽距角的
　　　　示意图

（4）槽距角 α

相邻两个槽之间的电角度称为槽距角 α，如图4-4所示。由于定子槽在定子圆周上是均匀分布的，因此，若定子槽数为 z，电机极对数为 p，则有

$$\alpha = \frac{p \times 360^\circ}{Z} \tag{4-8}$$

（5）每极每相槽数 q

每一个极下每相所占有的槽数为 q，若绕组相数为 m，则

$$q = \frac{Z}{2pm} \tag{4-9}$$

（6）相带

每个极下的导体平均分给各相，则用电角度表示每一相绕组在每个极下所占的范围，称为相带。由于每个磁极占有的电角度是180°，对三相绕组而言，一相占有60°电角度，称为60°相带。由于三相绕组在空间彼此要相距120°电角度，且相邻磁极下导体感应电动势方向相反，根据节距的概念，沿一对磁极对应的定子内圆相带的划分依次为 U_1、W_2、V_1、U_2、W_1、V_2，如图4-5所示。

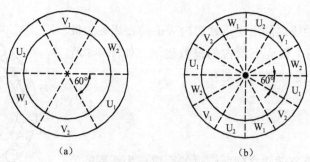

（a）　　　　　　　　　　　　　（b）

图 4-5　60°相带三相绕组

（a）2极；（b）4极

4.2.2　三相单层绕组

交流绕组通常都是三相绕组，从结构形式来讲分为叠绕组和波绕组。交流电机定子绕组常用叠绕组。因此，这里主要讨论叠绕组的构成。

单层绕组每个槽内只有一个元件边，因此，它的元件数等于槽数的一半，多见于小型异步电动机。现以定子槽 $z=24$，极对数 $p=1$，相数 $m=3$ 的定子绕组为例来说明组成绕组的方法。

（1）计算极距

$$\tau = \frac{Z}{2p} = \frac{24}{2 \times 1} = 12 \tag{4-10}$$

（2）计算每极每相槽数

$$q = \frac{Z}{2mp} = \frac{24}{2 \times 3 \times 1} = 4 \tag{4-11}$$

（3）计算槽距角

$$\alpha = \frac{p \times 360^\circ}{Z} = \frac{1 \times 360^\circ}{24} = 15^\circ \tag{4-12}$$

（4）画定子槽展开图并对定子槽进行编号（1~24），如图4-6所示。

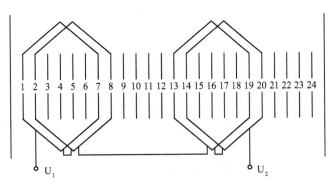

图4-6　U相绕组展开图

（5）划分相带

一个极距内分成三个相带。因为是两极电机，所以定子槽共分为六个相带，每个相带的槽数为4。其中，U_1相带指U相绕组中与首端U_1的电流同方向的线圈边，它们在23、24、1、2号定子槽中，也可以说U_1相带包括线圈边23、24、1、2。U_2相带包括U相绕组中与末端U_2的电流同方向的线圈边11、12、13、14。V_1、W_1相带分别指与该相首端电流同方向的四条线圈边，V_2、W_2相带分别指与V、W相末端电流同方向的四条线圈边。U_1相带与V_1相带的线圈边依次相隔120°电角度，V_1相带与W_1相带的线圈边也依次相隔120°电角度。U_1相带与U_2相带，V_1相带与V_2相带、W_1相带与W_2相带都是线圈边依次相隔180°电角度。相带的分布顺序是U_1—W_2—V_1—U_2—W_1—V_2。

4.2.3　三相双层绕组

双层绕组每个槽内放置上下两层的线圈的有效边，线圈的一个有效边放置在某一槽的上层，另一个有效边则放置在相隔节距为y的另一槽的下层。整台电机的线圈总数等于定子槽数。双层绕组所有线圈尺寸相同，有利于绕制；端部排列整齐，有利于散热。通过合理选择节距y，还可以改善电动势和磁动势波形。

双层绕组按线圈形状和端部连接线的连接方式不同，分为双层叠绕组和双层波绕组，本节仅以$z=36$、$2p=4$、$y=8$的三相异步电动机定子绕组为例，来说明三相双层短距叠绕组的构成原理。

（1）计算极距τ、每极每相槽数p、槽距角α

$$\tau = \frac{Z}{2p} = \frac{36}{2 \times 2} = 9$$

$$q = \frac{Z}{2mp} = \frac{36}{4 \times 3} = 3$$

$$\alpha = \frac{p \times 360°}{Z} = \frac{2 \times 360°}{36} = 20°$$

（2）分相

根据 $q = 3$，按 $60°$ 相带次序 U_1、W_2、V_1、U_2、W_1、V_2 对上层线圈有效边进行分相，即 1，2，3 三个槽为 U_1；4，5，6 三个槽为 W_2；7，8，9 三个槽为 V_1……依次类推。

（3）构成相绕组并绘出展开图

根据上述对上层线圈边的分相以及双层绕组的下线特点，一个线圈的一个有效边放在上层，另一个有效边放在下层。如 1 号线圈一个有效边放在 1 号槽上层（实线表示），则另一个有效边根据节距 $y = 8$ 应在 9 号槽下层（用虚线表示），依次类推。一个极下属于 U_1 相的 1，2，3 三个线圈同向串联构成一个线圈组（也称极相组），再将第二个极下属于 U_2 相的 10，11，12 三个线圈串联构成第二个线圈组。同样方法，另两个极下属于 U 相的 19，20，21 和 28，29，30 线圈分别构成第三、第四个线圈组，这样每个极下都有一个属于 U 相的线圈组，所以双层绕组的线圈组数和磁极数相等。然后根据电动势相加的原则把 4 个线圈组串联起来，组成 U 相绕组，如图 4-7 所示。V、W 相类同。

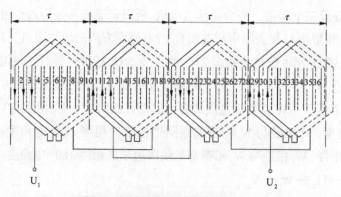

图 4-7　双层短距绕组展开图（$a=1$）

各线圈组也可以采用并联连接，通常用 a 表示每相绕组的并联支路数。如图 4-7 所示，$a = 1$，即有一条并联支路。随着电机容量的增加，则要求增加每相绕组的并联支路数。如本例绕组也可以通过改变接线构成 2 条或 4 条并联支路，则 $a = 2$ 或 $a = 4$。由于每相线圈组数等于磁极数，其最大可能并联支路数 a_{max} 等于每相线圈组数，也等于磁极数，即 $a_{max} = 2p$。

由于双层绕组是按上层分相的，线圈的另一个有效边是按节距放在下层的，所以可以任意选择合适的节距来改善电动势或磁动势波形，故其技术性能优于单层绕组。一般稍大容量的电机均采用双层绕组。

4.3　正弦磁场下交流绕组的电动势

上一节已经对绕组的构造有了一些概念，现在从产生电动势方面分析绕组的构成原理。从导体电势开始分析，逐级说明如何构成元件、元件组和相绕组，最后说明三相绕组的构成原理。

4.3.1 一根导体的电动势

图 4-8 所示为数一台二极交流发电机,转子通以直流励磁并由原动机拖动以速度 n 逆时针方向旋转,定子上导体 A 将切割转子直流旋转磁场而感应电动势 $e = Blv$。由于导体 A 交替切割 N、S 极磁场,因而电动势为交变电动势。

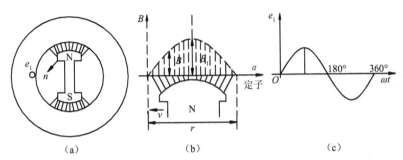

图 4-8　气隙磁场正弦分布时导体内的感应电动势
(a)两极交流发电机;(b)主极磁场在空间的分布;(c)导体中感应电动势的波形

1. 电动势的波形
设主磁场在气隙内正弦分布如图 4-8(b)所示,磁通密度可表示为

$$B = B_1 \sin \alpha \tag{4-13}$$

其中,B_1 为气隙磁场的最大幅值;α 为距离原点的电角度;坐标取在转子上,原点位于磁极间隔中间位置。为便于分析,将主磁极视为不动,导体向与主磁极转向相反的方向旋转,如图 4-8(a)中为顺时针方向。当导体切割 N 极磁场时,根据右手定则,电动势的方向是从纸面出来,用 ⊙ 表示;当导体切割 S 极磁场时,电动势的方向是进入纸面,用 ⊗ 表示。由此可见,当连续不断地切割交替排列的 N 极和 S 极磁场时,导体内的感应电动势是一个交流电动势。

设 $t = 0$ 时,导体位于磁极间隔中间位置或将要进入 N 极的位置,转子旋转的角频率为 ω。当时间为 t 时,导体转过 α 角,$\alpha = \omega t$,则导体中的感应电动势

$$e = Blv = B_1 lv \sin \omega t = \sqrt{2} E \sin \omega t \tag{4-14}$$

其中,l 为导体的有效长度;v 为导体切割主磁极磁场的速度,E 为导体感应电动势的有效值,$E = B_1 lv / \sqrt{2}$。由此可见,若磁场为正弦分布,主磁极为恒速旋转,则定子导体中的感应电动势是随时间正弦变化的交流电动势,如图 4-8(c)所示。

2. 电动势的频率
若电机为两极,极对数 $p = 1$,则转子旋转一周时,定子线圈中的感应电动势恰好交变一次。若电机为 p 对极,则转子每旋转一周,定子线圈中的感应电动势将交变 p 次;设转子每分转数为 n,则感应电动势的频率(单位为 Hz)应为

$$f = \frac{pn}{60} \tag{4-15}$$

我国工业用标准频率规定为 50 Hz,故电机的极对数乘以转速应为加 $pn = 3\,000$,此转速

称为同步转速,用 n_1 表示。例如 $2p = 2$ 时,同步转速应等于 3 000 r/min。

3. 导体基波电动势的有效值

根据式(4-14),导体电动势的有效值为

$$E = B_1 lv / \sqrt{2}$$

由于

$$v = \pi D \frac{n}{60} = 2\tau f$$

其中, D 为定子内径, τ 为极距, $\tau = D/2p$。将 v 代入 E,可得

$$E = \frac{B_1 l}{\sqrt{2}} 2\tau f = \sqrt{2} f B_1 \tau l \tag{4-16}$$

若主磁场在气隙内正弦分布,则一个极下的平均磁通密度 $B_{av} = \frac{2}{\pi} B_1$,一个极下的磁通量 Φ 等于平均磁通密度 B_{av} 乘以每极的面积 τl,即

$$\Phi = B_{av} \tau l = \frac{2}{\pi} B_1 \tau l \tag{4-17}$$

于是式(4-16)可进一步改写为

$$E = \frac{1}{\sqrt{2}} \pi f \left(\frac{2}{\pi} B_1 \tau l \right) = 2.22 f \Phi \tag{4-18}$$

其中,磁通量 Φ 的单位为 Wb,电动势 E 的单位为 V。

4.3.2 整距线圈的电动势

由于导体中的电动势随时间正弦变化,故可用相量来表示。

整距线圈的节距 $y_1 = \tau$,若线圈为单匝,则一根导体位于 N 极下最大磁密处时,另一根导体恰好位于 S 极下最大磁密处,如图 4-9(a)所示。此时,两根导体中电动势的瞬时值总是大小相等,方向相反。若把导体电动势的正方向都规定为从上到下,该两电动势相量的方向恰好相反,如图 4-9(b)所示。

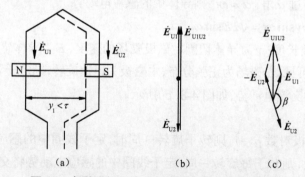

图 4-9 气隙磁场正弦分布时导体内的感应电动势

(a)线圈空间分布图;(b)整距线圈;(c)短距线圈

于是每个线圈的电动势为

$$\dot{E}_{U1U2} = \dot{E}_{U1} - \dot{E}_{U2} = 2\dot{E}_{U1} \qquad (4-19)$$

有效值为

$$E_{U1U2} = 2E_{U1} = 4.44f\Phi \qquad (4-20)$$

电机中一个元件可能有许多线匝串联而成,如果一个元件的串联匝数为 N_y,则一个整距元件的电动势为

$$E_y = 4.44fN_y\Phi \qquad (4-21)$$

4.3.3　短距线圈的电动势

短距线圈的节距 $y < \tau$,用电角度表示时,节距为 $\beta = \dfrac{y}{\tau} \times 180°$。如图 4-9(c)所示。若线圈为单匝,两根导体中的电动势 $\dot{E}_{U1}$ 和 $\dot{E}_{U2}$ 在时间相位上将相差 β 角。此时,单匝线圈的电动势应为

$$\dot{E}_{U1U2} = \dot{E}_{U1} - \dot{E}_{U2} = E\angle 0° - E\angle\beta \qquad (4-22)$$

根据相量图中的几何关系,可求出单匝线圈电动势的有效值 E_{U1U2} 为

$$E_{U1U2} = 2E_{U1}\cos\frac{180° - \beta}{2} = 2E_{U1}\sin\frac{y}{\tau}90° = 4.44fk_y\Phi \qquad (4-23)$$

若线圈为 N 匝,则线圈电动势的有效值为

$$E_y = 4.44fN_yk_y\Phi \qquad (4-24)$$

其中,k_y 为线圈的基波节距因数,它表示线圈短距时感应电动势比整距时应打的折扣。

$$k_y = \sin\frac{y}{\tau}90° \qquad (4-25)$$

由于短距时线圈电动势为导体电动势的相量和(即几何和),而整距时线圈电动势为导体电动势的代数和,故除整距时 $k_y = 1$ 以外,短距时 k_y 恒小于 1。

短距虽然对基波电动势的大小稍有影响,但当主磁极磁场中含有谐波磁场时,它能有效地抑制谐波电动势,故一般的交流绕组大多采用短距绕组。

4.3.4　线圈组电动势

由前述知,每个极(双层绕组时)或每对极(单层绕组时)下有 q 个线圈串联,组成一个线圈组,所以线圈组的电动势等于 q 个串联线圈电动势的相量和。

现以三相四极 36 槽的交流绕组为例,其槽距角为 $\alpha = \dfrac{2p \times 180°}{z} = \dfrac{2 \times 2 \times 180°}{36} = 20°$,每极每相槽数 $q = \dfrac{z}{m \times 2p} = \dfrac{36}{2 \times 2 \times 3} = 3$。

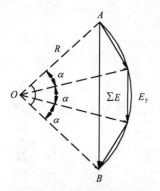

图 4-10　线圈组元件的计算

由 q 和 α 绘出 3 个线圈的电动势及其相量和如图 4-10 所示。图中，O 为线圈电动势构成的正多边形的外接圆圆心，R 为半径。线圈组电动势的有效值为

$$\sum E = \overline{AB} = 2R\sin\frac{q\alpha}{2} \quad (4\text{-}26)$$

其中

$$R = \frac{E_y}{2\sin\dfrac{\alpha}{2}} \quad (4\text{-}27)$$

所以

$$\sum E = qE_y\frac{\sin\dfrac{q\alpha}{2}}{q\sin\dfrac{\alpha}{2}} = qE_y k_p \quad (4\text{-}28)$$

其中，$k_p = \dfrac{\sin\dfrac{q\alpha}{2}}{q\sin\dfrac{\alpha}{2}}$ 称为绕组的分布系数。

当 $q>1$ 时，$k_p<1$，称为分布绕组；$q=1$ 时，$k_p=1$，称为集中绕组。

把式（4-24）带入式（4-28）中得线圈组电动势的有效值为

$$\sum E = 4.44fqN_y k_y k_p \Phi_m = 4.44fqN_y k_\omega \Phi_m \quad (4\text{-}29)$$

其中，$k_\omega = k_y \times k_p$ 称为绕组系数，它涉及由于短距和分布引起线圈组电动势减小的程度。

4.3.5　相电动势和线电动势

在多极电机中每相绕组均由处于不同极下一系列线圈组构成。这些线圈组既可串联，也可并联。此时，绕组的相电动势等于此相每一并联支路所串联的线圈组电动势之和。如果设每相绕组的串联匝数（即每一并联支路的总匝数）为 N，每相并联支路数为 a，则相电动势为

$$E_\Phi = 4.44Nk_\omega f\Phi \quad (4\text{-}30)$$

其中，$N = \dfrac{p}{a}qN_y$（单层绕组）；$N = \dfrac{2p}{a}qN_y$（双层绕组）。

若三相绕组是星形接法，则线电动势为 $E_l = \sqrt{3}E_\Phi$；若三相绕组是三角形接法，则线电动势为 $E_l = E_\Phi$。

【例 4-1】　一台同步发电机，已知定子槽数 $z=36$，极对数 $2p=2$，节距 $y=14$，每个线圈匝数 $N=1$，并联支路数 $a=1$，频率 $f=50$ Hz，每极磁通量 $\Phi=2.45$ Wb。试求：（1）导体电动势 E；（2）线圈电动势 E_y；（3）线圈组电动势 $\sum E$；（4）相电动势 E_Φ。

解：

（1）导体电动势

$$E = 2.22f\Phi = 2.22 \times 50 \times 2.45 = 272 \text{ V}$$

（2）线圈电动势

$$\tau = \frac{z}{2p} = \frac{36}{2} = 18$$

$$k_y = \sin\frac{y}{\tau}\frac{\pi}{2} = \sin\frac{14}{18}\frac{\pi}{2} = 0.94$$

$$E_y = 4.44fNk_y\Phi = 4.44 \times 50 \times 1 \times 0.94 \times 2.45 = 511.3 \text{ V}$$

（3）线圈组电动势

$$q = \frac{z}{2pm} = \frac{36}{6} = 6$$

$$\alpha = \frac{60°}{6} = 10°$$

$$k_p = \frac{\sin\dfrac{q\alpha}{2}}{q\sin\dfrac{\alpha}{2}} = \frac{\sin 30°}{6\sin 5°} = 0.956$$

$$\sum E = qE_y\frac{\sin\dfrac{q\alpha}{2}}{q\sin\dfrac{\alpha}{2}} = 6 \times 511.3 \times 0.956 = 2\,932.8 \text{ V}$$

（4）相电动势 $k_\omega = k_y \times k_p = 0.94 \times 0.956 = 0.899$

$$N = (2p/a)qN = 2 \times 6 \times 1 = 12$$

$$E_\Phi = 4.44Nk_\omega f\Phi = 4.44 \times 12 \times 0.899 \times 50 \times 2.45 = 5\,867.5 \text{ V}$$

4.4 交流绕组中的谐波电势

4.4.1 谐波电势的影响

一般在交流电机中,磁极磁场不可能为正弦波。比如,在凸极同步电机中,磁极磁场沿电机电枢表面一般呈平顶波形,如图 4-11 所示。

如图 4-11 所示,磁极磁场不仅对称于横轴,且和磁极中心线对称。应用傅立叶级数将其分解可得到基波和一系列奇次谐波,图 4-11 中分别画出了其第 3 次和第 5 次谐波。由于基波和高次谐波都是空间波,所以磁密波也为空间波。

对于第 ν 次谐波磁场,其极对数为基波的 ν 倍,而极距则为基波的 $1/\nu$。谐波磁场随转子旋转而形成旋转磁场,其转速与基波相同,均为转子的转速 n,因此,谐波磁场在定子绕组中感应电动势的频率为

$$f_\nu = \frac{p_\nu n_\nu}{60} = \frac{\nu p n}{60} = \nu f \qquad (4\text{-}31)$$

对比式（4-29）可以得出 ν 次谐波电动势的有效值为

$$E_{\Phi\nu} = 4.44Nk_{\omega\nu}f_\nu\Phi \qquad (4\text{-}32)$$

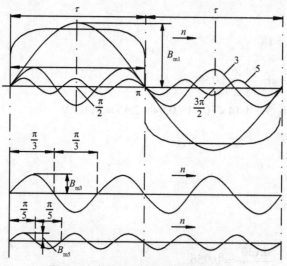

图 4-11　主磁极磁密的空间分布曲线

其中，ν 次谐波的每极磁通量

$$\Phi_{\nu} = \frac{2}{\pi} B_{\nu} \tau_{\nu} l = \frac{2}{\pi} B_{\nu} \frac{1}{\nu} \tau l \qquad (4-33)$$

其中，B_{ν} 是 ν 次谐波磁通密度的幅值。ν 次谐波的绕组系数为

$$k_{\omega\nu} = k_{y\nu} \times k_{p\nu} \qquad (4-34)$$

对于 ν 次谐波来说，因为其极对数是基波的 ν 倍，所以 ν 次谐波的电角度也为基波的 ν 倍，于是 ν 次谐波的短距系数和分布系数分别为

$$k_{y\nu} = \sin \nu \frac{y_1}{\tau} \frac{\pi}{2} \qquad (4-35)$$

$$k_{p\nu} = \frac{\sin \nu \frac{q\alpha}{2}}{q \sin \nu \frac{\alpha}{2}} \qquad (4-36)$$

在计算出各次谐波电动势的有效值后，相电动势的有效值应为

$$E_{\Phi} = \sqrt{E_{\Phi 1}{}^2 + E_{\Phi 3}{}^2 + E_{\Phi 5}{}^2 + \cdots} = E_{\Phi 1}\sqrt{1 + \left(\frac{E_{\Phi 3}}{E_{\Phi 1}}\right)^2 + \left(\frac{E_{\Phi 5}}{E_{\Phi 1}}\right)^2 + \cdots} \qquad (4-37)$$

计算表明，由于 $\left(\dfrac{E_{\Phi\nu}}{E_{\Phi 1}}\right)^2 \ll 1$，所以 $E_{\Phi} \approx E_{\Phi 1}$，也就是说高次谐波电动势对相电动势的大小影响很小，主要是影响电动势的波形。

由电机磁极磁场非正弦分布所引起的发电机定子绕组电动势的高次谐波产生了许多不良的影响。例如，使发电机电动势波形变坏；使电机本身的附加损耗增加，效率降低，温升增高；使输电线上的线损增加，并对邻近的通信线路或电子装置产生干扰；可能引起输电线路的电感和电容发生谐振，产生过电压；使感应电机产生附加损耗和附加转矩，影响其运行性能。

4.4.2 削弱谐波电势不良影响的方法

为了尽量减少上述问题产生,应该采取一些方法来尽量削弱电动势中的高次谐波,使电动势波形接近于正弦。从数学分析中可以发现,谐波次数越高,其幅值就越小。因此,主要考虑削弱次数较低的奇次谐波电动势,如3、5、7等次的谐波电动势。一般常用的方法如下。

1. 使气隙磁场沿电枢表面的分布尽量接近正弦波形

对于凸极式电机,由于其气隙不均匀,因此,一般采用改善磁极的极靴外形的方法来改善气隙磁场波形,如图4-12(a)所示。对于隐极式电机,由于其气隙比较均匀,因此,主要通过合理安放励磁绕组来改善气隙磁场波形,如图4-12(b)所示。

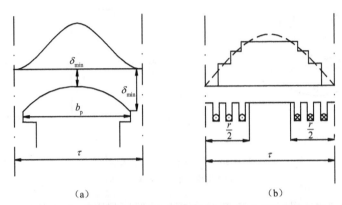

图4-12 凸极电机的极靴外形和隐极电机的励磁绕组的布置

(a)凸极电机;(b)隐极电机

2. 利用三相对称绕组的联结来消除线电动势中的3次及其倍数次奇次谐波电动势

三相电动势中的三次谐波大小相等,相位上彼此相差 $3 \times 120° = 360°$,即相位也相同。当三相绕组采用星形联结时,线电动势为两相电动势的相量差,所以,线电动势中的三次谐波为零,同理三次谐波的倍数次奇次谐波也不存在。当采用三角形联结时,由于线电动势等于相电动势,所以 $3E_{\Phi3}$ 在闭合的三角形中形成环流,3次谐波电动势 $E_{\Phi3}$ 恰好与环流的阻抗压降平衡,所以在线电动势中不会出现3次谐波,同理也不会出现3次谐波的倍数次奇次谐波。

因此,对称三相绕组无论采用星形还是三角形连接,线电动势中都不存在3次及其3的倍数次谐波。由于采用三角形联结时,闭合回路中的环流会引起附加损耗,所以现代同步发电机一般多采用星形联结。

3. 采用短距绕组来削弱高次谐波电动势

前面讲三相双层绕组时,已经提过采用短距绕组可削弱高次谐波电动势。原因是当取线圈(元件)的跨距 $y = \dfrac{\nu-1}{\nu}\tau$ 时,$k_{y\nu} = \sin(\nu-1) \times 90° = 0$,则 ν 次谐波电动势为零。由于三相绕组采用星形或三角形联结时,线电压中已经消除了3次及3的倍数次谐波。因此,在选择绕组节距时,主要考虑同时削弱5次和7次谐波电动势。由此,通常取 $y = \dfrac{5}{6}\tau$,这时5次和7次谐波电动势都得到较大的削弱。

4.5 单相绕组的磁动势——脉振磁动势

4.5.1 整距集中线圈的基波磁动势

设有一台两极交流电机,气隙均匀,其中一个整距线圈 U_1、U_2 通过正弦交流电流 I,线圈磁动势在某瞬间的分布如图 4-13(a)所示。

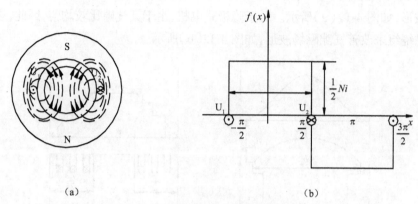

图 4-13 全距集中绕组的磁动势

(a)磁力线分布;(b)磁动势波形

若线圈的匝数为 N,根据全电流定律,每根磁感线所包围的全电流均为

$$\oint Hdl = \sum i = Ni \tag{4-38}$$

将图 4-13(a)展开为图 4-15(b)。取 U_1、U_2 线圈的轴线位置作为坐标原点。若忽略铁芯磁阻,则线圈磁动势完全降落在两个气隙上,每个气隙磁动势均为 $\frac{1}{2}Ni$。显然,整距线圈所产生的磁动势在空间分布曲线为一矩形波,幅值为 $\frac{1}{2}Ni$,如图 4-13(b)所示。

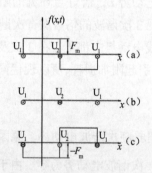

图 4-14 不同瞬间的脉振磁通

(a)$\omega t = 0°, i = I_m$;(b)$\omega t = 90°, i = 0$;(c)$\omega t = 180°, i = -I_m$

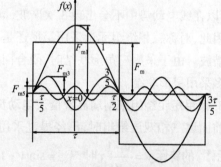

图 4-15 矩形波磁通势的分解

设线圈中电流大小按余弦规律变化,即 $i = \sqrt{2}I\cos\omega t$,则整距线圈磁动势的表达式为

$$f_1(x) = \frac{1}{2}Ni = \frac{\sqrt{2}}{2}NI\cos\omega t = F_{m1}\cos\omega t \tag{4-39}$$

其中，$F_m = \dfrac{\sqrt{2}}{2}NI$ 为气隙磁动势的最大值。

式（4-39）说明矩形波的高度随时间按正弦规律变化，变化的频率即为交流电流的频率。当电流为零时，矩形波的高度也为零；当电流最大时，矩形波的高度也最大；电流改变方向时，磁动势也随之改变方向，如图4-14所示。磁动势在任何瞬时，空间分布总是一个矩形波。这种空间位置固定，幅值大小和方向随时间而变的磁动势称为脉振磁动势。

图4-13（b）的矩形磁动势可按傅立叶级数分解为基波和一系列奇次谐波的磁动势，如图4-15所示，其展开式为

$$
\begin{aligned}
f(x,t) &= f_1 \cos\frac{\pi}{\tau}x + f_3 \cos\frac{3\pi}{\tau}x + \cdots + f_\nu \cos\frac{\pi}{\tau}x + \cdots \\
&= F_{m1}\cos\omega t \cos\frac{\pi}{\tau}x + F_{m3}\cos\omega t \cos\frac{3\pi}{\tau}x + \cdots + F_{m\nu}\cos\omega t \cos\frac{\pi}{\tau}x + \cdots
\end{aligned}
\tag{4-40}
$$

其中，ν 为谐波次数；$\dfrac{\pi}{\tau}x$ 为用电角度表示的空间距离；$F_{m1} = \dfrac{4}{\pi} \times \dfrac{\sqrt{2}}{2}NI = 0.9NI$ 为基波磁动势的最大幅值；$F_{m\nu} = \dfrac{1}{\nu}0.9NI$ 为 ν 次谐波磁动势的最大幅值。

式（4-40）中的第一项即为基波分量磁动势，可见，整距线圈的基波磁动势在空间按余弦分布，其幅值位于线圈轴线，零值位于线圈边，空间每一点磁动势的大小均随时间按正弦规律变化，故整距线圈的磁动势的基波仍是脉振磁动势，其磁动势的最大幅值为 F_{m1}。

4.5.2 整距分布线圈组的磁动势

每个线圈组是由 q 个相同匝数的线圈串联组成，各线圈依次沿定子圆周在空间错开一个槽距角 α。因此，每个线圈所产生的基波磁动势幅值相同，而幅值在空间位置相差 α 电角度。把 q 个线圈基波磁动势逐点相加，可得合成磁动势，如图4-16（a）所示。

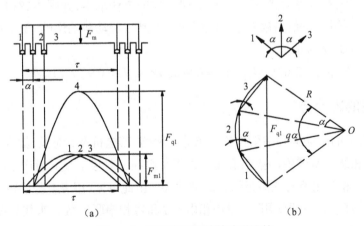

图4-16 整距线圈组的基波磁通势

（a）空间分布图；（b）相量图

由于基波磁动势在空间按余弦规律分布，故它可用空间矢量表示，线圈组的基波磁动势为

每个线圈基波磁动势空间矢量和。设 $q=3$，如图 4-16（b）所示，整距分布绕组基波磁动势如同电动势计算一样，因此，引入同一基波分布系数 k_{p1} 来考虑线圈分布对基波磁动势的影响，于是得到整距分布线圈组基波磁动势的最大幅值为

$$F_{pm1} = qF_m k_{p1} = 0.9(qNI)k_{p1} \tag{4-41}$$

4.5.3　一组双层短距分布绕组的基波磁动势

如图 4-17 所示，$q=3$，$\tau=9$，$y=8$ 的双层短距绕组在一对极下属于同一相的两个线圈组。可见，上下层导体移开一个距离 β，即节距缩短所对应的电角度 $\beta=180°-\gamma$。

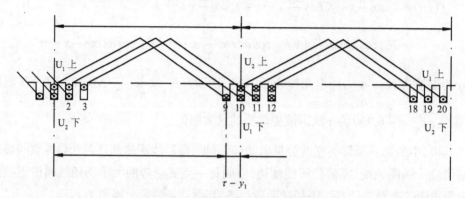

图 4-17　双层短距分布绕组线圈组

由于绕组所建立的磁动势的大小、波形只取决于导体的分布情况和导体中电流的方向，而与导体间的连接次序无关。因此可将上层绕组边等效地看成是一个单层整距分布线圈组；下层绕组边等效地看成是另一个单层整距分布线圈组，上下两个线圈组在空间相差 $180°-\gamma$ 电角度。如图 4-18（a）所示，每个线圈组都可用求整距分布线圈组磁动势的方法求得其基波磁动势，而短距分布线圈组磁动势，可用空间矢量相加的方法求得，如图 4-18（b）、（c）所示。如同电动势一样也可引入短距系数来考虑绕组短距对基波磁动势的影响，于是双层短距分布绕组的基波磁动势的最大幅值为

$$F_{\omega m1} = 2F_{pm1}k_{y1} = 2(0.9qNk_{p1}I)k_{y1} = 0.9(2qNk_{y1}k_{p1}I) = 0.9(2qN)k_{\omega1}I \tag{4-42}$$

4.5.4　相绕组的磁动势

因为每对极下的磁动势和磁阻构成一条分支磁路，若电机有 p 对极，就有 p 条并联的对称分支磁路，故一相绕组基波磁动势幅值便是该相绕组在一对极下线圈所产生的基波磁动势幅值，而不是组成一相绕组所有线圈组的合成磁动势。由此可见，相绕组基波磁动势最大幅值仍可用式（4-42）计算。为方便使用，一般用相电流 I 和每相串联匝数 N 来代替线圈中电流 I_c 和线圈匝数 N_c。若绕组并联支路数为 a，则由式（4-42）并考虑其基波分量得到

$$F_{\Phi1} = 0.9\frac{Nk_{\omega1}}{p}I \tag{4-43}$$

其中，$I = aI_c$，N 为每相串联匝数。

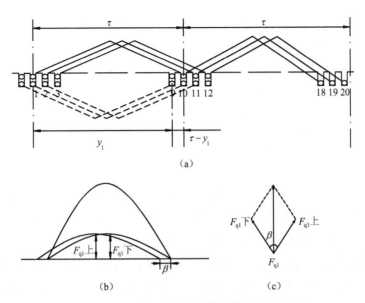

图 4-18 双层短距分布绕组线圈的基波磁动势

（a）等效的单层整距线圈组；（b）上下层基波磁动势的合成；（c）相量图

单相绕组的基波磁动势仍为空间、幅值大小随时间按余弦规律分布的脉振磁动势，其表达式为

$$f_{\Phi 1}(x,t) = F_{\Phi 1} \cos \omega t \cos \frac{\pi}{\tau} x \qquad (4\text{-}44)$$

4.6 三相绕组的磁动势——旋转磁动势

三相交流电流通过三相绕组产生旋转磁动势的基本原理已在前面作了物理解释。在上节分析相绕组磁动势的基础上，将一个相绕组的磁动势叠加，便可求出三相绕组的合成磁动势。为了分析问题方便，可以将实际的短距分布绕组用等效的整距集中绕组来代替。下面用比较直观的图解法来分析。

图 4-19 为三相对称交流电流的波形。假定某瞬间电流为正值时，从绕组的末端流入，首端流出；某瞬间电流为负值时，则从绕组的首端流入，末端流出。

通过上一节的分析可知，每相交流电流产生脉动磁动势的大小与电流成正比，其方向可用右手定则确定。每相磁动势的幅值位置均处在该相绕组的轴线上。

从图 4-19 可见，当 $\omega t = 0°$ 时，$i_{U1} = I_m$，$i_{V1} = i_{W1} = -\dfrac{I_m}{2}$。三相基波合成磁动势幅值的位置恰

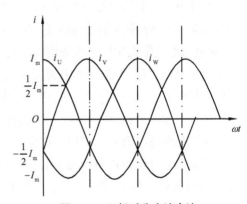

图 4-19 三相对称交流电流

好在电流达到最大值的 U 相绕组轴线上,方向与 U 相绕组的磁动势方向相同。三相基波合成磁动势的幅值等于 U 相基波磁动势幅值与该处的 V、W 两相基波磁动势之和。由于 U 相电流为最大值,V、W 两相电流等于最大值的一半,因此,V、W 两相的基波磁动势幅值仅为 U 相的一半,如图 4-20(a)所示。又因为 U 相基波磁动势幅值与 V、W 两相基波磁动势幅值的空间位置相差 60°,所以在 U 相基波磁动势幅值处,V、W 两相的基波磁动势仅为 U 相的 1/4。因此,三相基波合成磁动势的幅值等于电流为最大值时的相绕组基波磁动势幅值的 3/2 倍,即 $F_1 = \dfrac{3}{2} F_{\Phi 1}$。

按同样方法,继续分析 $\omega t = 120°$、240°、360° 的几个瞬间,当 $\omega t = 120°$ 时,V 相电流达到最大值,合成磁动势 F_1 旋转到 V 相绕组的轴线上,如图 4-20(b)所示。当 $\omega t = 240°$ 时,W 相电流达到最大值,合成磁动势 F_1 旋转到 W 相绕组的轴线上,如图 4-20(c)所示。当 $\omega t = 360°$ 时,U 相电流达到最大值,合成磁动势 F_1 旋转到 U 相绕组的轴线上,如图 4-20(d)所示。从图中可见,各个时刻合成磁动势的幅值始终保持不变。同时,电流变化一个周期,合成磁动势 F_1 相应的在空间旋转 360° 电角度。对于一对极电机,合成磁动势 F_1 也旋转了 360° 机械角度,即旋转了一周。对于 p 对极的电机,则合成磁动势 F_1 在空间旋转了 $\dfrac{360°}{p}$ 机械角度,即旋转了 $\dfrac{1}{p}$ 周。因此,p 对极的电机,当电流变化频率为 f_1 时,旋转磁动势在空间的转速为同步转速。

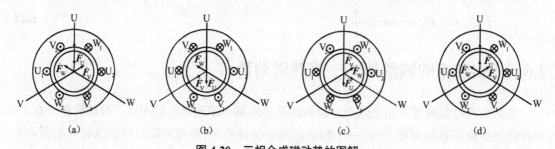

图 4-20　三相合成磁动势的图解
(a) $\omega t = 0°$;(b) $\omega t = 120°$;(c) $\omega t = 240°$;(d) $\omega t = 360°$

图 4-19 中,电流的相序为 U—V—W,则合成磁动势旋转方向便沿着 U 相绕组轴线—V 相绕组轴线—W 相绕组轴线的正方向旋转。由此可知,旋转磁动势的转向取决于电流的相序,它是由电流领先相向电流滞后相旋转。若要改变电机定子旋转磁动势的转向,只要改变三相交流电流的相序,即把三相电源接到电机三相绕组的任意两根导线对调,三相绕组中的电流相序就将改变为 U—V—W,旋转磁动势随之改变为反方向旋转。

通过上面的分析,可以看出三相基波合成磁动势具有如下特点。

①三相对称电流通入三相对称绕组时,基波合成磁动势为旋转磁动势。

②旋转磁动势的转向取决于电流的相序,是从电流超前的相绕组向着电流比它滞后 120° 的相绕组旋转。因此,改变通过三相绕组电流的相序,就能够改变基波合成磁动势的旋转方向。

③当某相绕组电流达到最大值时,基波合成磁动势的幅值必然在该相绕组的中心线上,而

110

且基波合成磁动势的方向与该相绕组的磁动势方向相同。

④电流相量在时间上经过的电角度正好等于基波合成磁动势在空间旋转的电角度,如果极对数为 p ,电流频率为 f_1 ,则基波合成磁动势的转速数值为

$$n_0 = \frac{60 f_1}{p} \tag{4-45}$$

其中, f_1 为定子电流频率的数值。

⑤基波合成磁动势的幅值(恒定不变)等于电流为最大值时相绕组基波脉振磁动势幅值的 3/2 倍(对 m 相绕组则为 m /2 倍)。

第5章 异步电动机

【内容提要】本章主要讲述三相异步电动机的基本结构及工作原理,空载运行和负载运行,等效电路和相量图,功率平衡和电磁转矩,工作特性,参数测定以及单相异步电动机的基本工作原理。培养学生异步电动机建模、性能分析和相关参数计算与测定的能力。

【重点】三相异步电动机的工作原理,等效电路,功率平衡和电磁转矩,工作特性,参数测定。

【难点】三相异步电动机的等效电路与参数测定。

异步电动机是一种旋转电机,它的转速除与电网频率有关外,还随负载的大小而变。异步电动机结构简单,价格低廉,运行可靠,坚固耐用并有较好的工作特性。特别是笼型异步电动机,即使是用在周围环境较差、粉尘较大的场合,仍能很好地运行。异步电动机的不足之处是功率因数稍差,运行时需从电网吸收滞后的无功功率,这一缺点在轻载和启动时更为突出,但现在各类晶闸管节能启动器已经陆续问世,能有效地解决这一问题,加之电网的功率因数也可用其他方法加以补偿,因此异步电动机的这一缺点对其广泛应用并无很大影响。

5.1 三相异步电动机的基本结构及工作原理

5.1.1 三相异步电动机的基本结构

异步电动机是由定子和转子两大部分组成,定转子之间有气隙,为减少励磁电流、提高功率因数,气隙应做得尽可能小。按转子结构不同,异步电动机分为笼型异步电动机和绕线转子异步电动机两种。这两种电动机定子结构完全一样,只是转子结构不同。图 5-1 为笼型异步电动机的结构图。

1. 定子

异步电动机定子由定子铁芯、定子绕组和机座三个主要部分组成。定子铁芯是电机磁路的一部分,由涂有绝缘漆的 0.5 mm 硅钢片叠压而成。在定子铁芯内圆周上冲满槽,槽内安放定子三相对称绕组,大、中容量的高压电动机常常联结成星形,只引出三根线,而中、小容量的低压电动机常把三相绕组的六个出线头都引到接线盒中,可以根据需要联结成星形和三角形。整个定子铁芯装在机座内,机座主要起支撑和固定作用。

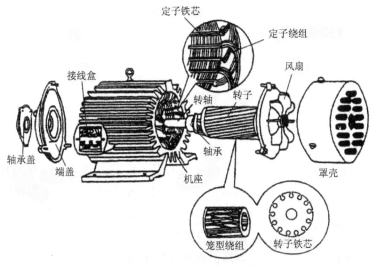

图 5-1 笼型异步电动机结构图

2. 转子

异步电动机转子由转子铁芯、转子绕组和转轴组成。转子铁芯也是磁路的一部分,由 0.5 mm 硅钢片叠成,铁芯与转轴必须可靠地固定,以便传递机械功率。转子铁心的外圆周上也冲满槽,槽内安放转子绕组。转子绕组分绕线型和笼型两种,绕线型转子为三相对称绕组,常联结成星形,三条出线通过轴上的三个滑环及压在其上的三个电刷把电路引出。这种电动机在启动和调速时,可以在转子电路中串入外接电阻或进行串级调速,绕线转子异步电动机转子绕组联结如图 5-2 所示。

笼型转子绕组由槽内的导条和端环构成多相对称闭合绕组,有铸铝和插铜条两种结构。铸铝转子把导条、端环和风扇一起铸出,结构简单、制造方便,常用于中、小型电动机。插铜条式转子把所有的铜条和端环焊接在一起,形成短路绕组。笼型转子如果把铁芯去掉单看绕组部分形似鼠笼,如图 5-3 所示,因此称为笼型转子。

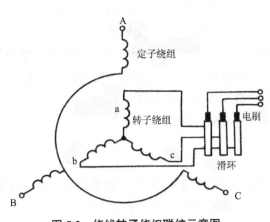

图 5-2 绕线转子绕组联结示意图

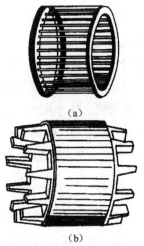

图 5-3 笼型转子绕组

(a)铝导条转子绕组;(b)铸铝转子

3. 气隙

异步电动机的气隙是均匀的。气隙大小对异步电动机的运行性能和参数影响较大，由于励磁电流由电网供给，气隙越大，励磁电流也就越大，它会影响电网的功率因数。因此异步电动机的气隙大小往往为机械条件所能允许到达的最小数值，中型、小型电机一般为 0.1~1 mm。

5.1.2 三相异步电动机的工作原理

1. 基本工作原理

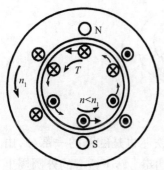

图 5-4 异步电动机工作原理示意图

在异步电动机的定子铁芯里，嵌放着对称的三相绕组，转子是一个闭合的多相绕组笼型电机。图 5-4 为异步电动机的工作原理图，图中定、转子上的小圆圈表示定子绕组和转子导体。

三相异步电动机定子接三相电源后，电机内便形成一个以同步速 n_1 旋转的圆形旋转磁场，同步转速 n_1 为

$$n_1 = \frac{60f}{p} \qquad (5\text{-}1)$$

设其方向为逆时针旋转，若转子不转，转子鼠笼导条与旋转磁场有相对运动，导条中有感应电动势 e，方向由右手定则确定。由于转子导条彼此在端部短路，于是导条中有电流，不考虑电动势与电流的相位差时，电流方向与电动势方向相同。这样，导条就在磁场中受力，用左手定则确定受力方向，电磁力对转轴形成一个电磁转矩，其作用方向与旋转磁场方向一致，拖着转子顺着旋转磁场的旋转方向旋转，将输入的电能变成旋转的机械能。

综上分析可知，三相异步电动机转动的基本原理是：①三相对称绕组中通入三相对称电流产生圆形旋转磁场；②转子导体切割旋转磁场产生感应电动势和电流；③转子载流导体在磁场中受到电磁力的作用，从而形成电磁转矩，驱使电动机转子转动。

异步电动机的旋转方向始终与旋转磁场的旋转方向一致，而旋转磁场的方向又取决于异步电动机的三相电流相序。因此，三相异步电动机的转向与电流的相序一致。要改变转向，只需改变电流的相序即可，即任意对调电动机的两根电源线，可使电动机反转。

异步电动机的转速恒小于旋转磁场转速，因为只有这样，转子绕组才能产生电磁转矩，使电动机旋转。如果 $n = n_1$，转子绕组与定子磁场之间无相对运动，则转子绕组中无感应电动势和感应电流产生，可见 $n < n_1$，是异步电动机工作的必要条件，也是称为"异步"的原因。把 $\Delta n = n_1 - n$ 称为转速差，而把 Δn 与 n_1 之比称为转差率，用 s 表示为

$$s = \frac{n_1 - n}{n_1} \qquad (5\text{-}2)$$

这是异步电动机的一个重要参数，在很多情况下用 s 表示电动机的转速要比直接用转速 n 方便得多，使运算大为简化。一般异步电动机的额定转差率在 0.02~0.05。它反映异步电动机的各种运行情况。对异步电动机而言，当转子尚未转动（如启动瞬间）时，$n = 0$，此时转差率 s

=1;当转子转速接近同步转速(空载运行)时，$n \approx n_1$，此时转差率$s \approx 0$，由此可见，作为异步电动机，转速在0~n_1变化，其转差率s在0~1变化。

异步电动机负载越大，转速越慢，其转差率就越大;反之，负载越小，转速越大，其转差率就越小。转差率直接反映了转子转速的快慢或电动机负载的大小。

2. 异步电动机的三种运行状态

根据转差率的大小和正负，异步电动机有三种运行状态。

（1）电动机运行状态

当定子绕组接至电源，转子就会在电磁转矩的驱动下旋转，电磁转矩即为驱动转矩，其转向与旋转磁场方向相同，如图5-5（b）所示。此时电动机从电网取得电功率转变成机械功率，由转轴传输给负载。电动机的转速范围为$n_1 > n > 0$，其转差率范围为$0 < s < 1$。

（2）发电机运行状态

异步电机定子绕组仍接至电源，该电机的转轴不再接机械负载，而用一台原动机拖动异步电动机的转子以大于同步速（$n > n_1$）并沿顺时针旋转磁场方向旋转，如图5-5（c）所示。显然，此时电磁转矩方向与转子转向相反，起着制动作用，为制动转矩。为克服电磁转矩的制动作用而使转子继续旋转，并保持$n > n_1$，电机必须不断从原动机输入机械功率，把机械功率变为输出的电功率，因此成为发电机运行状态。此时，$n > n_1$，则转差率$s < 0$。

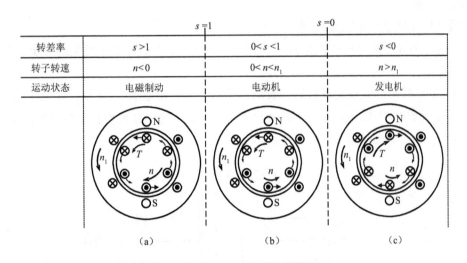

图 5-5 异步电动机的三种运行状态

（a）电磁制动;（b）电动机;（c）发电机

（3）电磁制动状态

异步电动机定子绕组仍接至电源，如果用外力拖着电机逆着旋转磁场的旋转方向转动。此时电磁转矩与电动机旋转方向相反，起制动作用。电动机定子仍从电网吸收电功率，同时转子从外力吸收机械功率，这两部分功率都在电机内部以损耗的方式转化成热能消耗掉。这种运行状态称为电磁制动运行状态。此种情况下，n为负值，即$n < 0$，则转差率$s > 1$。

由此可知，区分这三种运行状态的依据是转差率s的大小。当$0 < s < 1$为电动机运行状

态;当-∞ < s <0 为发电动机运行状态;当 1< s <+ ∞ 为电磁制动运行状态。

综上所述,异步电动机可以作电动机运行,也可以作发电机运行和电磁制动运行。但一般作电动机运行;异步发电机很少使用;电磁制动是异步电动机在完成某一生产过程中出现的短时运行状态。例如,起重机下放重物时,为了安全、平稳,需限制下放速度时,使异步电动机短时处于电磁制动状态。

5.1.3　三相异步电动机的铭牌和主要系列

1. 异步电动机的铭牌数据

异步电动机铭牌上标有下列数据:

①额定功率 P_N,指电动机额定运行时轴端输出的机械功率,单位为 kW;

②额定电压 U_N,指电动机额定运行时定子加的线电压,单位为 V 或 kV;

③额定电流 I_N,指定子加额定电压,轴端输出额定功率时定子线电流,单位为 A;

④额定频率 f_1,我国工频为 50 Hz;

⑤额定转速 n_N,指额定运行时转子的转速,单位为 r / min。

此外铭牌上还标有定子绕组相数、联结方法、功率因数、效率、温升、绝缘等级和质量等。绕线转子异步电动机还标有转子额定电压(指定子绕组加额定电压,转子开路时滑环之间的线电压)和转子额定电流。

2. 国产异步电动机的主要系列

我国生产的异步电动机种类很多,下面介绍一些常见的系列,其他类型的异步电动机可查阅产品样本。

1)J_2、JO_2 系列　这是老系列的一般用途小型笼型异步电动机,它取代了更早的 J、JO 系列。J、J_2 系列是防护式,JO、JO_2 系列是封闭自扇冷式。这些系列现在虽然已被淘汰,但在现场却有大量的这类电动机存在,其型号意义如下:

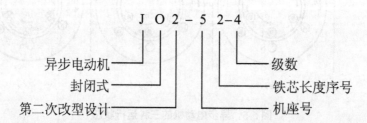

2)Y 系列　这是 20 世纪 80 年代新设计投产的取代 J_2、JO_2 系列的新系列小型通用笼型异步电动机,它符合国际电工协会(IEC)标准,具有国际通用性,其型号意义如下:

116

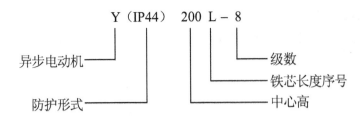

Y（IP44） 200 L－8

异步电动机────

防护形式────

級数────

铁芯长度序号────

中心高────

3）YR 系列　这是新系列绕线转子异步电动机,对应的老系列为 JR。

4）YQ 系列　这是新系列高启动转矩异步电动机,对应的老系列为 JQ。

5）YB 系列　这是小型防爆笼型异步电动机。

6）YCT 系列　这是电磁调速异步电动机。

7）YZ、YZR 系列　是起重运输机械和冶金专用异步电动机,YZ 为笼型,YZR 为绕线转子型。

【例 5-1】一台三相异步电动机,额定功率 P_N =55 kW,电网频率为 50 Hz,额定电压 U_N = 380 V,额定效率 η_N =0.79,额定功率因数 $\cos \varphi_2$ =0.89,额定转速 n_N =570 r/min。试求（1）同步转速 n_1 ;（2）极对数 p ;（3）额定电流 I_N ;（4）额定负载时的转差率 s_N。

解:（1）因电动机额定运行时转速接近同步转速,所以同步转速为 600 r/min。

（2）电动机极对数

$$p = \frac{60 f_1}{n_1} = \frac{60 \times 50}{600} = 5 ,即为 10 极电动机。$$

（3）额定电流

$$I_N = \frac{P_N}{\sqrt{3} U_N \cos \varphi_N \eta_N} = \frac{55 \times 10^3}{\sqrt{3} \times 380 \times 0.89 \times 0.79} = 119 \ A$$

（4）转差率

$$s_N = \frac{n_1 - n_N}{n_N} = \frac{600 - 570}{600} = 0.05$$

5.2　三相异步电动机的空载运行

三相异步电动机的定子和转子之间只有磁的耦合,没有电的直接联系,它是靠电磁感应作用,将能量从定子传递到转子的。这一点和变压器完全相似。三相异步电动机的定子绕组相当于变压器的一次绕组,转子绕组则相当于变压器的二次绕组。因此,分析变压器内部电磁关系的三种基本方法（电压方程式、等效电路和相量图）也同样适用于异步电动机。

5.2.1　空载运行时的电磁关系

三相异步电动机定子绕组接在对称的三相电源上,转子轴上不带机械负载时的运行,称为空载运行。

1. 主、漏磁通的分布

为便于分析,根据磁通经过的路径和性质的不同,异步电动机的磁通可分为主磁通和漏磁通两大类。

（1）主磁通 $\dot{\Phi}_0$

当三相异步电动机定子绕组通入三相对称交流电时,将产生旋转磁动势,该磁动势产生的磁通绝大部分穿过气隙,并同时交链于定子绕组和转子绕组,这部分磁通称为主磁通,用 $\dot{\Phi}_0$ 表示。其路径为:定子铁芯—气隙—转子铁芯—气隙—定子铁芯,构成闭合磁路,如图 5-6（a）所示。

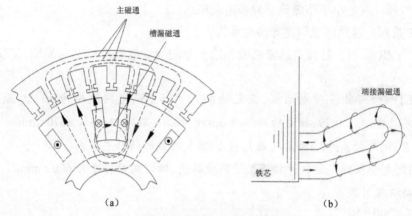

图 5-6　主磁通与漏磁通

（a）主磁通和槽漏磁通；（b）端部漏磁通

由于主磁通同时交链定子绕组和转子绕组而在其中分别产生感应电动势。又由于异步电动机的转子绕组为三相或多相短路绕组,在转子电动势的作用下,转子绕组中有电流通过。转子电流与定子磁场相互作用产生电磁转矩,实现异步电动机的机电能量转换。因此,主磁通起了转换能量的媒介作用。

（2）漏磁通 $\dot{\Phi}_0$

除主磁通外的磁通称为漏磁通,它包括定子绕组的槽部漏磁通和端部漏磁通,如图 5-6 所示,还有由高次谐波磁动势所产生的高次谐波磁通,前两项漏磁通只交链于定子绕组,而不交链于转子绕组。而高次谐波磁通实际上穿过气隙,同时交链定子绕组和转子绕组。由于高次谐波磁通对转子不产生有效转矩,另外,它在定子绕组中感应电动势又很小,且其频率和定子前两项漏磁通在定子绕组中感应电动势频率又相同,它也具有漏磁通的性质,所以就把它当作漏磁通来处理,故又称作谐波漏磁通。

由于漏磁通沿磁阻很大的空气形成闭合回路,因此它比主磁通小很多。漏磁通仅在定子绕组上产生漏磁电动势,因此不能起能量转换的媒介作用,只起电抗压降的作用。

2. 空载电流和空载磁动势

异步电动机空载运行时的定子电流称为空载电流,用 $\dot{I}_0$ 表示。

当异步电动机空载运行时,定子三相绕组有空载电流 $\dot{I}_0$ 通过,三相空载电流将产生一个旋转磁动势,称为空载磁动势,用 $\dot{F}_0$ 表示,其基波幅值为

$$F_0 = \frac{m_1}{2} \times 0.9 \times \frac{N_1 k_{w1}}{p} I_0 \tag{5-3}$$

异步电动机空载运行时,由于轴上不带机械负载,其转速很高,接近同步转速,即 $n \approx n_1$,s 很小。此时定子旋转磁场与转子之间的相对速度几乎为零,于是转子感应电动势 $E_2 \approx 0$,转子电流 $I_2 \approx 0$,转子磁动势 $F_2 \approx 0$。

与分析变压器时一样,空载电流 $\dot{I}_0$ 由两部分组成:一是专门用来产生主磁通 $\dot{\Phi}_0$ 的无功分量 $\dot{I}_{0r}$,另一是专门用来供给铁芯损耗的有功分量电流 $\dot{I}_{0a}$,即

$$\dot{I}_0 = \dot{I}_{0a} + \dot{I}_{0r} \tag{5-4}$$

3. 电磁关系

三相异步电动机电流与磁通的关系表示为

$$\dot{U}_1 \to \dot{I}_0 \begin{cases} \dot{\Phi}_0 \to \begin{cases} \dot{E}_1 \\ \dot{E}_2 = \dot{U}_2 \end{cases} \\ \dot{\Phi}_{\sigma1} \to \dot{E}_{\sigma1} \\ \to r_1 \dot{I}_0 \end{cases}$$

5.2.2 空载运行时定子电压平衡关系

1. 主磁通、漏磁通感应电动势

主磁通在定子绕组中感应的电动势为

$$\dot{E}_1 = -j4.44 f_1 N_1 k_{w1} \dot{\Phi}_0 \tag{5-5}$$

和变压器一样,定子漏磁通在定子绕组中感应的漏磁电动势可用漏抗压降的形式表示为

$$\dot{E}_{\sigma1} = -jx_1 \dot{I}_0 \tag{5-6}$$

式中,x_1 称为定子漏电抗,它是对应于定子漏磁通的电抗。

2. 空载时电压平衡方程式与等效电路

设定子绕组上外加电压为 $\dot{U} \to \dot{U}_1$,相电流为 $\dot{I}_0$,主磁通 $\dot{\Phi}_0$ 在定子绕组中感应的电动势为 $\dot{E}_1$,定子漏磁通在定子每相绕组中感应的电动势为 $\dot{E}_{\sigma1}$,定子每相电阻为 r_1,类似于变压器空载时的一次侧绕组,根据基尔霍夫第二定律,可列出电动机空载时每相的定子电压方程式为

$$\dot{U}_1 = -\dot{E}_1 - \dot{E}_{\sigma1} + r_1 \dot{I}_0 = -\dot{E}_1 + jx_1 \dot{I}_0 + r_1 \dot{I}_0 \tag{5-7}$$
$$= -\dot{E}_1 + (r_1 + jx_1)\dot{I}_0 = -\dot{E}_1 + z_1 \dot{I} \to \dot{I}_0$$

式中,z_1 为定子绕组的漏阻抗,$z_1 = r_1 + jx_1$。

与分析变压器时相似,可写出

$$\dot{E}_1 = -(r_m + jx_m)\dot{I}_0 \tag{5-8}$$

式中,$z_m = r_m + jx_m$ 为励磁阻抗,其中 r_m 为励磁电阻,是反映铁损耗的等效电阻,x_m 为励磁电抗,与主磁通相对应。

由式(5-7)和式(5-8)即可画出异步电动机空载时的等效电路,如图5-7所示。

尽管异步电动机电磁关系与变压器十分相似,但它们之间还是存在以下差异:

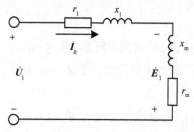

图5-7 异步电动机空载时等效电路

①主磁场性质不同,异步电动机气隙中为旋转磁场,而变压器为脉振磁场(交变磁场)。

②变压器空载时 $E_2 \neq 0$, $I_2 = 0$,而异步电动机空载时, $E_2 \approx 0$, $I_2 \approx 0$,即实际有微小的数值。

③由于异步电动机存在气隙,主磁路磁阻大,与变压器相比,建立同样的磁通所需要励磁电流大,励磁电抗小。如大容量电动机的 I_0 (%)为 20%~30%,小容量电动机可达 50%,而变压器的 I_0 (%)仅为 1%~8%,巨型变压器 I_0 则在 1%以下。又如,一般电力变压器 $r_m^* $ =1~5, $x_m^* $ =10~50,而三相异步电动机的 $r_m^* $ =0.08~0.35, $x_m^* $ =2~5。

④由于气隙的存在,加之绕组结构形式的不同,异步电动机的漏磁通较大,其所对应的漏抗也较变压器大,如异步电动机 $x_\sigma^* $ =0.07~0.15,而变压器为 $x_\sigma^* $ =0.014~0.08。

⑤异步电动机通常采用短距和分布绕组,故计算时需考虑绕组系数,而变压器则为整距和集中绕组。

5.3 三相异步电动机的负载运行

负载运行是指异步电动机的定子外接对称三相电压,转子带上机械负载时的运行状态。

5.3.1 负载运行时的电磁关系

异步电动机空载运行时,转子转速接近同步转速,转子电流 $I_2 \approx 0$,转子磁动势 $F_2 \approx 0$ 。

当异步电动机带上机械负载时,转子转速下降,定子旋转磁场切割转子绕组的相对速度 $\Delta n = n_1 - n$ 增大,转子感应电动势 $\dot{E}_2$ 和转子电流 $\dot{I}_2$ 增大。此时,定子三相电流 $\dot{I}_1$ 合成产生基波旋转磁动势 $\dot{F}_1$,转子对称的多相(或三相)电流 $\dot{I}_2$ 合成产生基波旋转磁动势 $\dot{F}_2$,这两个旋转磁动势共同作用于气隙中,两者同速、同向旋转,处于相对静止状态,因此形成合成磁动势($\dot{F}_1 + \dot{F}_2 = \dot{F}_0$),电动机就在这个合成磁动势作用下产生交链于定子绕组和转子绕组的主磁通 $\dot{\Phi}_0$,并分别在定子绕组和转子绕组中感应电动势 $\dot{E}_1$ 和 $\dot{E}_{2s}$ 。同时定子绕组和转子磁动势 $\dot{F}_1$ 和 $\dot{F}_2$ 分别产生只交链于本侧的漏磁通 $\dot{\Phi}_{\sigma1}$ 和 $\dot{\Phi}_{\sigma2}$,感应出相应的漏磁电动势 $\dot{E}_{\sigma1}$ 和 $\dot{E}_{\sigma2}$ 。其电磁关系如下:

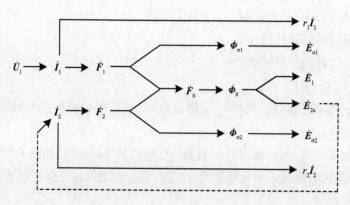

5.3.2 转子绕组各电磁量

转子不转时,气隙旋转磁场以同步转速 n_1 切割转子绕组,当转子以转速 n 旋转后,旋转磁场就以(n_1-n)的相对速度切割转子绕组,因此,当转子转速 n 变化时,转子绕组各电磁量将随之变化。

1. 转子电动势的频率

感应电动势的频率正比于导体与磁场的相对切割速度,故转子电动势的频率为

$$f_2 = \frac{p(n_1-n)}{60} = \frac{n_1-n}{n_1}\frac{pn_1}{60} = sf_1 \tag{5-9}$$

式中, f_1 为电网频率,是一定值,故转子绕组感应电动势的频率 f_2 与转差率 s 成正比。

当转子不转(如启动瞬间)时, $n=0$, $s=1$,则 $f_2=f_1$,即转子不转时转子感应电动势频率与定子感应电动势频率相等;当转子接近同步转速时, $n \approx n_1$, $s \approx 0$,则 $f_2 \approx 0$ 。异步电动机在额定情况运行时,转差率很小,通常在 0.02~0.06,若电网频率为 50 Hz ,则转子感应电动势频率仅在 0.5~3 Hz ,所以异步电动机正常运行时,转子绕组感应电动势的频率很低。

2. 转子绕组的感应电动势

转子旋转时的转子绕组感应电动势为

$$\dot{E}_{2s} = -j4.44 f_2 N_2 k_{w2} \dot{\boldsymbol{\Phi}}_0 \tag{5-10}$$

若转子不转,其感应电动势频率 $f_2 = f_1$,故此时感应电动势为

$$\dot{E}_2 = -j4.44 f_1 N_2 k_{w2} \dot{\boldsymbol{\Phi}}_0 \tag{5-11}$$

把式(5-11)和式(5-9)代入式(5-10),得

$$\dot{E}_{2s} = s\dot{E}_2 \tag{5-12}$$

当电源电压 $\dot{U}_1$ 一定时, $\dot{\boldsymbol{\Phi}}_0$ 就一定,故 $\dot{E}_2$ 为常数,则 $\dot{E}_{2s} \propto s$,即转子绕组感应电动势也与转差率成正比。

当转子不转时,转差率 $s=1$,主磁通切割转子的相对速度最快,此时转子电动势最大。当转子转速增加时,转差率将随之减小。因正常运行时转差率很小,故转子绕组感应电动势也很小。

3. 转子绕组的漏阻抗

由于电抗与频率成正比,故转子旋转时的转子绕组漏电抗为

$$x_{2s} = 2\pi f_2 L_2 = 2\pi sf_1 L_2 = sx_2 \tag{5-13}$$

式中, $x_2 = 2\pi f_1 L_2$ 为转子不转时的漏电抗,其中 L_2 为转子绕组的漏电感。

显然, x_2 是个常数,故转子旋转时的转子绕组漏电抗也正比于转差率 s 。

同样,在转子不转(如启动瞬间)时, $s=1$, x_{2s} 最大。当转子转动时, x_{2s} 随转子转速的升高而减小。

转子绕组每相漏阻抗为

$$z_{2s} = r_2 + jx_{2s} = r_2 + jsx_2 \tag{5-14}$$

式中, r_2 为转子绕组电阻。

4. 转子绕组的电流

异步电动机的转子绕组正常运行时处于短接状态,其端电压 $U_2 = 0$,所以,转子绕组电动势平衡方程为

$$\dot{E}_{2s} - Z_{2s}\dot{I}_2 = 0 \quad 或 \quad \dot{E}_{2s} = (r_2 + jx_{2s})\dot{I}_2 \tag{5-15}$$

其电路如图 7-8 所示。

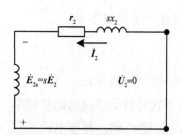

图 5-8 转子绕组一相电路

转子每相电流 $\dot{I}_2$ 为

$$\dot{I}_2 = \frac{\dot{E}_{2s}}{Z_{2s}} = \frac{\dot{E}_{2s}}{r_2 + jx_{2s}} = \frac{s\dot{E}_2}{r_2 + jsx_2} \tag{5-16}$$

其有效值为

$$I_2 = \frac{sE_2}{\sqrt{r_2^2 + (sx_2)^2}} \tag{5-17}$$

上式说明转子绕组电流 I_2 也与转差率 s 有关,当 $s = 0$ 时,$I_2 = 0$;当转子转速降低时,转差率 s 增大,转子电流也随之增大。

5. 转子绕组功率因数

转子绕组的功率因数为

$$\cos\varphi_2 = \frac{r_2}{\sqrt{r_2^2 + (sx_2)^2}} \tag{5-18}$$

式(5-18)说明,转子回路功率因数也与转差率 s 有关。当 $s = 0$ 时,$\cos\varphi_2 = 1$;当 s 增加时,$\cos\varphi_2$ 则减小。

6. 转子旋转磁动势

异步电动机的转子为多相(或三相)绕组,它通过多相(或三相)电流,也将产生旋转磁动势。其性质如下。

(1)幅值

$$F_2 = \frac{m_2}{2} 0.9 \frac{N_2 k_{w2}}{p} I_2$$

(2)转向与转子电流相序一致

可以证明,转子电流相序与定子旋转磁动势方向一致,由此可知,转子旋转磁动势转向与定子旋转磁动势转向一致。

(3)转子磁动势相对于转子的转速为

$$n_2 = \frac{60 f_2}{p} = \frac{60 s f_1}{p} = sn_1 = n_1 - n \tag{5-19}$$

即转子磁动势的转速也与转差率成正比。

转子磁动势相对于定子的转速为

$$n_2 + n = (n_1 - n) + n = n_1 \tag{5-20}$$

由此可见,无论转子转速怎样变化,定子磁动势和转子磁动势总是以同速、同向在空间旋转,两者在空间始终保持相对静止。

综上所述,转子各电磁量除 r_2 外,其余各量均与转差率 s 有关。因此说转差率 s 是异步电

动机的一个重要参数。

【例 5-2】一台三相异步电动机接到 50 Hz 的交流电源,其额定转速 $n_N = 1\,455$ r/min,试求:(1)该电动机的极对数 p;(2)额定转差率 s_N;(3)额定转速运行时,转子电动势的频率。

解:因异步电动机额定转差率很小,故可根据电动机的额定转速 $n_N = 1\,455$ r/min,直接判断出最接近 n_N 的气隙旋转磁场的同步转速 $n_1 = 1\,500$ r/min。于是

(1) $p = \dfrac{60f}{n_1} = \dfrac{60 \times 50}{1\,500} = 2$

(2) $s_N = \dfrac{n_1 - n}{n_1} = \dfrac{1\,500 - 1\,455}{1\,500} = 0.03$

(3) $f_2 = s_N f_1 = 0.03 \times 50$ Hz $= 1.5$ Hz

5.3.3 磁动势平衡方程

异步电动机负载运行时,定子电流产生定子磁动势 $\dot{F}_1$,转子电流产生转子磁动势 $\dot{F}_2$。这两个磁动势在空间同速、同向旋转,相对静止。$\dot{F}_1$ 与 $\dot{F}_2$ 的合成磁动势即为励磁磁动势 $\dot{F}_0$,则有

$$\dot{F}_1 + \dot{F}_2 = \dot{F}_0 \tag{5-21}$$

式(5-21)即为磁动势平衡方程式,可改写成

$$\dot{F}_1 = \dot{F}_0 + (-\dot{F}_2) = \dot{F}_0 + \dot{F}_{1L} \tag{5-22}$$

式中,$\dot{F}_{1L} = -\dot{F}_2$ 为定子负载分量磁动势。

可见定子旋转磁动势包含两个分量:一个是励磁磁动势 $\dot{F}_0$,它用来产生气隙磁通 $\dot{\Phi}_0$;另一个是负载分量磁动势 $\dot{F}_{1L}$,它用来平衡转子旋转磁动势 $\dot{F}_2$,也即用来抵消转子旋转磁动势对主磁通的影响。

根据旋转磁动势幅值公式,可以写出定子磁动势、转子磁动势和励磁磁动势的幅值公式为

$$\left. \begin{aligned} F_1 &= \frac{m_1}{2} 0.9 \frac{N_1 k_{w1}}{p} I_1 \\ F_2 &= \frac{m_2}{2} 0.9 \frac{N_2 k_{w2}}{p} I_2 \\ F_0 &= \frac{m_1}{2} 0.9 \frac{N_1 k_{w1}}{p} I_0 \end{aligned} \right\} \tag{5-23}$$

式中,I_0 为励磁电流;m_1、m_2 为定子绕组和转子绕组相数。

将式(5-23)代入式(5-22)得

$$\frac{m_1}{2} 0.9 \frac{N_1 k_{w1}}{p} \dot{I}_1 + \frac{m_2}{2} 0.9 \frac{N_2 k_{w2}}{p} \dot{I}_2 = \frac{m_1}{2} 0.9 \frac{N_1 k_{w1}}{p} \dot{I}_0$$

两边同时除以 $\dfrac{m_1}{2} 0.9 \dfrac{N_1 k_{w1}}{p}$,得

$$\dot{I}_1 + \frac{\dot{I}_2}{k_i} = \dot{I}_0 \tag{5-24}$$

式中，$k_i = \dfrac{m_1 N_1 k_{w1}}{m_2 N_2 k_{w2}}$ 为异步电动机的电流变比。

于是式（5-24）可写成

$$\dot{I}_1 + \dot{I}_2' = \dot{I}_0 \qquad (5\text{-}25)$$

式中，$\dot{I}_2' = \dfrac{\dot{I}_2}{k_i}$ 为转子电流的折算值。

显然，异步电动机定子、转子之间的电流关系与变压器一次绕组、二次绕组之间的电流关系相似。

5.3.4 电动势平衡方程

定子电动势 $\dot{E}_1$、漏磁电动势 $\dot{E}_{\sigma1}$、定子绕组电阻压降 $r_1 \dot{I}_1$ 与外加电源电压 $\dot{U}_1$ 相平衡，此时定子电流为 $\dot{I}_1$。在转子电路中，由于转子为短路绕组，故转子电动势 $\dot{E}_{2s}$、转子漏磁电动势 $\dot{E}_{\sigma2}$ 和转子绕组压降 $r_2 \dot{I}_2$ 相平衡。因此，可写出负载时定子、转子的电压平衡方程式为

$$\left.\begin{array}{l} \dot{U}_1 = -\dot{E}_1 + r_1 \dot{I}_1 + \mathrm{j} x_1 \dot{I}_1 \\ 0 = \dot{E}_{2s} - r_2 \dot{I}_2 - \mathrm{j} x_{2s} \dot{I}_2 \end{array}\right\} \qquad (5\text{-}26)$$

式（5-26）中，$E_1 = 4.44 f_1 N_1 k_{\omega1} \varPhi_0$，转子不动时的转子绕组感应电动势 $E_2 = 4.44 f_1 N_2 k_{\omega2} \varPhi_0$，两者之比用 k_e 来表示，称为电动势变比，即

$$\frac{E_1}{E_2} = \frac{N_1 k_{w1}}{N_2 k_{w2}} = k_e \qquad (5\text{-}27)$$

5.4 三相异步电动机的等效电路和相量图

欲定量分析异步电动机的性能，必须将其基本方程的各个复数方程式联立求解，算出电流 $\dot{I}_1$ 及 $\dot{I}_2$，以及功率和转矩等各物理量，计算十分繁杂。尤其是定子电势频率为 f_1，而转子电势频率为 $f_2 = s f_1$，而直接将频率不同的相量方程式联立求解就没有物理意义。解决的办法，就是像变压器那样，找出一个便于计算的异步电机等值电路。也就是要设法把只有磁的耦合而没有电的联系的定子电路和转子电路连成一个电路，而又不改变定子绕组的各物理量（定子电流、电势、功率因数等）和电机的电磁性能，要找出这个等值电路，必须先进行"折算"。

上面提到定子绕组内电势和电流的频率为 f_1，而转子绕组的频率为 f_2，加上定子绕组和转子绕组的相数、有效匝数又互不相同，所以需要进行频率折算和绕组折算。

5.4.1 折算

1. 频率折算

频率折算就是要寻求一个等效的转子电路来代替实际旋转的转子系统，而该等效的转子电路应与定子电路有相同的频率，只有当转子静止时，转子电路才与定子电路有相同的频率。所以频率折算的实质就是把旋转的转子等效成静止的转子。

在等效过程中，要保持电机的电磁效应不变，折算的原则有：一是保持转子电路对定子电

路的影响不变,而这一影响是通过转子磁动势 F_2 来实现的,所以进行频率折算时,应保持转子磁动势 F_2 不变,要达到这一点,只要使被等效静止的转子电流大小和相位与原转子旋转时的电流大小和相位一样即可;其二是被等效的转子电路功率和损耗与原转子旋转时电路一样。

由式(5-16)可知,转子旋转时的转子电流为

$$\dot{I}_2 = \frac{\dot{E}_{2s}}{r_2 + jx_{2s}} = \frac{s\dot{E}_2}{r_2 + jsx_2} \quad (频率为 f_2) \tag{5-28}$$

将上式分子、分母同除以 s,得

$$\dot{I}_2 = \frac{\dot{E}_2}{\dfrac{r_2}{s} + jx_2} \quad (频率为 f_1) \tag{5-29}$$

比较式(5-29)和式(5-28)可见,频率折算方法只要把原转子电路中的 r_2 变换为 r_2/s,即在原转子旋转的电路中串入一个 $r_2/s - r_2 = (1-s)r_2/s$ 的附加电阻即可,如图5-9所示。由此可知,变换后的转子电路中多了一个附加电阻 $\dfrac{1-s}{s}r_2$。实际旋转的转子在转轴上有机械功率输出并且转子还会产生机械损耗。而经频率折算后,因转子等效为静止状态,转子就不再有机械功率输出及机械损耗了,但却在电路中多了一个附加电阻 $\dfrac{1-s}{s}r_2$。根据能量守恒及总功率不变原则,该电阻所消耗的功率 $m_2 I_2^2 \dfrac{1-s}{s}r_2$ 就应等于转轴上的机械功率和转子的机械损耗之和,这部分功率称为总机械功率,附加电阻 $\dfrac{1-s}{s}r_2$ 称为模拟机械功率的等效电阻。

由图5-9可知,频率折算后的异步电动机转子电路和一个二次侧绕组接有可变电阻 $\dfrac{1-s}{s}r_2$ 的变压器二次电路相似,因此从等效电路角度把 $\dfrac{1-s}{s}r_2$ 看作是异步电动机的"负载电阻",把转子电流 $\dot{I}_2$ 在该电阻上的电压降看成是转子回路的端电压,即 $\dot{U}_2 = \dot{I}_2 \dfrac{1-s}{s}r_2$,这样转子回路电动势平衡方程就可写成

$$\dot{U}_2 = \dot{E}_2 - (r_2 + jx_2)\dot{I}_2 \tag{5-30}$$

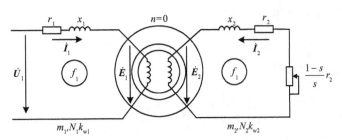

图5-9 频率折算后异步电动机的定、转子电路

2. 转子绕组折算

转子绕组的折算就是用一个和定子绕组具有相同相数 m_1、匝数 N_1 及绕组系数 k_{w1} 的等效转子绕组来等效代替原来的相数 m_2、匝数 N_2 及绕组系数 k_{w2} 的实际转子绕组,其折算原则和

方法与变压器基本相同。

（1）电流的折算

根据折算前、后转子磁动势不变的原则，可得

$$\frac{m_1}{2}0.9\frac{N_1 k_{w1}}{p}I_2' = \frac{m_2}{2}0.9\frac{N_2 k_{w2}}{p}I_2$$

折算后的转子电流为

$$I_2' = \frac{m_2 N_2 k_{w2}}{m_1 N_1 k_{w1}}I_2 = \frac{I_2}{k_i} \tag{5-31}$$

式中，$k_i = \frac{m_1 N_1 k_{w1}}{m_2 N_2 k_{w2}}$ 为电流变比。

（2）电动势的折算

根据折算前、后传递到转子侧的视在功率不变的原则，可得

$$m_1 E_2' I_2' = m_2 E_2 I_2$$

折算后的电动势为

$$\begin{aligned}E_2' &= \frac{m_2}{m_1}E_2\frac{I_2}{I_2'} = \frac{m_2}{m_1} \times \frac{m_1 N_1 k_{w1}}{m_2 N_2 k_{w2}}E_2\\ &= \frac{N_1 k_{w1}}{N_2 k_{w2}}E_2 = K_e E_2\end{aligned} \tag{5-32}$$

式中，$K_e = \frac{N_1 k_{w1}}{N_2 k_{w2}}$ 为电动势变比。

（3）阻抗的折算

由转子铜耗和漏磁场储能不变，可得

$$m_1 I_2'^2 r_2' = m_2 I_2^2 r_2$$

折算后的转子电阻为

$$r_2' = \frac{m_2}{m_1}r_2\left(\frac{I_2}{I_2'}\right)^2 = \frac{m_1}{m_2}\left(\frac{N_1 k_{w1}}{N_2 k_{w2}}\right)^2 r_2 = k_e k_i r_2 \tag{5-33}$$

式中，$k_e k_i$ 为阻抗变比。

同理，根据漏磁场储能不变，可得

$$x_2' = k_e k_i x_2 \tag{5-34}$$

$$\frac{1}{2}m_1 I_2'^2 L_{\sigma 2}' = \frac{1}{2}m_2 I_2^2 L_{\sigma 2}$$

$$L_{\sigma 2}' = \frac{m_2}{m_1}L_{\sigma 2}\left(\frac{I_2}{I_2'}\right)^2 = \frac{m_1}{m_2}\left(\frac{N_1 k_{w1}}{N_2 k_{w2}}\right)^2 L_{\sigma 2} = k_e k_i L_{\sigma 2}$$

5.4.2　等效电路

1. 折算后的基本方程组

经过频率和绕组折算后，异步电动机的基本方程组为

$$\dot{U}_1 = -\dot{E}_1 + (r_1 + jx_1)\dot{I}_1$$

$$\dot{U}_2' = \dot{E}_2' - (r_2' + jx_2')\dot{I}_2'$$

$$\text{或}\; 0 = \dot{E}_2' - (\frac{r_2'}{s} + jx_2')\dot{I}_2'$$

$$\dot{I}_1 + \dot{I}_2' = \dot{I}_0 \qquad\qquad (5\text{-}35)$$

$$\dot{E}_1 = -(r_m + jx_m)\dot{I}_0$$

$$\dot{E}_2' = \dot{E}_1$$

$$\dot{U}_2' = \frac{1-s}{s}r_2'\dot{I}_2'$$

2.T 形等效电路

根据基本方程式,再仿照变压器的分析方法,可画出异步电动机的 T 形等效电路,如图 5-10 所示。

由等效电路分析可知:①当转子不转(如堵转)时,$n = 0$,$s = 1$,则附加电阻 $\frac{1-s}{s}r_2' = 0$,总机械功率为零,此时异步电动

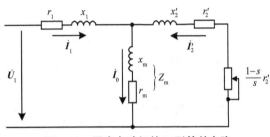

图 5-10 异步电动机的 T 形等效电路

机处于短路运行状态,定子、转子电流均很大。②当转子趋于同步转速旋转,$n \to n_1$,$s \to 0$,则 $\frac{1-s}{s}r_2' \to \infty$,等效电路近乎开路,转子电流很小,总机械功率也很小,相当于异步电动机空载运行。

3. 相量图

异步电动机相量图如图 5-11 所示。从这个图上可以更清楚地看出电机各电磁量大小和相位上的关系。

画相量图时,先把主磁通 $\dot{\Phi}_0$ 的相量画在水平位置定为参考相量。定子绕组中的电动势相量 $\dot{E}_1$ 和折算后转子绕组电动势相量 $\dot{E}_2'$ 均滞后于 $\dot{\Phi}_0$ 90°;产生主磁通的励磁电流 $\dot{I}_0$ 的相量则超前于 $\dot{\Phi}_0$ 电角度 α_{Fe};折算后转子电流相量 $\dot{I}_2'$ 滞后于 $\dot{E}_2'$ 一个 $\varphi_2 = \arctan\dfrac{sx_2'}{r_2'}$ 角;电阻压降 $\dfrac{r_2'}{s}\dot{I}_2'$ 与 $\dot{I}_2'$ 同相位,电抗压降 $jx_2'\dot{I}_2'$ 超前 $\dot{I}_2'$ 90°;由 $\dot{I}_1 + \dot{I}_2' = \dot{I}_0$,可以作出 $\dot{I}_1$ 相量;在 $-\dot{E}_1$ 相量上加上 $r_1\dot{I}_1$ 和 $jx_1\dot{I}_1$ 相量便得到相量 $\dot{U}_1$。

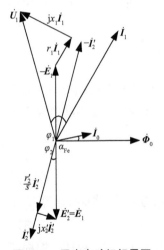

图 5-11 异步电动机相量图

从相量图可以看出,定子电流 $\dot{I}_1$ 总是滞后于电源电压 $\dot{U}_1$,因为要建立和维持气隙中的主磁通和定子、转子漏磁通,需从电源吸取一定的感性无功功率,即异步电动机的功率因数总是滞后的。当电动机轴上所带机械负载增加时,转速 n 降低,转差率 s 增大,使得 $\dot{I}_2'$ 增加,$\dot{I}_1$ 随之增大,电动机从电源吸取更多的电功率,从而实现由电能到机械能的转换。

综上分析可得如下结论。

①运行时的异步电动机与一台副边接有纯电阻负载的变压器相似。当 $s=1$ 时，相当于一台副边短路的变压器；当 $s=0$ 时，相当于一台副边开路的变压器。

②异步电动机可看作是一台广义的变压器，不仅可以变换电压、电流和相位，而且可以变换频率和相数，更重要的是可以进行机电能量转换。等效电路中，$\dfrac{1-s}{s}r_2'$ 是模拟总机械功率的等效电阻，当转子堵转时，$s=1$，$\dfrac{1-s}{s}r_2=0$，此时无机械功率输出；而当转子旋转且转轴上带有机械负载时，$s\neq 1$，$\dfrac{1-s}{s}r_2\neq 0$，此时有机械功率输出。

③机械负载变化在等效电路中是由 s 来体现的。当转子轴上机械负载增大时，转速减慢，转差率增大，因此转子电流增大，以产生较大的电磁转矩与负载转矩平衡。按磁动势平衡关系，定子电流也将增大，电动机便从电源吸取更多的电功率来供给电动机本身的损耗和轴上输出的机械功率，从而达到功率平衡。

④异步电动机与变压器有相同的等效电路形式，但参数相差较大。

⑤异步电动机的定子电流总是滞后于定子电压，即功率因数总是滞后的，因异步电动机需从电网吸取大量感性无功功率来激励主磁场和漏磁场。

5.5 三相异步电动机的功率和电磁转矩

异步电动机的机电能量变换过程由定子绕组输入电功率，再从转子轴输出机械功率。异步电动机的电磁功率在定子绕组中产生，然后经由气隙送给转子，这是与直流电动机不同之处。

本节先从功率和转矩平衡入手，再应用等效电路导出电磁转矩表达式。

1. 功率平衡

异步电动机运行时，定子从电网吸收电功率，转子向拖动的机械负载输出机械功率。电动机在实现机电能量转换的过程中，必然会产生各种损耗。根据能量守恒定律，输出功率应等于输入功率减去总功率损耗。

由电网供给电动机的功率称为输入功率，计算公式为

$$P_1 = m_1 U_1 I_1 \cos\varphi_1 \tag{5-36}$$

定子电流流过定子绕组时，电流 I_1 在定子绕组电阻 r_1 上的功率损耗称为定子铜损耗，计算式为

$$p_{\text{cu1}} = m_1 r_1 I_1^2 \tag{5-37}$$

旋转磁场在定子铁芯中还将产生铁损耗（因转子频率很低，一般为 1~3 Hz，故转子铁损耗很小，可忽略不计），其值可看作励磁电流 I_0 在励磁电阻上所消耗的功率

$$p_{\text{Fe}} = m_1 r_{\text{m}} I_0^2 \tag{5-38}$$

因此从输入功率 P_1 中扣除定子铜损耗 p_{cu1} 和定子铁损耗 p_{Fe}，剩余的功率便是由气隙磁场通过电磁感应关系由定子传递到转子侧的电磁功率 P_{M}，即

$$P_{\text{M}} = P_1 - (p_{\text{cu1}} + p_{\text{Fe}}) \tag{5-39}$$

由等效电路可得

$$P_{\mathrm{M}} = m_1 E_2' I_2' \cos\varphi_2 = m_1 I_2'^2 \frac{r_2'}{s} \qquad (5\text{-}40)$$

转子电流流过转子绕组时,电流 I_2 在转子绕组电阻 r_2 上的功率损耗称为转子铜损耗,其计算式为

$$p_{\mathrm{cu2}} = m_1 r_2' I_2'^2 \qquad (5\text{-}41)$$

传递到转子的电磁功率扣除转子铜损耗为电动机的总机械功率 P_{m},即

$$P_{\mathrm{m}} = P_{\mathrm{M}} - p_{\mathrm{cu2}} \qquad (5\text{-}42)$$

由等效电路可知,它就是转子电流消耗在附加电阻 $\frac{1-s}{s}r_2'$ 上的电功率,即

$$P_{\mathrm{m}} = m_1 \frac{1-s}{s} r_2' I_2'^2 \qquad (5\text{-}43)$$

由式(5-40)和式(5-43)可得

$$\frac{p_{\mathrm{cu2}}}{P_{\mathrm{M}}} = s \text{ 或 } p_{\mathrm{cu2}} = sP_{\mathrm{M}} \qquad (5\text{-}44)$$

由式(5-40)和式(5-41)可得

$$\frac{P_{\mathrm{m}}}{P_{\mathrm{M}}} = 1 - s \text{ 或 } P_{\mathrm{m}} = (1-s)P_{\mathrm{M}} \qquad (5\text{-}45)$$

由式(5-44)和式(5-45)可知,由定子经气隙传递到转子侧绕组的电磁功率有一部分 sP_{M} 转变为转子铜损耗,其余绝大部分 $(1-s)P_{\mathrm{M}}$ 转变为总机械功率。

电动机运行时,还会产生由轴承及风阻等摩擦所引起的机械损耗 p_{m},另外,还有由于定子和转子开槽和谐波磁场引起的附加损耗 p_{s},电动机的附加损耗很小,一般在大型异步电动机中,p_{s} 约为 0.5% P_{N};而在小型异步电动机中,满载时 p_{s} 可达 1%~3%或更大些。

总机械功率 P_{m} 扣去机械损耗 p_{m} 和附加损耗 p_{s},才是电动机转轴上输出的机械功率

$$P_2 = P_{\mathrm{m}} - (p_{\mathrm{m}} + p_{\mathrm{s}}) \qquad (5\text{-}46)$$

可见异步电动机运行时,从电源输入电功率 P_1 到转轴上输出功率 P_2 的全过程为

$$\begin{aligned} P_2 &= P_1 - p_{\mathrm{cu1}} - p_{\mathrm{Fe}} - p_{\mathrm{cu2}} - p_{\mathrm{m}} - p_{\mathrm{s}} \\ &= P_1 - \Sigma p \end{aligned} \qquad (5\text{-}47)$$

式中,Σp 为电动机的总损耗。

异步电动机的功率流程如图 5-12 所示。

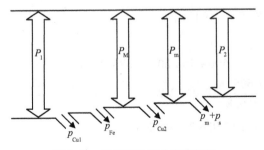

图 5-12 异步电动机功率流程图

2. 转矩平衡

由动力学可知，旋转体的机械功率等于作用在旋转体上的转矩与其机械角度 Ω 的乘积，$\Omega = \dfrac{2\pi}{60}$。将式（5-46）的两边同除以转子机械角速度 Ω 便得到稳态时异步电动机的转矩平衡方程式

$$\frac{P_2}{\Omega} = \frac{P_m}{\Omega} - \frac{p_m + p_s}{\Omega}$$

即 $\quad\quad T_2 = T - T_0 \text{ 或 } T = T_2 + T_0 \quad\quad\quad\quad\quad\quad\quad\quad\quad\quad（5\text{-}48）$

式中，$T = \dfrac{P_m}{\Omega}$ 为电动机电磁转矩，为驱动性质转矩；$T_2 = \dfrac{P_2}{\Omega}$ 为电动机轴上输出的机械负载转矩，为制动性质转矩；$T_0 = \dfrac{P_m + P_s}{\Omega}$ 为对应于机械损耗和附加损耗的转矩，叫空载转矩，它也为制动性质转矩。式（5-48）说明电磁转矩 T 与输出机械转矩 T_2 和空载转矩 T_0 相平衡。

从式（5-44）可推得

$$T = \frac{P_m}{\Omega} = \frac{(1-s)P_M}{\dfrac{2\pi n}{60}} = \frac{P_M}{\dfrac{2\pi n_1}{60}} = \frac{P_M}{\Omega_1} \quad\quad\quad\quad\quad\quad（5\text{-}49）$$

式中，Ω_1 为同步机械角速度，$\Omega_1 = \dfrac{2\pi n_1}{60} \text{ rad}/\text{s}$。

由此可知，电磁转矩从转子方面看，它等于总机械功率除以转子机械角速度；从定子方面看，它又等于电磁功率除以同步机械角速度。

在计算中，若功率单位为 W，机械角速度的单位为 rad/s，则转矩单位为 N·m。

【例 5-3】一台 $P_N = 7.5 \text{ kW}$、$U_N = 380 \text{ V}$、$n_N = 962 \text{ r/min}$ 的 6 极三相异步电动机，定子三角形联结，额定负载时 $\cos\varphi_1 = 0.827$，$p_{cu1} = 470 \text{ W}$，$p_{Fe} = 234 \text{ W}$，$p_m = 45 \text{ W}$，$p_s = 80 \text{ W}$，试求额定负载时的转差率 s_N、转子频率 f_2、转子铜损耗、定子电流以及负载转矩 T_2、空载转矩 T_0 和电磁转矩 T。

解：（1）额定转差率 s_N

$$n_1 = \frac{60 f_1}{p} = \frac{60 \times 50}{3} = 1\,000 \text{ r/min}$$

$$s_N = \frac{n_1 - n_N}{n_1} = \frac{1\,000 - 962}{1\,000} = 0.038$$

（2）转子频率 f_2

$$f_2 = s_N f_1 = 0.038 \times 50 = 1.9 \text{ Hz}$$

（3）转子铜耗 p_{cu2}

$$p_m = P_2 + p_m + p_s = 7\,500 + 45 + 80 = 7\,625 \text{ W}$$

$$P_M = \frac{P_m}{1 - s_N} = \frac{7\,625}{1 - 0.038} = 7\,926.2 \text{ W}$$

$$p_{cu2} = s_N P_M = 0.038 \times 7\,926.2 = 301.2 \text{ W}$$

（4）定子电流 I_1

130

$$P_1 = P_2 + \sum p = 7\,500 + (470 + 234 + 45 + 80 + 301.2) = 8\,630.2 \text{ W}$$

$$I_1 = \frac{P_1}{\sqrt{3}U_1\cos\varphi_1} = \frac{8\,630.2}{\sqrt{3}\times380\times0.827} = 15.85 \text{ A}$$

（5）转矩 T_2、T_0、T

$$T_2 = \frac{P_2}{\Omega_N} = \frac{7\,500}{2\pi\dfrac{962}{60}} = 74.44 \text{ N}\cdot\text{m}$$

$$T_0 = \frac{p_m + p_s}{\Omega_N} = \frac{45+80}{2\pi\dfrac{962}{60}} = 1.24 \text{ N}\cdot\text{m}$$

$$T = T_2 + T_0 = 74.44 + 1.24 = 75.6 \text{ N}\cdot\text{m}$$

或

$$T = \frac{P_m}{\Omega_N} = \frac{7\,625}{2\pi\dfrac{962}{60}} = 75.6 \text{ N}\cdot\text{m}$$

$$T = \frac{P_M}{\Omega_1} = \frac{7\,926.2}{2\pi\dfrac{1\,000}{60}} = 75.6 \text{ N}\cdot\text{m}$$

5.6 三相异步电动机的参数测定

异步电动机等效电路中各参数可以由制造厂家提供,也可以用试验的方法求得。由于异步电动机等效电路与变压器等效电路十分相似,所以由试验测定参数的方法也十分相似。由空载试验测定励磁参数,由短路试验测定短路参数。异步电动机的短路试验是把转子堵住,不让它旋转,因此也称堵转试验。

5.6.1 空载试验

空载试验的主要目的是测定电机的励磁参数,异步电机试验线路图如图 5-13 所示。试验时电机轴上不加任何负载,加电压后电机运行在空载状态,使电机运转一段时间,让机械损耗达到稳定。然后用调压器调节电机的输入电压,使其从 $1.2\ U_N$ 逐渐降低,直到电机的转速明显下降、电流开始回升为止,测量数点,

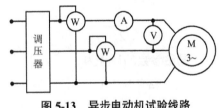

图 5-13 异步电动机试验线路

每次测量电压、电流和功率。根据记录数据绘出异步电动机的空载特性曲线,即 I_0 和 P_0 随 U_0 变化的曲线,曲线形状如图 5-14 所示。

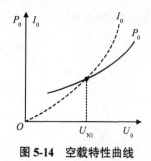
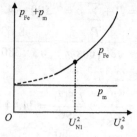

图 5-14　空载特性曲线　　　　　图 5-15　$p_\mathrm{m} + p_\mathrm{Fe} = f\left(U_0^2\right)$ 曲线

异步电动机空载试验测量的数据和计算的参数虽然与变压器空载试验相似,但因电机空载是旋转的,所以空载损耗 P_0 中所含各项损耗却不一样。实际上此时异步电动机中的各项损耗都有,除有定子铁损耗 p_Fe 外,还有定子、转子铜损耗 p_cu1 和 p_cu2,也有机械损耗 p_m 和附加损耗 p_s。异步电动机空载时,转子铜损耗和附加损耗都比较小,略去这两项之后余下的有

$$P_0 = m_1 I_0^2 r_1 + p_\mathrm{Fe} + p_\mathrm{m}$$

在计算励磁阻抗时需要的是铁损耗,因此需要把上式中的各项损耗分离开。

对应不同电压可以算出各点的 $p_\mathrm{Fe} + p_\mathrm{m}$,即

$$p_\mathrm{Fe} + p_\mathrm{m} = P_0 - m_1 I_0^2 r_1$$

铁损耗 p_Fe 与磁通密度平方成正比,因此可以认为它与 U_1^2 成正比,而机械损耗与电压无关,只要转速没有大的变化,可认为 p_m 是一常数,因此在图 5-15 的曲线中可以将铁损耗 p_Fe 和机械损耗 p_m 分开。只要延长曲线,使其与纵轴相交,交点的纵坐标就是机械损耗,过这一交点作一与横坐标平行的直线,该线上面的部分就是铁损耗 p_Fe。如图 5-15 所示。

将损耗分离后就可以根据上面的数据计算空载参数及励磁参数。对应额定电压,找出 P_0 和 I_0,算出每相的电压、功率和电流,空载参数的计算为

$$Z_0 = \frac{U_\mathrm{N}}{I_0}$$

$$r_0 = \frac{P_0 - P_\mathrm{m}}{I_0^2}$$

$$x_0 = \sqrt{Z_0^2 - r_0^2}$$

励磁参数的计算为

$$x_\mathrm{m} = x_0 - x_1$$

$$r_\mathrm{m} = \frac{p_\mathrm{Fe}}{I_0^2}$$

$$Z_\mathrm{m} = \sqrt{r_\mathrm{m}^2 + x_\mathrm{m}^2}$$

注意,以上参数计算式中所用的电压、电流及功率均为每相的值,在此没加相应的下标。计算中用到 r_1、x_1 可由短路试验算出,r_1 也可直接测得。

异步电动机空载试验应当在理想空载($n = n_1$)情况下进行,但异步电动机靠自身的力量转不到同步。因此要想在理想空载情况下测试数据,就要另加一原动机把转子拖动到同步转

速。在这种情况下,转子频率 f_2 为零,转子铜损耗为零。机械损耗和附加损耗由另外的原动机供给,所以这时功率表的读数只是铁损耗和定子铜损耗,即

$$P_0 = mI_0^2 r_1 + p_{Fe}$$

用它来计算电机参数精度就更高些。这种做法虽然提高了测量的精度,但实践起来困难较大,因此现在异步电动机空载试验还是在实际空载状态下进行。

5.6.2 短路试验

异步电动机定子电阻和绕线转子电阻都可用加直流电压并测直流电压、电流的方法算出,但得到的是直流电阻,等效电路中的电阻是交流电阻,因集肤效应的影响,交流电阻比直流电阻稍大,需要加以修正,此外笼型转子电阻无法用加直流的办法测量,因此短路参数 r_k 和 x_k 通常也是用作短路试验的方法求得。为做异步电机短路试验,需把转子堵住,使其停转,这时在等效电路中附加电阻 $r_2'(1-s)/s$ 为零,其上的总机械功率也为零。在转子不转的情况下,定子加额定电压相当于变压器的短路状态,这时的电流是短路电流,也就是异步电机直接启动刚一合闸电机还没有转起来时的电流,这个电流虽然没有变压器直接短路电流那样大,但也能达到额定电流的4~7倍。时间稍长就会烧毁电机,这是不允许的。因此,与变压器相似,在做异步电机短路试验时也要降压,所加电压开始应使电机的短路电流略高于额定电流,这时的电压为额定电压的30%~40%,然后调节调压器使电压逐渐下降,测量数点,每点记录点 U_k、电流 I_k 和功率 P_k,绘出短路特性曲线 $P_k = f(U_k)$ 和 $I_k = f(U_k)$。由于电机的铁损耗大致上正比于磁通密度的平方,因此它也大致上正比于电压的平方,降压后电机的铁损耗很小,励磁电流也很小,所以在等效电路上可以认为励磁回路开路。图5-16绘出了短路时的等效电路。图5-17绘出了短路特性曲线 $P_k = f(U_k)$ 和 $I_k = f(U_k)$。

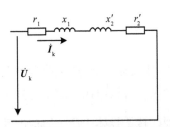

图 5-16　异步电动机堵转试验等效电路

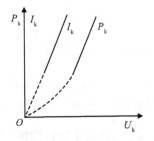

图 5-17　短路特性曲线

由于短路试验电机不转,机械损耗为零,铁损耗和附加损耗很小,可以略去,所以这时功率表读出的短路损耗只有定转子铜损耗,即

$$P_k = m_1 I_k^2 (r_1 + r_2') = m_1 I_k^2 r_k$$

根据短路试验数据可以算出短路参数。与空载试验一样,计算短路参数也要先算出每相的电压 U_k、电流 I_k 和功率 P_k。用每相的数据代入下列各式算出短路参数

$$Z_k = \frac{U_k}{I_k}$$

$$r_k = \frac{P_k}{I_k^2}$$

$$x_k = \sqrt{Z_k^2 - r_k^2}$$

对于大、中型电机,可以认为

$$r_1 = r' = \frac{1}{2}r_k$$

$$x_1 = x_2' = \frac{1}{2}x_k$$

如果用直流法测出定子电阻 r_1,考虑集肤效应可以乘一个 1.1 的系数,则定子电阻为 1.1 r_1,然后再算出 r_2'。对于漏抗,在小型电机中一般 x_2' 略大于 x_1'。100 kW 以下的电机可参考下列数据:2、4、6 极电机 $x_2' = 0.67x_k$,8、10 极电机 $x_2' = 0.57x_k$。

5.7 单相异步电动机

单相异步电动机由单相电源供电,它广泛应用于家用电器和医疗器械上,如电风扇、电冰箱、洗衣机、空调设备和医疗器械中都使用单相异步电动机作为原动机。

从结构上看,单相异步电动机与三相笼型异步电动机相似,其转子也为笼型,只是定子绕组为单相工作绕组,通常为了启动的需要,定子上除了工作绕组外,还设有启动绕组,它的作用是产生启动转矩,一般只在启动时接入,当转速达到 70%~85% 的同步转速时,由离心开关将其从电源自动切除,所以正常工作时只有工作绕组在电源上运行。但也有一些电容或电阻电动机,在运行时将启动绕组接于电源上,这实质上相当一台两相电机,但由于它接在单相电源上,故仍称为单相异步电动机。

5.7.1 单相异步电动机的工作原理

由 5.5 节可知,单相交流绕组通入单相交流电流产生脉振磁动势,这个脉振磁动势可以分解为两个幅值相等、转速相同、转向相反的旋转磁动势 f^+ 和 f^-,从而在气隙中建立正转和反转磁场 Φ^+ 和 Φ^-。这两个旋转磁场切割转子导体,并分别在转子导体中产生感应电动势和感应电流。该电流与磁场相互作用产生正向和反向电磁转矩 T^+ 和 T^-,T^+ 企图使转子正转;T^- 企图使转子反转。这两个转矩叠加起来就是推动电动机转动的合成转矩 T。

不论是 T^+ 还是 T^-,它们的大小与转差率的关系和三相异步电动机的情况是一样的。若电动机的转速为 n,则对正转磁场而言,转差率 s^+ 为

$$s^+ = \frac{n_1 - n}{n_1} = s \tag{5-50}$$

而对反转磁场而言,转差率 s^- 为

$$s^- = \frac{-n_1 - n}{-n_1} = 2 - s \tag{5-51}$$

即当 $s^+ = 0$ 时,相当于 $s^- = 2$;当 $s^- = 0$ 时,相当于 $s^+ = 2$。

T^+ 与 s^+ 的变化关系与三相异步电动机的 $T = f(s)$ 特性相似,如图 5-18 中 $T^+ = f(s^+)$ 曲线所示。T^- 与 s^- 的变化关系如图 5-19 中的 $T^- = f(s^-)$ 曲线所示。单相异步电动机的 $T = f(s)$ 曲线是由 $T^+ = f(s^+)$ 与 $T^- = f(s^-)$ 两根特性曲线叠加而成的,如图 5-18 所示。由图 5-18 可见,单相异步电动机有以下主要特点:

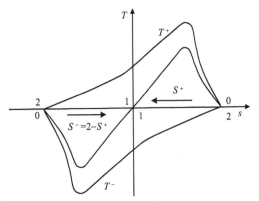

图 5-18　单相异步电动机 T—s 曲线

①当转子静止时,正、反向旋转磁场均以 n_1 速度和相反方向切割转子绕组,在转子绕组中感应出大小相等而相序相反的电动势和电流,它们分别产生大小相等而方向相反的两个电磁转矩,使其合成的电磁转矩为零,即启动瞬间,$n = 0$,$s = 1$,$T = T^+ + T^- = 0$,说明单相异步电动机无启动转矩,如不采取其他措施,电动机不能启动。由此可知,三相异步电动机电源断一相时,相当于一台单相异步电动机,故不能启动。

②当 $s \neq 1$ 时,$T \neq 0$,且 T 无固定方向,它取决于 s 的正负。若用外力使电动机转动起来,s^+ 或 s^- 不为 1 时,合成转矩不为零,这时若合成转矩大于负载转矩,即使去掉外力,电动机也可以旋转起来。因此单相异步电动机虽无启动转矩,但一经启动.便可达到某一稳定转速工作,而旋转方向则取决于启动瞬间外力矩作用于转子的方向。

由此可知,三相异步电动机运行中断一相,电机仍能继续运转,但由于存在反向转矩,使合成转矩减小,当负载转矩 T_L 不变时,使电动机转速下降,转差率上升,定子、转子电流增加,从而使得电动机温升增加。

(3)由于反向转矩的作用,使合成转矩减小,最大转矩也随之减小,故单相异步电动机的过载能力较低。

5.7.2　单相异步电动机的主要类型

为了使单相异步电动机能够产生启动转矩,关键是启动时如何在电动机内部形成一个旋转磁场。根据获得旋转磁场方式的不同,单相异步电动机可分为分相电动机和罩极电动机两大类。

1. 分相电动机

在分析交流绕组磁动势时曾得出一个结论,只要在空间不同相的绕组中通入时间上不同相的电流,就能产生一旋转磁场,分相电动机就是根据这一原理设计的。

分相电动机的定子上有两个绕组,一个是工作绕组,另一个是启动绕组,两个绕组的轴线在空间上间相差 90° 电角度。电动机启动时,工作绕组和启动绕组接到同一个单相交流电源上,为了使两个绕组中的电流在时间上有一定的相位差(即分相),需在启动绕组中串入电容器或电阻器,也可以使启动绕组本身的电阻远大于工作绕组的电阻。因此,分相电动机又可分为电阻分相电动机和电容分相电动机两类。

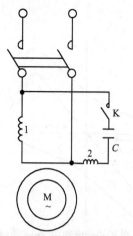

图 5-19　电容分相式单相异步电动机原理图

1—工作绕组；2—启动绕组；K—离心式开关；C—电容器

电容分相电动机的启动绕组串联一个电容器后再与工作绕组并联，接到单相交流电源，如图 5-19 所示。电容器的大小最好能使启动绕组中的电流较上一工作绕组中的电流超前 90° 电角度，以便获得较大的启动转矩。如果启动绕组是按短时运行方式设计的，长时间通电就会因过热而损坏。由此，当转速达到同步转速的 70%~80% 时，利用离心开关将启动绕组断开。这种电机叫作电容启动电动机。如果启动绕组是按持续工作设计的，就可以在启动结束后继续接在电路中与工作绕组并联工作，这种电机叫做电容运转电动机或电容电动机，从供电电源看，它是单相异步电动机，但从两个绕组中电流的相位看也可以说它是两相异步电动机。

单相异步电动机的旋转方向决定于启动时两个绕组合成磁动势的旋转方向，改变合成磁动势的旋转方向，就可以改变单相异步电动机的旋转方向。为此，可以将启动绕组（或工作绕组）的两个出线端子的接线对调。

单相电容分相式电动机的启动性能和运行性能都比其他型式的单相异步电动机要好，启动转矩、过载能力和功率因数都比较高。

如果不用电容器，而在启动绕组电路中串联电阻器，或用电阻较大的导线绕制启动绕组，也可以达到分相的目的，但这时两绕组中电流的相位差达不到 90° 电角度。因此，这种电机中除了正向旋转磁动势外还存在着一定的反向旋转磁动势，所以电机的电磁转矩较小，启动电流较大，性能较差，但价格比较便宜。

2. 罩极式电动机

罩极式电动机的转子也是笼型的，定子大多数制成凸极式，由硅钢片叠压而成。定子磁极极身套装有集中的工作绕组，在磁极极靴表面一侧约占 1/3 的部分开一个凹槽，凹槽将磁极分成大小两部分，在较小的部分套装一个短路铜环，如图 5-20 所示。

罩极式电动机的工作绕组接通单相交流电源后，产生的脉动磁通分为两部分，其中 $\dot{\Phi}_A$ 不穿过短路环直接进入气隙，$\dot{\Phi}_B$ 穿过短路环进入气隙。当 $\dot{\Phi}_B$ 在短路环中脉振时，短路环中就会产生感应电动势，短路环电流 $\dot{I}_k$ 产生磁通 $\dot{\Phi}_k$，因而穿过罩极部分的磁通 $\dot{\Phi}'_B$ 为 $\dot{\Phi}_B$ 和 $\dot{\Phi}_k$ 所合成，即 $\dot{\Phi}'_B = \dot{\Phi}_B + \dot{\Phi}_k$，如图 5-21 所示。这样，磁通 $\dot{\Phi}_A$ 与 $\dot{\Phi}_B$ 不仅在空间的位置不同，而且在时间上也有一定的相位差，$\dot{\Phi}_A$ 超前于 $\dot{\Phi}'_B$，看起来就像磁场从没有短路环的部分向着有短路环的部分连续移动，这样的磁场叫作移行磁场。移行磁场与旋转磁场的作用相似，能够使转子产生启动转矩。罩极电动机总是由磁极没有短路环的部分向着有短路环的部分旋转，它的旋转方向不能改变。

这种罩极电动机的启动转矩小，制造容量一般为几瓦或几十瓦。由于它结构简单，制造方便，多用于小型电风扇等日用电器中。

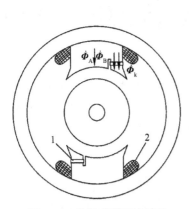

图 5-20　凸极式罩极电动机

1—短路铜环;2—工作绕组

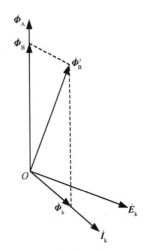

图 5-21　罩极电动机的相量图

罩极电动机除了凸极式的外,还有隐极式的,这种电动机的定子铁芯与三相异步电动机的一样,定子槽中嵌放着两套分布绕组,即工作绕组和罩极绕组(即启动绕组)。罩极绕组一般只有 2~6 匝,它的导线较粗且自行短路,罩极绕组的轴线与工作绕组的轴线错开一定角度,它的作用与短路环相同。这种电动机的转向也是从工作绕组的轴线转向短路绕组的轴线。这种结构的罩极电动机也只能轻载启动,而且过载能力很小,多用于拖动小型鼓风机。

第6章 三相异步电动机的电力拖动

【内容提要】本章主要讲述三相异步电动机的机械特性及其在启动、调速和制动运行状态下的工程计算方法。通过本章的学习,掌握三相异步电动机的机械特性、转矩计算公式和调速方法。深刻理解三相异步电动机的启动过程、制动原理及其计算方法。

【重点】三相异步电动机的机械特性及其应用

【难点】三相异步电动机的制动原理及其计算方法

6.1 三相异步电动机的机械特性

三相异步电动机的机械特性就是在定子电压 U_1、电源频率 f_1、电机参数一定的条件下,电动机的转速与电磁转矩之间的函数关系 $n = f(T)$。由于转差率与转速之间存在线性关系 $s = 1 - \dfrac{n}{n_1}$,因此也可以用 $s = f(T)$ 表示三相异步电动机的机械特性。

6.1.1 三相异步电动机机械特性的三种表达式

1. 物理表达式

三相异步电动机机械特性的物理表达式,即电磁转矩的一般公式为

$$T = C_T' \Phi_m I_2' \cos\varphi_2 \tag{6-1}$$

式中, C_T' 为异步电动机的转矩常数; Φ_m 为异步电动机的每极磁通; I_2' 为折算到定子侧的转子电流; $\cos\varphi_2$ 为转子电路的功率因数。该式虽然不包含转差率 s,但式中的 Φ_m、I_2' 及 $\cos\varphi_2$ 都是 s 的函数。

物理表达式反映了异步电动机电磁转矩产生的物理本质,异步电动机的电磁转矩是由主磁通 Φ_m 与转子电流的有功分量 $I_2' \cos\varphi_2$ 相互作用产生的,在形式上与直流电动机的转矩表达式相似,它是电磁力定律在异步电动机中的具体表现。

2. 参数表达式

电磁转矩 T 可以用电磁功率 P_M 和同步角速度 Ω_1 表示,即

$$T = \frac{P_M}{\Omega_1} = \frac{m_1 \cdot I_2'^2 \dfrac{r_2'}{s}}{\dfrac{2\pi f_1}{p}} \tag{6-2}$$

式中, $\Omega_1 = 2\pi f_1 / p$, p 为极对数。

根据异步电动机的简化等效电路,得

$$I_2' = \frac{U_1}{\sqrt{\left(r_1 + \dfrac{r_2'}{s}\right)^2 + (x_1 + x_2')^2}} \tag{6-3}$$

将式（6-3）代入式（6-2）可得

$$T = \frac{m_1 p U_1^2 \dfrac{r_2'}{s}}{2\pi f_1 \left[\left(r_1 + \dfrac{r_2'}{s}\right)^2 + (x_1 + x_2')^2\right]} \tag{6-4}$$

式（6-4）是由电动机的电压、频率及结构参数表示的三相异步电动机机械特性公式，称为机械特性的参数表达式。

机械特性方程式（6-4）为二次方程式，故在某一转差时，转矩有一最大值，是函数 $T = f(s)$ 的极值点。因此，为了求出 T_M，可对式（6-4）求导，并令导数 $\dfrac{\mathrm{d}T}{\mathrm{d}s} = 0$，求得临界转差率

$$s_M = \pm \frac{r_2'}{\sqrt{r_1^2 + (x_1 + x_2')^2}} \tag{6-5}$$

把 s_M 代入式（6-4）得最大转矩

$$T_M = \pm \frac{m_1 p U_1^2}{4\pi f_1 \left[\pm r_1 + \sqrt{r_1^2 + (x_1 + x_2')^2}\right]} \tag{6-6}$$

以上正号为异步电动机处于电动机状态，负号则适用于发电机状态。

通常 $r_1 \ll (x_1 + x_2')$，忽略 r 则有

$$T_M = \pm \frac{3p}{4\pi f} \frac{U_1^2}{(x_1 + x_2')} \tag{6-7}$$

$$s_M \approx \pm \frac{r_2'}{x_1 + x_2'} \tag{6-8}$$

三相异步电动机机械特性的参数表达式常用来分析电动机的电压、频率以及结构参数对机械特性的影响。

3. 实用表达式

利用机械特性的参数表达式计算三相异步电动机的机械特性时，需要知道电动机的绕组参数，有些参数用户在产品目录中查不到，通过实验才能得到。如果能利用电动机的铭牌数据和相关手册提供的额定值进行计算，就比较实用和方便了。为此，可用式（6-7）去除式（6-4），并考虑到临界转差率公式（6-8），化简并忽略 r_1 后，可得电动机机械特性的实用表达式

$$T = \frac{2T_M}{\dfrac{s}{s_M} + \dfrac{s_M}{s}} \tag{6-9}$$

式（6-9）中的 T_M 和 s_M 可由电机产品目录中的数据求得，最大转矩 T_M 可以用电动机的额定电磁转矩 T_N 乘以电动机的过载倍数 λ_m 表示，λ_m 可以从电机产品目录中查到，即

$$T_M = \lambda_m T_N \tag{6-10}$$

式中，T_N 为额定电磁转矩，在工程计算时，常因空载转矩 T_0 远小于电磁转矩 T_N 而将其忽略不计，认为额定电磁转矩等于额定输出转矩。便可根据功率 P_N 及额定转速 n_N 求出

$$T_N = 9\,550 \frac{P_N}{n_N} \tag{6-11}$$

式中，P_N 的单位为 kW；T_N 的单位为 N·m。

由实用公式还可以得到

$$s_M = s \left[\frac{\lambda_m T_N}{T} + \sqrt{\left(\frac{\lambda_m T_N}{T} \right)^2 - 1} \right] \tag{6-12}$$

例如，当 $T = T_N$ 时，$s = s_N$，则由式（6-12）可得

$$s_M = s_N \left(\lambda_m + \sqrt{\lambda_m^2 - 1} \right) \tag{6-13}$$

当三相异步电动机在额定负载范围内运行时，转差率很小，额定转差率 s_N 仅为 0.012~0.05，这时

$$\frac{s}{s_M} \ll \frac{s_M}{s} \tag{6-14}$$

为进一步简化，可忽略式（6-9）分母中的 s/s_M，可以得到

$$T = \frac{2T_M}{s_M} s \tag{6-15}$$

这说明在 $0 < s < s_N$ 的范围内三相异步电动机的机械特性呈线性关系，具有与他励直流电动机相似的特性。

前述异步电动机机械特性的三种表达式，其应用场合各有不同。一般来说，物理表达式适用于对电动机的运行作定性分析；参数表达式适用于分析各种参数变化对电动机运行性能的影响；实用表达式适用于机械特性的工程计算。

6.1.2 三相异步电动机的固有机械特性及人为机械特性

1. 固有机械特性

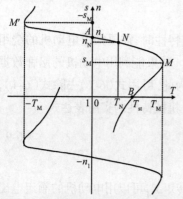

图 6-1 三相异步电动机的机械特性

固有机械特性曲线是指当定子电压和频率均为额定值，转子回路直接短路，定子绕组按规定方式接线，定子、转子电路不串电阻或电抗时所获得的机械特性曲线 $n = f(T)$，三相异步电动机的机械特性曲线如图 6-1 所示。同时三相异步电动机可以根据不同的要求工作在电动状态和制动状态下，与直流电动机机械特性四象限分析方法类似。

在第一象限中，$T > 0$，$n > 0$，电动机处于正向电动运行状态。在第二象限中，$T < 0$，$n > 0$，电动机处于制动状态，称为回馈制动。在第三象限中，$T < 0$，$n < 0$，机械特性曲线与正向电动运行状态机械特性曲线对称，电动机处于

反向电动运行状态。在第四象限中，$T>0$，$n<0$，电动机处于制动状态，称为反接制动。

三相异步电动机固有机械特性曲线在第一象限的固有机械特性曲线中有四个特殊点，这四个点对应电动机不同的工作点。

（1）理想空载点 A

该点 $T=0$，$n=n_1=60f_1/p$，$s=0$，此时电动机不进行机电能量转换。三相异步电动机没有外力作用不可能达到此状态。

（2）临界点 M

该点 $T=T_M$ 为最大转矩，相应的转差率为 s_M，称为临界转差率。临界状态说明电动机短时过载能力，最大转矩 T_M 反映了电动机的过载能力，当负载转矩超过电动机的最大转矩，它将迫使电动机堵转，并有可能造成事故。需要注意的是，尽管电动机有一定的过载能力，但不允许在过载情况下长期运行，否则电动机各部分的温升将超出允许的数值，将导致电机损坏。

（3）启动点 B

该点 $s=1$，$n=0$，电磁转矩 T 为初始启动转矩 T_{st}。把 $s=1$ 代入式（6-4）可得

$$T_{st} = \frac{m_1 p U_1^2 r_2'}{2\pi f_1 \left[(r_1+r_2')^2 + (x_1+x_2')^2 \right]} \tag{6-16}$$

可见初始启动转矩 T_{st} 具有如下特点：

①在定子频率及电动机参数一定的条件下，T_{st} 与电压 U_1 的平方成正比；

②在一定范围内，增加转子回路电阻 r_2'，可以增加启动转矩 T_{st}；

③当 U_1、f_1 为常数时，(x_1+x_2') 越大，T_{st} 就越小，当电动机参数一定的条件下，堵转状态表明电动机的直接启动能力。

（4）额定工作点 N

额定工作点 N 的转速、转矩、电流及功率等都为额定值。与额定转速对应的转差率 s_N 称为额定转差率，其值在 0.012~0.05。机械特性曲线上的额定转矩是指额定电磁转矩，以 T_N 表示。由于在工程计算中通常忽略 T_0，所以也可认为是电动机的额定输出转矩 T_{2N}。

2. 人为机械特性

人为机械特性就是改变电动机的某一参数后所得到的机械特性，如改变定子电压 U_1、定子频率 f_1、磁极对数 p、改变定子回路、转子回路的电阻或电抗。下面简单介绍几种人为机械特性。

（1）降低定子电压的人为机械特性

当定子电压 U 降低时，最大转矩 T_M 和启动转矩 T_{st} 与 U^2 成正比地降低，s_M 与 U 的降低无关。电动机的其他参数不变，仅降低定子电压 U 后得到的人为机械特性与固有机械特性相比较，如图 6-2 所示。

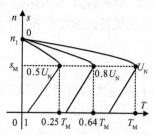

图 6-2　三相异步电动机降压的人为特性

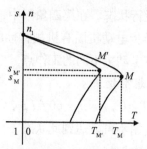

图 6-3　定子串三相对称电阻或电抗的人为机械特性

（2）定子回路外串对称电阻或电抗时的人为机械特性

定子回路串入三相对称电阻或电抗,其他参数都与固有机械特性时相同,相当于增大了电动机定子回路的漏阻抗。图 6-3 为三相异步电动机定子串三相对称电阻或电抗时人为机械特性曲线。电动机同步转速 n_1 的大小不变,其人为机械特性都要通过 n_1 点;临界转差率 s_M、最大转矩 T_M 以及启动转矩 T_{st} 等都随外串电阻或电抗的增大而减少。

（3）转子回路串三相对称电阻时的人为机械特性

图 6-4（a）是绕线转子异步电动机转子回路串接三相对称电阻 R_s 时的线路图,其人为机械特性如图 6-4（b）所示。

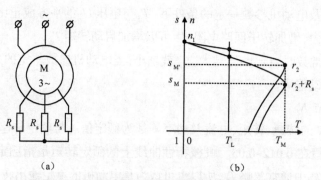

图 6-4　绕线转子异步电动机转子电路串接对称电阻

（a）线路图;（b）人为机械特性曲线

分析如下。

①电动机同步转速 n_1 的大小不变。

②临界转差率 s_M 正比于转子电阻,最大转矩 T_M 与转子电阻无关。

③在一定范围内增加转子电阻,可以增大电动机的启动转矩。当所串接的电阻使其 $s_M = 1$ 时,对应的启动转矩将达到最大转矩,如果再增大转子电阻,启动转矩反而减小。

（4）转子串接对称电阻后,其机械特性曲线线性段斜率增大,特性变软。

转子电路串接对称电阻适合于绕线转子异步电动机启动、制动和调速,除了上述几种人为机械特性外,关于改变电源频率、改变定子绕组极对数的人为机械特性,将在异步电动机调速一节中介绍。

6.2 三相异步电动机的启动

6.2.1 三相异步电动机对启动的要求

电动机启动是指电动机接通电源后,由静止状态加速到稳定运行状态的过程,对异步电动机启动性能的要求,主要有以下两点。

1. 启动电流要小,以减小对电网的冲击

如果在额定电压下异步电动机直接启动时,普通异步电动机的启动电流 $I_{st}=(4\sim7)I_N$,需供电变压器提供较大的启动电流,使供电变压器输出电压下降,对供电电网产生影响。如果变压器额定容量相对不够大时,电动机较大的启动电流会使变压器输出电压短时间下降幅度较大,超过了正常规定值,会影响到由同一台变压器供电的其他负载,使其他运行的异步电动机过载甚至停转,照明灯会突然变暗,家用电器无法正常运行等。显然这是不允许的。所以当供电变压器额定容量相对电动机额定功率不足够大时,三相异步电动机不允许在额定电压下直接启动,需要采取措施,减小启动电流。

2. 启动转矩足够大,以加速启动过程,缩短启动时间

电动机采用直接启动时较大的启动电流引起电压下降,也会使电动机启动转矩下降很多,对于轻载或空载情况下启动,一般没什么影响,当负载较重时,电动机可能启动不了。从发热角度来看,一般异步电动机启动过程时间很短,电动机本身是可以承受短时间较大启动电流。但对于启动频繁的异步电动机,过大的启动电流会使电动机内部过热,导致电机的温升过高,降低绝缘寿命。因此,一般要求 $T_{st}\geqslant(1.1\sim1.2)T_L$, T_{st} 越大于 T_L ,启动过程所需要的时间越短。因此,直接启动一般只在小容量的笼型电动机中使用,如 7.5 kW 以下的笼型电动机可采用直接启动。

6.2.2 笼型异步电动机的降压启动

降压启动的目的是限制启动电流。启动时,通过启动设备使加到电动机上的电压小于额定电压,待电动机转速上升到一定数值时,再使电动机承受额定电压,保证电动机在额定电压下稳定工作。下面介绍几种常见的降压启动方法。

1. 定子串电阻或电抗减压启动

电动机启动时,在定子回路中串入启动电阻 R_{st} 或启动电抗 X_{st} ,启动电流在 R_{st} 或 L_{st} 上产生压降,降低了定子绕组上的电压,从而减小了启动电流。定子串电阻或串电抗启动时的接线如图 6-5 所示。

启动时接触器触点 KM_1 闭合, KM_2 断开,电动机定子绕组通过 R_{st} 或 X_{st} 接入电网减压启动。启动后, KM_2 闭合,切除 R_{st} 或 L_{st} ,电动机进入正常运行。电阻降压启动时耗能较大,一般只在低压小功率电动机上采用,高压大功率的电动机多采用串电抗降压启动。

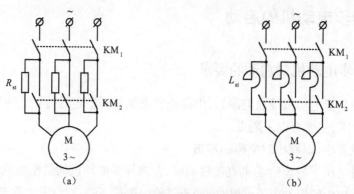

图 6-5 定子串电阻或电抗降压启动方法

(a)串电阻;(b)串电抗

2.Y-△启动

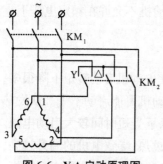

图 6-6 Y-Δ 启动原理图

Y-△减压启动只适用于正常运行时定子绕组为三角形联结（即 △ 联结）并有六个出线端子的笼型异步电动机。为了减小启动电流,启动时定子绕组星型联结（即 Y 联结）,降低定子电压,启动后再联结成三角形。其接线如图 6-6 所示。启动时 KM₂ 联到 Y 端,定子绕组联结成星型,电动机减压启动,当电动机转速接近稳定转速时,KM₂ 联到△端。Y-△启动的优点是启动电流小,启动设备简单,价格便宜,操作方便,缺点是启动转矩小,仅适于 30 kW 以下的小功率电动机空载或轻载启动。

3. 自耦变压器减压启动

自耦变压器减压启动的接线如图 6-7（a）所示,图中 TA 为自耦变压器。启动时接触器触点 KM₂闭合,电动机定子绕组经自耦变压器的二次侧接至电网,降低了定子电压。当转速升高接近稳定转速时, KM₂ 断开, KM₁ 闭合,自耦变压器被切除,电动机定子绕组经 KM₁ 接入电网,启动结束。

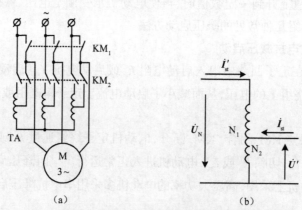

图 6-7 异步电动机定子接自耦调压器降压启动原理图

（a）启动电路;（b）自耦调压器原理

通常把自耦变压器、接触器、保护设备等装在一起,组成一个自耦减压启动控制柜。为了便于调节启动电流和启动转矩,自耦变压器备有抽头来选择对应的启动电压。

以上对笼型异步电动机的启动方法作了介绍。在确定启动方法时,应根据电网允许的最大启动电流、负载对启动转矩的要求以及启动设备的复杂程度、价格等条件综合考虑。

6.2.3 启动性能改善的笼型异步电动机

笼型异步电动机降压启动虽能减小启动电流,但同时也使启动转矩减小,所以其启动性能不够理想。为进一步改善启动性能,适应高启动转矩和低启动电流的要求,人们在电动机转子绕组和转子槽形结构上作了改进,充分利用"集肤效应"使启动时转子电阻增大,以增大启动转矩并减小启动电流,且在正常运行时转子电阻又能自动减小。深槽及双笼型异步电动机就属于启动性能改善的电动机。

1.深槽笼型异步电动机

这种电机是利用电机转子槽漏磁通所引起的电流集肤效应来改善启动性能的。深槽笼型异步电动机的转子槽特别深而且较窄,其槽深 h 与槽宽 b 之比为 10~12,槽中放有转子导条。当转子绕组中有电流流过时,转子槽中漏磁通分布如图 6-8(a)所示。启动时,转子电流的频率最高,为定子电流的频率 f_1,槽漏抗最大,在阻抗中占主要部分。可以看出,转子槽中导条下部所链的漏磁通要比上部多。如果把转子导条看成沿槽高方向由许多根单元导条并联组成,那么转子槽底部分单元导条交链较多的漏磁通,因此漏抗较大;而转子槽口附近的单元导条则交链较少的漏磁通,具有较小的漏抗。各单元导条中电流基本上按漏抗的大小成反比分配,导条中电流密度 j 的分布自槽口向槽底逐渐减小,如图 6-8(b)所示。

由图可见,大部分电流集中在导条上部,这种现象称为电流的集肤效应。转子频率越高,槽越深,电流的集肤效应就越显著。由于导条中的电流都挤向导条上部,可以近似认为导条下部没有电流,电流集中在上部的效果相当于减少了导条的有效截面积,如图 6-8(c)所示。因此,转子电阻增大,启动电流减小,启动转矩增加。

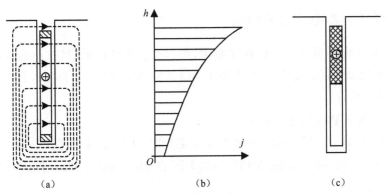

(a)   (b)   (c)

图 6-8 深槽异步电动机启动时转子导条中的电流集肤效应

(a)槽漏磁通;(b)导条内电流密度分布;(c)导条的有效截面

随着电动机转速的升高,转子电流的频率降低,槽漏抗的作用减少,集肤效应减弱,转子电阻也随之减小。当达到额定转速时,转子电流频率仅几赫兹,集肤效应基本消失,电流接近于均匀分布,转子电阻自动减小,转子铜损不大,电机工作在正常状态。

2. 双笼型异步电动机

这种电动机的转子上装有两套笼型绕组,如图6-9(a)所示,其槽形如图6-9(b)所示。上下笼导体使用不同的材料制成。一般上笼导体截面积较小,用电阻系数较高的黄铜或青铜制成,电阻较大,上笼交链的漏磁通较少漏抗小。下笼导体截面积较大,用电阻系数较小的紫铜制成电阻较小,下笼交链的漏磁通多漏抗大。

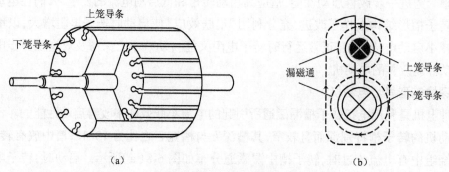

图6-9 双笼型异步电动机的转子结构及槽形

(a)转子结构;(b)漏磁通分布

启动时,转子电流的频率$f_2 \approx f_1$,转子漏抗起主要作用。电流集中在上笼。由于上笼导条电阻大,所以既可以限制启动电流又可以提高启动转矩。在启动时上笼起主要作用,称为启动笼。电动机启动以后,转子电流频率很低,转子电阻起主要作用,转子电流大部分从电阻较小的下笼流过,下笼在正常运行时起主要作用,称为工作笼。

与普通异步电动机相比,双笼型异步电动机的转子漏电抗大,运行时功率因数偏低,最大转矩也偏低。但只要改变上笼和下笼的参数,便可以灵活地得到所需要的机械特性,而且双笼型异步电动机的机械强度较好,适用于高转速大容量的异步电动机。

6.2.4 绕线转子异步电动机的启动

绕线转子异步电动机的转子回路串电阻,可以改变电动机的特性,不但可以减少启动电流,还可以增大启动转矩。适合于大功率重载启动的情况,也适用于功率不大但要求频繁启动、制动和反转的负载。

1. 转子串三相对称电阻分级启动

绕线转子异步电动机转子串三相对称电阻启动时,为保证启动过程中都有较大的启动转矩和较小的启动电流,一般采用分级切除启动电阻的方法。其接线图及机械特性如图6-10所示,启动过程如下。

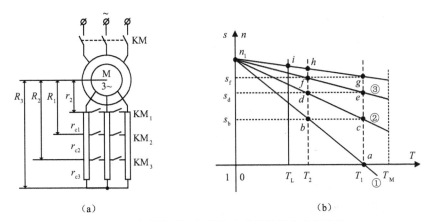

图 6-10　绕线转子三相异步电动机转子串电阻启动

（a）接线图；（b）机械特性

启动前接触器 $KM_1 \sim KM_3$ 断开,转子绕组串入全部启动电阻 $r_{c1} + r_{c2} + r_{c3}$, KM 闭合,定子绕组接三相电源,电动机开始加速,启动点在机械特性曲线①的 a 点,启动转矩为 T_1,通常取 $T_1 < 0.9T_M$,由于启动转矩 T_1 远大于负载转 T_L,电动机沿机械特性曲线①升速,到 b 点电磁转矩 $T = T_2$, b 点的电磁转矩 T_2 称为切换转矩,一般选择 $T_2 = (1.1 \sim 1.2)T_N$。这时接触器 KM_3 闭合,切除第一段启动电阻 r_{c3}。由于切除电阻瞬间电动机转速来不及变化,电动机电流增大,工作点从 b 点平移到特性曲线②的 c 点。如果启动电阻选择的合适, c 点的电磁转矩正好等于 T_1。 c 点的启动转矩 T_1 大于负载转距 T_L,电动机从 c 点沿机械特性曲线②升速到 d 点, $T = T_2$,接触器 KM_2 闭合,切除第二段启动电阻 r_{c2},电动机的运行点平移到特性曲线③的 e 点。当电动机继续升速到 f 点时, $T = T_2$,接触器 KM_1 闭合,切除第三段启动电阻 r_{c1},电动机运行点平移到固有机械特性曲线上的 g 点, $T = T_1$。电动机继续在固有机械特性曲线上升速,最后稳定运行在 j 点, $T = T_L$,整个启动过程结束。

2. 各级启动电阻的计算

计算启动电阻时,主要依据图 6-10（b）的机械特性曲线和机械特性的实用公式:

$$T = \frac{2\lambda_m T_N}{\dfrac{s_M}{s} + \dfrac{s}{s_M}} \tag{6-17}$$

若已知机械特性的临界转差率 s_M 和该机械特性上某点的转矩 T,则由实用公式可求出与 T 相应的转差率 s（ $s < s_M$）,即

$$s = s_M \left[\frac{\lambda_m T_N}{T} - \sqrt{\left(\frac{\lambda_m T_N}{T}\right)^2 - 1} \right] = s_M \sigma \tag{6-18}$$

式中, $\sigma = \dfrac{\lambda_m T_N}{T} - \sqrt{\left(\dfrac{\lambda_m T_N}{T}\right)^2 - 1}$ 。

已知电动机的过载倍数 λ_m 和额定转矩 T_N 时, σ 仅由 T 决定,因此称为转矩函数。与最大启动转矩 T_1 和切换转矩 T_2 相应的转矩函数分别为

$$\left.\begin{array}{l} \sigma_1 = \dfrac{\lambda_m T_N}{T_1} - \sqrt{\left(\dfrac{\lambda_m T_N}{T_1}\right)^2 - 1} \\[4mm] \sigma_2 = \dfrac{\lambda_m T_N}{T_2} - \sqrt{\left(\dfrac{\lambda_m T_N}{T_2}\right)^2 - 1} \end{array}\right\} \tag{6-19}$$

设图 6-10（b）中机械特性曲线①、②、③的临界转差率分别为 s_{M1}、s_{M2} 和 s_{M3}，根据式（6-18），$a \sim i$ 点的转差率为

$$\left\{\begin{array}{l} s_a = s_{M1}\sigma_1 = 1 \\ s_b = s_{M1}\sigma_2, s_c = s_{M2}\sigma_1 \\ s_d = s_{M2}\sigma_2, s_e = s_{M3}\sigma_1 \\ s_f = s_{M3}\sigma_2, s_g = s_{MN}\sigma_1 \end{array}\right. \tag{6-20}$$

从图 6-10（b）中可以看出，$s_b = s_c$、$s_d = s_e$、$s_f = s_g$，且考虑到根据同一转矩下转子回路的电阻和转差的比值不变的原则，可得

$$\left.\begin{array}{l} \dfrac{s_{M1}}{s_{M2}} = \dfrac{\sigma_1}{\sigma_2} = \dfrac{R_3}{R_2} \\[3mm] \dfrac{s_{M2}}{s_{M3}} = \dfrac{\sigma_1}{\sigma_2} = \dfrac{R_2}{R_1} \\[3mm] \dfrac{s_{M3}}{s_{MN}} = \dfrac{\sigma_1}{\sigma_2} = \dfrac{R_1}{r_2} \end{array}\right\} \Rightarrow \dfrac{s_{M1}}{s_{M2}} \times \dfrac{s_{M2}}{s_{M3}} \times \dfrac{s_{M3}}{s_{MN}} = \dfrac{R_3}{R_2} \times \dfrac{R_2}{R_1} \times \dfrac{R_1}{r_2} = \left(\dfrac{\sigma_1}{\sigma_2}\right)^3 = q^3 \tag{6-21}$$

式中，$q = \dfrac{\sigma_1}{\sigma_2}$ 为启动转矩函数比。上式整理后可得到

$$\dfrac{R_3}{r_2} = q^3 \Rightarrow q = \sqrt[3]{\dfrac{R_3}{r_2}} \tag{6-22}$$

考虑到 R_3 和 r_2 分别对应特性曲线①和固有特性，根据同一转矩下转子回路的电阻和转差的比值不变的原则，有

$$\left.\begin{array}{l} s_a = s_{M1}\sigma_1 = 1 \\ s_N = s_{MN}\sigma_N \end{array}\right\} \Rightarrow \dfrac{s_a}{s_N} = \dfrac{s_{M1}\sigma_1}{s_{MN}\sigma_N} = \dfrac{R_3}{r_2}\dfrac{\sigma_1}{\sigma_N} \Rightarrow \dfrac{R_3}{r_2} = \dfrac{\sigma_N}{s_N\sigma_1} \tag{6-23}$$

式中，$R_3 = U_N / I_1$。σ_N 是 $T = T_N$ 时的转矩函数，即

$$\sigma_N = \lambda_m - \sqrt{\lambda_m^2 - 1} \tag{6-24}$$

转子绕组为 Y 连接时，转子电阻 r_2 可按下式求出

$$I_{2N} = \dfrac{s_N E_{2N}}{\sqrt{r_2^{\,2} + (s_N X_2)^2}} = \dfrac{s_N U_{2N} / \sqrt{3}}{\sqrt{r_2^{\,2} + (s_N X_2)^2}} \tag{6-25}$$

式中，E_{2N} 为转子额定电动势，I_{2N} 转子额定线电流，U_{2N} 转子额定线电压。

由于 s_N 很小，$s_N X_2$ 可以忽略，则 $I_{2N} = \dfrac{s_N U_{2N}}{\sqrt{3} r_2}$，即 $r_2 = \dfrac{s_N U_{2N}}{\sqrt{3} I_{2N}}$。

如图 6-10 所示的分级启动特性、各机械特性、转子回路总电阻之间存在等比级数关系，公比为 q。如果启动级数为 m，则转子回路各级启动电阻为

$$R_1 = qr_2$$
$$R_2 = qR_1 = q^2 r_2$$
$$R_3 = qR_2 = q^3 r_2$$
$$\vdots$$
$$R_m = qR_{m-1} = q^m r_2$$

（6-26）

如果启动级数为 m ，式（6-26）可以类推为

$$\frac{R_m}{r_2} = \frac{\sigma_N}{s_N \sigma_1}$$

（6-27）

把式（6-27）代入式（6-26）中的最后一项，得到

$$q = \sqrt[m]{\frac{\sigma_N}{\sigma_1 s_N}}$$

（6-28）

计算启动电阻的步骤如下。

已知启动级数。计算 s_N 、 σ_N 及 T_N ；确定 σ_1 ，一般取 $T_1 = (0.6\sim0.9)T_M$ ，并按式（6-19）算出 σ_1 ；按式（6-28）计算 q ；校验 T_2 ，可求出 $\sigma_2 = \sigma_1 / q$ ，再根据式（6-19）求出 T_2 ，即

$$T_2 = \frac{2\lambda_m \sigma_2}{1 + \sigma_2^2} T_N$$

（6-29）

应使 $T_2 \geqslant 1.1\ T_L$ ；按式（6-26）计算各级总电阻 $R_1 \sim R_m$ 以及各段电阻 $r_{c1} \sim r_{cm}$ 。

②级数尚未确定。确定 T_1 、 T_2 并确定 σ_1 、 σ_2 及 q ；由式（6-28）计算 m ，即

$$m = \frac{\ln\left(\dfrac{\sigma_N}{\sigma_1 s_N}\right)}{\lg q}$$

（6-30）

应将 m 凑成相近的整数 m' ；按 m' 由式（6-28）计算 q ，并校验 T_2 ；按校验通过的 q 计算各级启动电阻。

【例 6-1】某生产机械用绕线转子三相异步电动机拖动，其有关数据为： $P_N = 40\ kW$ ， $n_N = 1\ 435\ r/min$ ， $E_{2N} = 290\ V$ ， $I_{2N} = 86\ A$ ， $\lambda_m = 2.6$ 。启动时负载转矩 $T_L = 200\ N \cdot m$ ，求转子串电阻三级启动的电阻值。

解：（1）计算 s_N 、 σ_N 及 T_N

$$s_N = \frac{n_1 - n_N}{n_1} = \frac{1\ 500 - 1\ 435}{1\ 500} = 0.043$$

$$\sigma_N = \lambda_m - \sqrt{\lambda_m^2 - 1} = 2.6 - \sqrt{2.6^2 - 1} = 0.2$$

$$T_N = 9\ 550 \frac{P_N}{n_N} = 9\ 550 \times \frac{40}{1\ 435} = 266.2\ N \cdot m$$

（2）确定 σ_1

取 $T_1 = 0.85T_M = 0.85\lambda_m T_N = 0.85 \times 2.6 \times 266.2 = 588.3\ N \cdot m$

$$\sigma_1 = \frac{\lambda_m T_N}{T_1} - \sqrt{\left(\frac{\lambda_m T_N}{T_1}\right)^2 - 1} = \frac{2.6 \times 266.2}{588.3} - \sqrt{\left(\frac{2.6 \times 266.2}{588.3}\right)^2 - 1} = 0.557$$

（3）计算 q

$$q = \sqrt[3]{\frac{\sigma_N}{\sigma_1 s_N}} = \sqrt[3]{\frac{0.2}{0.557 \times 0.043}} = \sqrt[3]{\frac{0.2}{0.024}} = 2.02$$

（4）校验 T_2

$$\sigma_2 = \frac{\sigma_1}{q} = \frac{0.557}{2.02} = 0.276$$

$$T_2 = \frac{2\lambda_m \sigma_2}{1 + \sigma_2^2} T_N = \frac{2 \times 2.6 \times 0.276}{1 + 0.276^2} \times 266.2 = \frac{1.435}{1.276} \times 266.2 = 299.4 \text{ N·m}$$

$$\frac{T_2}{T_L} = \frac{299.4}{200} = 1.5 > 1.1 \text{，选择的 } T_2 \text{ 满足要求。}$$

（5）计算各启动转子回路总电阻

$$r_2 = \frac{s_N E_{sN}}{\sqrt{3} I_{2N}} = \frac{0.043 \times 290}{\sqrt{3} \times 86} = \frac{12.47}{148.95} = 0.084 \ \Omega$$

$$R_1 = r_2 q = 0.084 \times 2.02 = 0.17 \ \Omega$$

$$R_2 = R_1 q = 0.17 \times 2.02 = 0.34 \ \Omega$$

$$R_3 = R_2 q = 0.34 \times 2.02 = 0.69 \ \Omega$$

（6）计算各段外串电阻

$$r_{c1} = R_1 - r_2 = 0.17 - 0.084 = 0.086 \ \Omega$$

$$r_{c2} = R_2 - R_1 = 0.34 - 0.17 = 0.17 \ \Omega$$

$$r_{c3} = R_3 - R_2 = 0.69 - 0.34 = 0.35 \ \Omega$$

3. 转子串频敏变阻器启动

转子回路串电阻启动，启动级数少，在切除电阻时也会产生较大的冲击电流和转矩，电机启动不平稳；启动级数多，线路复杂，变阻器的体积较大，占地面积大，同时增加了设备投资和维修工作量。频敏变阻器如同一台没有二次绕组的三相变压器，利用本身电阻和电抗随转子电流频率的变化而自动改变的启动设备。铁芯一般是由厚钢板叠成并在铁芯柱上套有线圈，如图 6-11 所示。忽略频敏变阻器绕组电阻和漏抗时，其一相等效电路如图 6-12 所示。

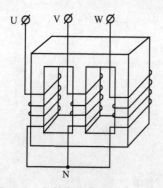

图 6-11　频敏变阻器的结构示意图

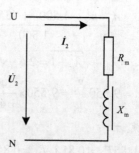

图 6-12　频敏变阻器一相等效电路

图中 X_m 是绕组的励磁电抗；R_m 代表频敏变阻器铁耗的等效电阻。对于单纯为了限制启动电流而又要求与转矩上下限十分接近的快速启动的设备,采用频敏变阻启动具有明显的优势;频敏变阻器可以提供图 6-13(b)所示的机械特性,在整个启动过程中始终保持较大的启动转矩。

如图 6-13(a)所示是频敏变阻器的绕阻按星形联结串接在电动机转子绕组上,因此,流过频敏变阻器绕组中的电流就是电动机的转子电流 I_2。I_2 的频率在启动过程中变化很大,因此频敏变阻器的等效电路中的 X_m、R_m 在启动过程中也要发生较大变化。其中 $X_m \propto f_2$,并与铁芯饱和程度有关;R_m 则取决于铁耗,主要是涡流损耗,它与铁芯磁通密度幅值的平方以及频率的平方二者之积成正比。当电机启动时,$f_2 = f_1$ 很大,R_m 较大,相当于铁损很大的铁芯线圈,而 X_m 则因磁路高饱和,且绕组匝数又少,其值较小,所以 $R_m > X_m$。随 n 的增高,f_2 的降低,R_m 及 X_m 都将减小。由于 R_m 远大于转子绕组电阻,即限制了启动电流,又增大了启动转矩。当启动结束后,频敏变阻器不起作用,接触器 KM₂ 闭合,将频敏变阻器切除。

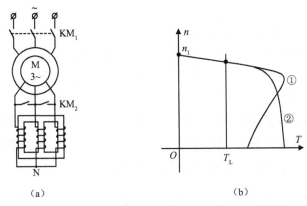

图 6-13 转子串频敏变阻器启动的接线与机械特性

(a)接线;(b)机械特性

频敏变阻器的铁芯和磁轭之间设有空气隙,绕组也留有几个抽头,改变气隙的大小和绕组匝数使其等效阻抗改变,以达到调整电动机的启动电流和启动转矩的大小。

转子串频敏变阻器启动的优点是启动性能好,可以达到平滑的启动,不会引起电流和转矩的冲击。频敏变阻器结构简单,运行可靠,无须经常维修,价格也便宜。缺点是功率因数低。这种启动方法适合于需要频繁启动的生产机械,但对于要求启动转矩很大的生产机械不宜采用。

6.3 三相异步电动机的调速

近年来随着电力电子技术和计算机技术的发展,异步电动机交流调速技术有了很大的发展,打破了过去直流拖动在调速领域中的统治地位。由于交流调速系统克服了直流电机结构复杂、应用环境受限制、维护困难等缺点,异步电动机交流调速得到广泛的应用。同时随着交流调速技术的不断提高,目前高性能的异步电动机调速系统的性能指标已达到了直流调速系统的水平。

三相异步电动机运行时其转速为

$$n = n_1(1-s) = \frac{60}{p}f_1(1-s) \tag{6-31}$$

可见,要调节异步电动机转速,可以改变下列三个参数,即改变定子极对数 p、改变电源频率 f_1、改变转差率 s。其中改变转差率 s 调速,就需要让电动机从固有机械特性上运行改为人为机械特性上运行。具体方法有:绕线转子电动机的转子串接电阻调速、定子调压调速、串级调速等。

6.3.1 三相异步电动机的变极调速

在电源频率 f_1 不变的条件下,改变电动机的极对数 p,电动机的同步转速 n_1 就会变化,电动机的转速也会变化,从而实现转速有级调节。

1. 变极原理

变极调速仅适用于笼型异步电动机。因为级数的改变必须在定子和转子上同时进行。笼型异步电动机转子的极对数能自动随定子极对数的改变而改变。

三相异步电动机定子绕组产生的极对数是由定子绕组的接线方式决定的,改变绕组联结方法来获得不同的极对数。图 6-14 为三相异步电动机定子 U 相绕组的接线,其他两相与 U 相一样。每相绕组由两个线圈组构成。为便于分析,每个线圈都用一个等效集中线圈表示。图中两个等效集中线圈正向串联,即它们的首端和尾端接在一起。根据图中的电流方向可以判断出它们产生的磁动势是四极的,即为四极异步电动机。

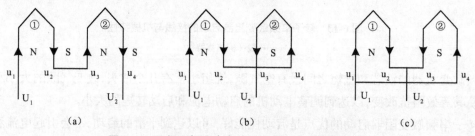

图 6-14　四极三相异步电动机定子 U 相绕阻的接线
(a)U 相绕组;(b)线圈反向串联;(c)线圈反向串联

如果把图 6-14(a)中的联结方式改为图 6-14(b)或(c)的形式,即改变其中一个线圈中的电流方向,那么定子 U 相绕组产生的磁动势就是二极的了,电机的同步转速升高了一倍。变极前后的极对数之比是一定的,而变极前后电动机转矩之比和功率之比取决于绕组的联结方法。因此,改变绕组的联结方法,可以大致实现恒转矩变极调速或恒功率变极调速。

2. 变极电动机三相绕组的联结方法

电机的三相绕阻一般可采用单 Y(每相一条支路)、双 Y(每相两条支路)和 D(每相一条支路)三种联结方法。从少极数到多极数一般采用 YY/D、YY/Y 联结方法。

（1）YY/Y 联结方法

该联结方法如图 6-15 所示，电动机定子绕组有六个出线端。低速运行时定子绕组为单 Y 联结方法，极对数为 p，同步转速为 n_1，如图 6-15（a）所示。高速运行的绕组为 Y 联结，此时，每相中都有一个半相绕组改变电流方向，极对数变为 $p/2$，同步转速变为 $2n_1$，如图 6-15（b）所示。设变极前为 YY 联结方法，变极后为 Y 联结方法，则变极后与变极前极对数之比为 $p'/p=2$。由于变极前后电动机相电压未变。若忽略变极前后定子功率因数的差别，每个绕组的额定相电流为 I_{1PN}，则电动机的输出功率 $P_Y=1/2 P_{YY}$，输出转矩 $T_Y=T_{YY}$。这说明 YY/Y 变极调速基本上属于恒转矩调速方式，其机械特性如图 6-15（c）所示。

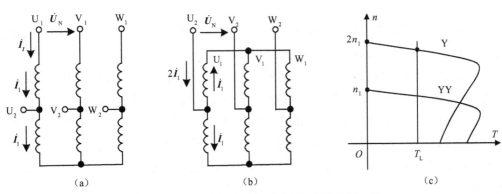

（a） （b） （c）

图 6-15 YY/Y 变极电动机的绕阻联结及机械特性

（a）单 Y 联结；（b）YY 联结；（c）机械特性

（2）YY/D 联结方法

该联结方法如图 6-16 所示。D 联结方法时，每相的两个半相绕组正向串联，电流方向一致，极对数为 p，同步转速为 n_1，如图 6-16（a）所示。YY 联结方法时可将其中一个半相绕组电流反向，极对数为 $p/2$，同步转速为 $2n_1$，如图 6-16（b）所示。

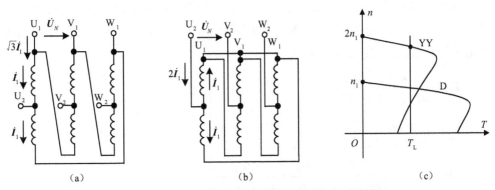

（a） （b） （c）

图 6-16 YY/D 变极电动机的绕阻联结及机械特性

（a）单 Y 联结；（b）YY 联结；（c）机械特性

因变极前为 YY 连接方法，变极后为 D 联结方法，则有 $p'/p=2$。为充分利用电动机，使每个半相绕组中都流过额定电流 I_1，电动机输出的功率与转矩分别如下。

D 联结时

$$P_D = \sqrt{3}U_N\left(\sqrt{3}I_1\right)\cos\varphi_1\eta \qquad (6\text{-}32)$$

$$T_D \approx 9\,550\frac{P_D}{n_1} \qquad (6\text{-}33)$$

Y 联结时

$$P_{YY} = \sqrt{3}U_N\left(2I_1\right)\cos\varphi_1\eta = \frac{2}{\sqrt{3}}P_D = 1.155P_D \qquad (6\text{-}34)$$

$$T_{YY} \approx 9\,550\frac{P_{YY}}{2n_1} \approx 9\,550\frac{\dfrac{2}{\sqrt{3}}P_D}{2n_1} = \frac{1}{\sqrt{3}}T_D = 0.577T_D \qquad (6\text{-}35)$$

可见 YY/D 变极调速既不是恒转矩调速,又不是恒功率调速方式,但比较接近恒功率调速方式,其机械特性如 6-16(c)所示。

当改变定子绕组的接线方式改变极对数时,要将三相绕组中任意两相的出线端交换一下再接到三相电源上,否则引起电动机三相绕组的相序变化将使电机反向转动。

变极调速的优点是调速的稳定性好,初期投资不大,采用不同联结方法可获得恒转矩或恒功率调速特性,以满足不同生产机械的要求。缺点是平滑性差,范围不大,只能分级调节转速;多速电动机的体积比同容量的普通笼型电动机大,电动机的价格也较贵。还是一种较经济的调速方法。

6.3.2 三相异步电动机的变频调速

由于三相异步电动机的同步转速与定子电源的频率 f_1 成正比,当异步电动机极对数一定时,改变 f_1 即可改变同步转速,达到平滑调速的目的,并可以得到很大的调速范围。以电动机的额定频率为基准频率(简称基频),变频调速时以基频为分界线,可以从基频向上调,也可以从基频向下调。同时根据控制方式的不同,分为恒转矩变频调速和恒功率变频调速。由于实际当中负载性质的不同,可选择恒转矩变频调速或恒功率变频调速,以达到最优的效果。

当 f_1 较高时,$x_1 + x_2 \gg r_1$,故可忽略 r_1。又因为 $x_1 + x_2' = 2\pi f_1(L_1 + L_2')$,得到变频调速时电动机的最大转矩、启动转矩、临界转差为

$$\left.\begin{aligned}
T_M &\approx \frac{m_1 p}{8\pi^2(L_1 + L_2')}\left(\frac{U_1}{f_1}\right)^2 \\
T_{st} &\approx \frac{m_1 p r_2'}{8\pi^2(L_1 + L_2')}\left(\frac{U_1}{f_1}\right)^2\frac{1}{f_1} \\
\Delta n_m &= s_m n_1 \approx \frac{r_2'}{2\pi f_1(L_1 + L_2')}\frac{60 f_1}{p} = \frac{30 r_2'}{\pi p(L_1 + L_2')}
\end{aligned}\right\} \qquad (6\text{-}36)$$

1. $f_1 < f_N$ 时,保持 $\dfrac{U_1}{f_1}$ = 常数的变频调速

三相异步电动机定子每相电压 $U_1 \approx E_1$,气隙磁通为

$$\Phi_{\mathrm{m}} = \frac{E_1}{4.44 f_1 N_1 k_{\mathrm{w1}}} \approx \frac{U_1}{4.44 f_1 N_1 k_{\mathrm{w1}}} \tag{6-37}$$

由上式可见,如果单独降低定子频率 f_1 而定子每相电压不变,会使 Φ_{m} 增大。当 $U_1 = U_{\mathrm{N}}$、$f_1 = f_{\mathrm{N}}$ 时电动机的主磁路已接近饱和, Φ_{m} 再增大,主磁路必然过饱和,这将使励磁电流急剧增大,铁损耗增加, $\cos \varphi$ 下降,电动机的容量也得不到充分利用。因此,在调节 f_1 的同时,改变定子电压 U_1,以维持 Φ_{m} 不变,或者保持电动机的过载能力不变。电动机的过载能力为

$$\lambda_{\mathrm{m}} = \frac{T_{\mathrm{M}}}{T_{\mathrm{N}}} \tag{6-38}$$

将最大转矩公式代入上式中,可得

$$\lambda_{\mathrm{m}} = \frac{m_1 p U_1^2}{4\pi f_1 (x_1 + x_2') T_{\mathrm{N}}} = c \frac{U_1^2}{f_1^2 T_{\mathrm{N}}} \tag{6-39}$$

式中,常数 $c = \dfrac{m_1 p}{8\pi^2 (L_1 + L_2')}$, L_1、L_2' 为定子、转子绕阻的漏电感。

为了保持变频前后 λ_{m} 不变,要求下式成立,即

$$\frac{U_1'}{f_1'^2 T_{\mathrm{N}}'} = \frac{U_1}{f_1^2 T_{\mathrm{N}}} \tag{6-40}$$

即

$$\frac{U_1'}{U_1} = \frac{f'}{f} \sqrt{\frac{T_{\mathrm{N}}'}{T_{\mathrm{N}}}} \tag{6-41}$$

式中加 "'" 表示变频后的量。

对于恒转矩负载, $T_{\mathrm{N}} = T_{\mathrm{N}}'$,于是上式变为

$$\frac{U_1'}{f_1'} = \frac{U_1}{f_1} = 常数 \tag{6-42}$$

就是说,在恒转矩负载下,若能保持电压与频率成正比调节,则电动机在调速过程中,即保证了过载能力 λ_{m} 不变,同时又满足主磁通 Φ_{m} 不变的要求,这也说明变频调速特别适用于恒转矩负载。在基频以下调速时,保持 U_1 / f_1 =常数,当 f_1 减小时,由式(6-36)可知,最大转矩 T_{M} 不变,启动转矩 T_{st} 增大,临界点转速降 Δn_{m} 不变。因此,机械特性随频率的降低而向下平移,如图 6-17 虚线所示。值得注意,当考虑到定子电阻 r_1 的存在,由于 f_1 的降低, U_1 / f_1 =常数, T_{M} 将减小,应为图 6-17 实线所示。在低频时, T_{M} 减小很多,有时可能拖不动负载,为保证电动机在低速时有足够大的 T_{M}, U_1 应比 f_1 降低的比例小一些,使 U_1 / f_1 的值随 f_1 的降低而增大。

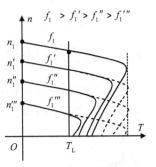

图 6-17　U_1 / f_1 =常数时的
降压调频的机械特性

2. $f_1 > f_{\mathrm{N}}$ 时, $U > U_{\mathrm{N}}$ 的恒功率变频调速

当电动机在基频以上变频调速时,定子频率 f_1 大于额定频率 f_{N},要保持 Φ_{m} 恒定,定子电压 U_1 将高于额定值,这是不允许的,因此基频以上的变频调速时,应使电压 U_1 为额定电压, f_1 增

大，$x_1 + x_2'$ 随之增大，$R_1 << x_1 + x_2'$ 可忽略，则最大转矩 T_M、临界转差率 s_M、最大转矩时的转速降 Δn_m 分别为

$$
\left.
\begin{aligned}
T_M &\approx \frac{m_1 p}{8\pi^2(L_1+L_2')} \propto \frac{1}{f_1^2} \\
s_M &\approx \frac{r_2'}{2\pi f_1(L_1+L_2')} \propto \frac{1}{f_1} \\
\Delta n_m &= s_M n_1 \approx \frac{r_2'}{2\pi f_1(L_1+L')}\frac{60 f_1}{p} = 常数
\end{aligned}
\right\}
\tag{6-43}
$$

这样随着频率 f_1 的增高，n 增高，磁通降低，T_M 和 T_{st} 也减少；Δn_m 保持不变。其机械特性如图 6-18 所示，近似为恒功率调速，相当于直流电动机弱磁调速的情况。

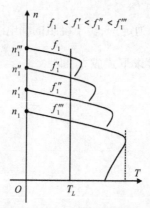

图 6-18 保持 $U_1 = U_N$ 恒定升频调速的机械特性

实际上在交流电机中可直接加变频电源（变频器）进行变频调速。变频器是实现异步电动机变频调速的关键，目前变频器的应用已十分广泛而且根据不同的功率都有定型的产品，可直接按不同的要求选用不同的变频器。

6.3.3 改变转差率调速

异步电动机的变转差率调速包括绕线式异步电动机的转子串接电阻调速、串级调速及异步电动机的定子调压调速。

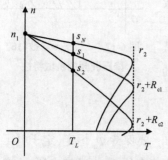

图 6-19 绕线式异步电动机转子串接电阻调速

1. 绕线式异步电动机转子串接电阻调速

与直流电动机电枢串电阻调速一样，绕线式异步电动机转子串接电阻，当电动机拖动恒转矩负载 $T_L = T_N$ 时，也可以得到不同的转速，外串电阻 R_c 越大，转速越低。机械特性曲线如图 6-19 所示。根据同一转矩下电阻与转差的比值不变，得

$$
\frac{r_2}{s} = \frac{r_2 + R_{c1}}{s_1} = \frac{r_2 + R_{c2}}{s_2}
\tag{6-44}
$$

电磁转矩

$$T = \frac{P_{M1}}{\Omega_1} = \frac{1}{\Omega_1} 3I_2^2 \frac{r_s'}{s} = \frac{1}{\Omega_1} 3I_2^2 \frac{r_2' + R_{c1}'}{s_1} = \frac{1}{\Omega_1} 3I_2^2 \frac{r_2' + R_{c2}'}{s_2} \qquad (6\text{-}45)$$

当 $I_2 = I_{2N}$ 时，$T = T_N$ 与 s 无关，所以这种调速方式属于恒转矩调速方式。

这种调速方法是消耗转差功率的调速方法，转速越低，消耗在转子回路中的转差功率就越大，效率就会越低。由于转子串接电阻后电动机的机械特性的硬度有了改变，电动机在低速下运行时机械特性很软，负载转矩的较小变化就会引起很大的转速波动，稳定性不好，所以调速范围不能太宽。

2. 绕线式异步电动机的串级调速

图 6-20 为串级调速原理图，串级调速是在异步电动机转子回路中串入附加电动势 $\dot{E}_{ad}$ 去代替转子回路串的电阻，避免了绕线式电动机转子串电阻调速时一部分功率白白消耗在电动机电阻上的情况，通过改变 $\dot{E}_{ad}$ 的大小和相位来调节转速，使拖动系统的运行效率大大提高。

串级调速时，转子电流为

$$I_2 = \frac{E_{2s} \pm E_{ad}}{\sqrt{r_2^2 + (sx_2)^2}} \qquad (6\text{-}46)$$

①当转子串入的 $\dot{E}_{ad}$ 与 $\dot{E}_{2s} = s\dot{E}_2$ 反相位时，引起转子电流 I_2 的减小，电动机产生的电磁转矩 $T = C_T'\Phi_m I_2' \cos\varphi_2$ 也随 I_2 而减少，电动机开始减速，转差率 s 增大。由式（6-46）可知，随着 s 增大，转子电流 I_2 增加，T 也相应增加，I_2 增加到使得 T 与负载转矩相等时，减速过程结束，电动机便在此低速下稳定运行，串入反相位 $\dot{E}_{ad}$ 的幅值越大，电动机的稳定转速就越低，这就是低同步转速调速的原理。电动机在低速运行时，大部分转差功率被附加电动势 $\dot{E}_{ad}$ 所吸收，产生 $\dot{E}_{ad}$ 的装置与电网相接，把这部分转差功率反馈到电网，使电动机在低速运行时具有较高的效率。

②当转子串入的 $\dot{E}_{ad}$ 与 $\dot{E}_{2s}$ 同相位时，电动机的转速将向高调节，因为同相位的 $\dot{E}_{ad}$ 串入后，使 I_2 增大。于是，电动机的转矩 T 也相应增大，转速将上升，直到与负载转矩平衡，升速过程结束，电动机便在高速下稳定运行。$\dot{E}_{ad}$ 幅值越大，电动机的稳定转速越高，当 $\dot{E}_{ad}$ 幅值足够大时，电动机的转速将达到甚至超过同步转速，故称为超同步串级调速。这时提供 $\dot{E}_{ad}$ 的装置向转子电路输入电能，同时电源还要向定子电路输入电能，因此又称为电动机的双馈运行。串级调速时的机械特性如图 6-21 所示。

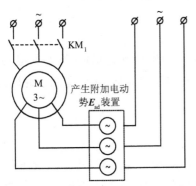

图 6-20　转子串 E_{ad} 的串级调速原理图

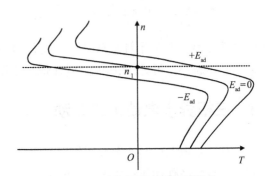

图 6-21　串级调速时的机械特性

由图可见,当 $\dot{E}_{ad}$ 与 $\dot{E}_{2s}$ 同相位时,机械特性基本上是向右上方移动;当 $\dot{E}_{ad}$ 与 $\dot{E}_{2s}$ 反相位时,机械特性基本上是向左下方移动。串级调速的调速性能比较好,机械特性硬度基本不变。利用附加电动势 $\dot{E}_{ad}$ 大小和方向的变化,既可在同步转速以上,又可在同步转速以下调节速度。但获得附加电动势 $\dot{E}_{ad}$ 的装置比较复杂,串级调速适合于通风机负载,也可用于恒转矩负载。附加电动势 $\dot{E}_{ad}$ 的引入通过晶闸管电路来实现。

3. 调压调速

改变异步电动机定子电压时的机械特性如图 6-22 所示。当定子电压降低时,电动机的同步转速 n_1 和临界转差率 s_M 均不变,电动机的最大电磁转矩和启动转矩均随着电压平方关系减小。对于通风机负载(图 6-22),在不同电压下的工作点分别为 a_1、b_1、c_1,所以改变定子电压可以获得较低的稳定运行速度。对于恒转矩负载(图 6-22),电动机只能在机械特性的线性段($0<s<s_M$)稳定运行,在不同电压时的稳定工作点分别为 a_2、b_2、c_2。普通笼型异步电动机固有机械特性较硬,减压调速时电动机的调速范围很窄。异步电动机的调压调速较适合于绕线式转子异步电动机和高转差笼型异步电动机,高转差笼型异步电动机的机械特性如图 6-23 所示,对于恒转矩负载,改变电压也能获得较宽的调速范围。但是,这种电动机的机械特性太软,在低速时运行稳定性较差。为了克服这种现象,现代的调压调速系统通常采用速度反馈的闭环控制,以提高低速时机械特性的硬度,在满足一定的静差率条件下,获得较宽的调速范围,满足生产工艺的要求。

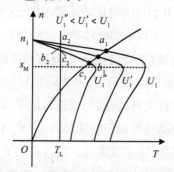

图 6-22　改变定子电压时的机械特性

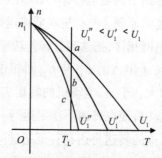

图 6-23　高转差率电动机改变定子电压时的机械特性

在保证电动机的转子电流为额定值的情况下,电动机的电磁转矩为

$$T=\frac{P_M}{\Omega_1}=\frac{m_1 I_{2N}'^2 r_2'/s}{\Omega_1}=\frac{A}{s} \tag{6-47}$$

式中 A 为常数。如果不计空载转矩的变化,则式(6-47)表明,转速越低(s 越大),电动机的容许输出转矩越小。可见,调压调速既非恒转矩调速,也非恒功率调速,它最适用于通风机负载。

6.4　三相异步电动机的制动

三相异步电动机制动运行的作用同样是使电力拖动系统迅速停车和稳定下放重物。按实现制动运行的条件和能量传送情况的不同,异步电动机制动运行状态也有反接制动、回馈制动和能耗制动。

6.4.1 反接制动

反接制动的特点是使得旋转磁场的方向与转子旋转的方向相反。$s>1$ 使电动机的电磁转矩的方向与转子转向相反，成为制动转矩。实现反接制动的方法如下。

1.改变定子电源相序的反接制动

制动前三相绕线转子异步电动机拖动反抗性恒转矩负载在固有机械特性曲线的 A 点运行，为了让电动机迅速停车或反转，可将电动机定子任意两相绕组对调后接入电源，这种改变通入电动机定子电源相序，同时在转子回路中串入三相对称电阻 R_c 的方法，称为电源换相反接制动，如图 6-24(a)所示。

由于定子电流的相序改变，定子旋转磁动势立即反向，以 $-n_1$ 的速度旋转。这时电动机的机械特性变为图 6-24(b)中的曲线②，由于机械惯性，在制动瞬间，转速不能突变，电动机的运行点从 A 点平行过渡到 B 点，此时 $n>0$，$T<0$，进入制动状态，由于此时 T 与 n 方向相反，n 迅速下降，沿机械特性曲线②变化至 C 点。反接制动结束。

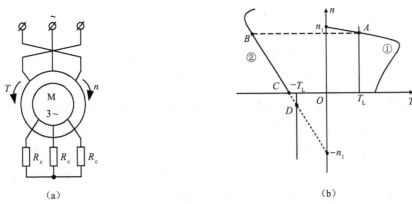

图 6-24　异步电动机定子两相反接的电路图与机械特性

(a)电路图;(b)机械特性

当制动到 $n=0$ 时，即图中的 6-24(b)中 C 点，若 $|T|>|T_L|$，则电动机将反向启动，最后稳定运行于 D 点，电动机工作于反向电动状态。如果采用反接制动只是为了停车，那么当 $n=0$ 时，为了不使系统反向启动，应立即断开电动机的电源。

在转子回路中串入的三相对称电阻 R_c 限制制动电流和制动转矩的大小，制动电阻 R_c 越小，制动电流和制动转矩越大，制动越快。

反接制动时，电动机接受从电源吸收的电功率和电动机轴上机械功率转换的电功率。电动机轴上机械功率是在反接制动的降速过程中由拖动系统转动部分减少的动能提供的。在制动过程中，电动机接受的能量都转变为转差功率，以发热的形式消耗在转子回路的电阻中。

由于绕线转子异步电动机在反接制动时可在转子回路中串入较大的电阻，既限制了制动电流，也减轻了电动机绕组的发热。笼型异步电动机采用反接制动，因为转子无法串接电阻，这时全部转差功率都消耗在转子绕组上，使电动机绕组严重发热，所以笼型异步电动机采用反接制动时，要考虑反接制动的次数和制动间隔的时间。

159

2. 转速反向反接制动(倒拉反转运行)

三相绕线转子异步电动机拖动位能性恒转矩负载作电动运行,在机械特性上的 A 点以 n_A 的速度稳定提升重物,如图 6-25(a)所示。当要下放重物时,可在转子回路中串入足够大的电阻 R_c ,这时电动机的机械特性变为图 6-25(b)的曲线②,电动机的运行点从固有机械特性上的 A 点平行过渡到机械特性曲线②上的 B 点,从 B 点向 C 点减速。到达 C 点时, $n = 0$,因 $T < T_L$,系统反向启动,反向加速到 D 点为止,电动机稳定运行,以速度 n_D 下放重物。

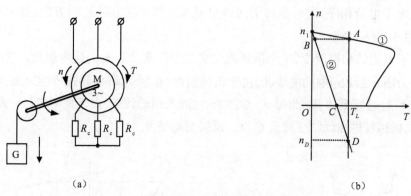

图 6-25   异步电动机的转速反向反接制动原理

(a)电路图;(b)机械特性

通入电动机定子绕组的三相电源是正相序,电磁转矩 T 为正,转子被位能性负载转矩拖动而反转,在第 IV 象限稳定运行,故把它称为转速反向反接制动,也称为倒拉反转运行。

转速反向的反接制动在制动运行中的能量关系与定子两相反接的反接制动时相同,电动机接受从电源吸收的电功率和电动机轴上机械功率转换的电功率。与制动停车所不同的是电动机轴上机械功率是靠重物下放时减少的位能来提供的。

6.4.2   回馈制动

回馈制动的特点是 T 与 n 的方向相反,转子转速 n 超过同步转速,电动机处于发电机状态,将系统的动能转换成电能送回电网。回馈制动一般出现在以下情况。

1. 重物下放的回馈制动

当改变定子电源相序的反接制动而使重物下放时,其机械特性如图 6-26(a)所示。

这时电动机在电磁转矩 T 及位能性负载转矩 T_L 的作用下反向启动, $n < 0$,电动机的运行点沿机械特性曲线①变化。至 B 点时, $n = -n_1$, $T = 0$,位能性负载转矩 $T_L > 0$,仍为拖动转矩,转速将继续升高,电动机转速 $|n| > |n_1|$,电磁转矩改变方向成为制动转矩,直到 C 点, $T = T_L$,电动机稳定运行。此时, $n < 0$, $T > 0$,为制动状态。

异步电动机从电动状态进入回馈制动状态后,因为 $|n| > |n_1|$, $s < 0$,电动机的 T 型等值电路中 $\left(\dfrac{1-s}{s} \right) r_2'$ 为负值,所以电动机输出的机械功率为

160

$$P_2 = 3I_2'^2 \frac{1-s}{s} r_2' < 0 \tag{6-48}$$

从定子传到转子的电磁功率为

$$P_M = 3I_2'^2 \frac{r_2'}{s} < 0 \tag{6-49}$$

从 $P_M < 0$ 及 $P_2 < 0$ 可知,这时电动机不输出机械功率,而是重物下放时位能减少向电动机输入机械功率,扣除转子回路电阻铜损耗后,由转子通过气隙向定子传送电磁功率,扣除定子铜损耗后全部反馈回电网,故称为回馈制动。因为电动机的 n 为负,又称为反向回馈制动。

可见,对于同一位能负载转矩,转子回路电阻越大,下放的速度就越快。为了避免重物下放时电动机转速太高而造成事故,转子串入的电阻不宜太大。

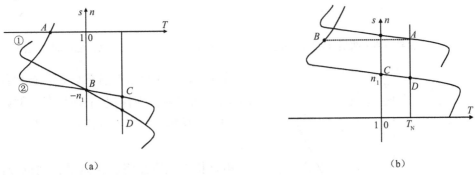

图 6-26　异步电动机回馈制动机械特性
(a)反向回馈制动;(b)正向回馈制动

2. 调速过程中的回馈制动

异步电动机在变极调速过程中极对数突然增多,或者变频调速过程中供电频率突然降低,都会出现回馈制动过程。如图 6-26(b)所示的笼型异步电动机变频调速时的机械特性,电动机原先在固有机械特性的 A 点稳定运行,若突然把定子频率降到 f_1,电动机的机械特性改变,其运行点将从 A-B-C-D,最后稳定运行于 D 点。在降速过程中,电动机运行在 B-C 这一段机械特性上时,转速 $n > 0$,电磁转矩 $T < 0$,且 $n > n_1$,所以是正向回馈制动状态。

6.4.3 能耗制动

能耗制动时应将电动机与三相电源断开而与直流电源接通。三相异步电动机能耗制动时的接线如图 6-27 所示,当电动机处于电动运行状态时,接触器 KM_1 闭合,KM_2 断开时,电动机在固有机械特性上运行。采用能耗制动停车时,先将 KM_1 断开,使定子绕组脱离交流电网,同时闭合 KM_2,使定子两相绕组经限流电阻 R 接到直流电源上,此时直流电流流过定子两相绕组,在电动机气隙中建立一个位置固定、大小不变的恒定磁场,这时转子由于惯性继续旋转,转子导体切割固定磁场而产生感应电动势和电流,转子电流与气隙磁场相互作用产生的电磁转矩 T 与转速 n 的方向相反,电动机处于制动状态。

能耗制动机械特性曲线通过坐标原点,其形状如图 6-28 曲线②所示。当电动机转子电阻一定,减少直流励磁电流,最大制动转矩会减少,如图 6-28 曲线①。当电动机直流励磁电流一定,增加转子电阻时,最大制动转矩不变,对应最大制动转矩的转速改变如图 6-28 曲线③。由此可见,改变转子电阻和改变直流励磁电流的大小,都可以改变初始制动转矩的大小。

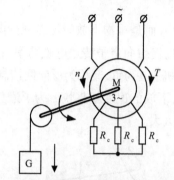

图 6-27　三相异步电动机能耗制动接线图

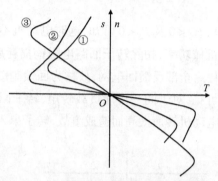

图 6-28　三相异步电动机能耗制动机械特性

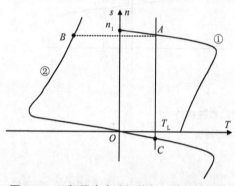

图 6-29　三相异步电动机能耗制动机械特性

异步电动机拖动反抗性恒转矩负载运行时,可以采用能耗制动实现快速、准确停车。例如,电动机在固有机械特性曲线上 A 点稳定运行,如图 6-29 所示。

电动机的运行点将从 A 点平移到机械特性曲线②上的 B 点,并沿着 B-O 变化,到 O 点时 $n=0$,$T=0$,制动过程结束,系统停车,此状态也称为能耗制动过程。

如果异步电动机拖动位能性恒转矩负载,当采用能耗制动到 $n=0$,$T=0$,但 $T_L>0$,在重物的重力作用下,电动机将反转,运行点沿 O-C 变化,直到 C 点,电动机稳速下放重物。此状态也称为能耗制动运行。

从功率关系看,能耗制动时电动机定子与交流电网脱离,电动机轴上的功率 $P_2 = T\Omega < 0$ 为输入功率,它来自拖动系统在降速过程中减少的动能或重物下降时减少的位能,这部分机械功率经电动机转变为电功率,消耗在转子电阻上,因此把这种制动方法称为能耗制动。这种能耗制动可分为降速过程中的能耗制动(能耗制动过程)和重物下降的能耗制动(能耗制动运行)。

【例 6-4】一台绕线转子异步电动机,技术数据为 P_N=60 kW, n_N=577 r/min, E_{2N}=253 V, I_{2N}=160 A, I_{1N}=133 A, λ_m=2.9。(1)当该电动机以 200 r/min 的转速提升 T_L=0.8T_N 的重物时,转子回路应串接电阻 R_1 为最大?(2)如带位能性负载 T_L=T_N 以转速 200 r/min 下放重物时,转子回路应串接电阻为 R_2 多大?(3)如电动机原来以额定转速稳定运行,为了快速停车,拟采用反接制动,要求瞬时制动转矩不超过 $2T_N$,则此时转子回路应串接电阻 R_s 多大?

解：

$$s_N = \frac{n_1 - n_N}{n_1} = \frac{600 - 577}{600} = 0.038$$

$$T_N = 9\,550\frac{P_N}{n_N} = 9\,550\frac{60}{577} = 993\text{N}\cdot\text{m}$$

$$s_M = s_N(\lambda_m + \sqrt{\lambda_m^2 - 1}) = 0.038(2.9 + \sqrt{2.9^2 - 1}) = 0.214$$

$$r_2 = \frac{E_{2N}s_N}{\sqrt{3}I_{2N}} = \frac{253 \times 0.038}{\sqrt{3} \times 160}\Omega = 0.035\Omega$$

（1）根据题意，该情况下为正向电动状态运行，该点的转矩和转差率分别为

$$T_1 = 0.8T_N$$

$$s_1 = \frac{600 - 200}{600} = 0.667$$

人为机械特性（$r_2 + R_1$）的临界转差率为

$$s_{M1} = s_1\left[\frac{\lambda_m T_N}{T_1} \pm \sqrt{\left(\frac{\lambda_m T_N}{T_1}\right)^2 - 1}\right] = 0.667\left(\frac{2.9}{0.8} \pm \sqrt{\left(\frac{2.9}{0.8}\right)^2 - 1}\right) = 4.74 \text{ 或 } 0.09$$

因为 $s_{M1} > s_M$，故取 $s_{M1} = 4.74$。转子串联电阻为

$$R_1 = r_2\left(\frac{s_{M1}}{s_M} - 1\right) = \left(\frac{4.74}{0.214} - 1\right) \times 0.035 = 0.74\ \Omega$$

（2）根据题意，此时情况为转速反向反接制动运行，该点的转矩和转差率分别为

$$T_2 = T_N$$

$$s_2 = \frac{600 - (-200)}{600} = 1.33$$

人为机械特性（$r_2 + R_2$）的临界转差率为

$$s_{M2} = s_2\left[\frac{\lambda_m T_N}{T_2} \pm \sqrt{\left(\frac{\lambda_m T_N}{T_2}\right)^2 - 1}\right] = 1.33\left(2.9 \pm \sqrt{2.9^2 - 1}\right) = 7.48 \text{ 或 } 0.24$$

因为 $s_{M2} > s_{M1}$，故取 $s_{M2} = 7.48$。转子应串接电阻为

$$R_2 = r_2\left(\frac{s_{M2}}{s_M} - 1\right) = \left(\frac{7.48}{0.241} - 1\right) \times 0.035 = 1.19\ \Omega$$

（3）根据题意，此时情况为电源两相反接制动，对应的同步转速为 -600 r/min，该点的转矩和转差率为

$$T_3 = -2T_N$$

$$s_3 = \frac{-600 - 577}{-600} = 1.96$$

人为机械特性（$r_2 + R_3$）上的最大转矩为 $T_M = -\lambda_m T_N$，临界转差率为

$$s_{M3} = s_3\left[\frac{\lambda_m T_N}{T_3} \pm \sqrt{\left(\frac{\lambda_m T_N}{T_3}\right)^2 - 1}\right] = 1.96\left(\frac{-2.9}{-2} \pm \sqrt{\left(\frac{-2.9}{-2}\right)^2 - 1}\right) = 4.9 \text{ 或 } 0.78$$

s_{M3} =4.9 时，对应人为机械特性（$r_2 + R_3$），此时转子应串接电阻为

$$R_3 = \left(\frac{4.9}{0.241} - 1 \right) \times 0.035 = 0.77 \ \Omega$$

s_{M3} =0.78 时，对应人为机械特性（$r_2 + R_3'$），此时转子应串接电阻为

$$R_3' = \left(\frac{0.78}{0.241} - 1 \right) \times 0.035 = 0.09 \ \Omega$$

第 7 章　同步电机

【内容提要】本章从三相同步电机的结构和工作原理入手,通过电枢反应的分类阐述了同步电机的电磁物理过程和运行状态的关系,推导了电动势平衡方程。在此基础上,分析了同步电机共有的功矩角特性、功率因数调节特性,此后分别针对同步电动机的启动问题、同步发电机的运行特性和并联运行问题作进一步阐述。

【重点】同步电机的功矩角特性、功率因数调节特性。

【难点】同步电机的功矩角特性、功率因数调节特性、启动问题。

同步电机是一种交流电机。根据同步电机的用途,可以分为同步发电机、同步电动机和同步补偿机三类。

同步发电机应用广泛,全世界的交流电能几乎全部是由同步发电机提供的。目前电力系统中运行的发电机都是三相同步发电机。

同步电动机的应用范围不及异步电动机广泛,但由于可以通过调节其励磁电流来改善电网的功率因数,因而在不需要调速的低速大功率机械中也得到较广泛的应用。随着变频技术的不断发展,同步电动机的启动和调速问题都得到了解决,从而进一步扩大了应用范围。近年来,高性能永磁材料极大地提升了永磁同步电动机性能,迅速扩展了应用领域。

同步补偿机实质上是接在交流电网上空载运行的同步电动机,其作用是从电网吸取超前无功功率来补偿其他电力用户从电网吸取的滞后无功功率,以改善电网的功率因数。

7.1　同步电机的基本工作原理和结构

7.1.1　同步电机的工作原理

图 7-1 是具有一对磁极的三相同步电机的工作原理图。根据电机可逆原理,同步电机与其他电机一样,既可以作发电机运行,也可以作电动机运行。下面介绍同步电机的工作原理。

三相同步电机运行时存在两个旋转磁场:定子旋转磁场和转子旋转磁场。当对称三相电流流过定子对称三相绕组时,将在空气隙中产生旋转磁动势。它的旋转速度为同步速度,即 $n_1 = 60f_1/p$;它的旋转方向是从超前电流相转向滞后电流相;当某相电流达到最大值的瞬间,旋转磁动势恰好转到该相绕组轴线处。这个旋转磁动势是

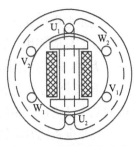

图 7-1　三相同步电机的工作原理图

以电气方式形成的。同步电机不论作为发电机运行还是作为电动机运行,只要其定子三相绕组中流过对称三相电流,都将在空气隙中产生上述旋转磁动势,建立旋转磁场。同步电机的定

子绕组通常被称为电枢绕组,因此,上述磁动势又称为电枢磁动势,而相应的磁场称为电枢磁场。

在同步电机的转子上装有由直流励磁产生的磁极,磁极与转子无相对运动。当转子旋转时,以机械方式形成旋转磁动势,并在气隙中形成另一种旋转磁场。由于此磁场随转子一同旋转,所以又被称为直流励磁的旋转磁场。

同步电机的空气隙间存在着两种不同方式产生的旋转磁场。当这两个磁场的空间位置不同时,由于磁极间同性相斥、异性相吸的原理,它们之间便会产生相互作用的电磁力。

同步电机的定子磁场和转子磁场均以同步转速旋转,但空间相位不同。当切割静止的定子绕组时,两旋转磁场在定子三相绕组中感应出频率相同,时间相位不同的感应电动势。绕组中的感应电动势的时间相位差与旋转磁场间的空间相位差相等。在稳态对称运行时,无论是定子磁场或是转子磁场都以同步转速旋转,与转子绕组没有相对运动,因而不会在转子绕组中产生感应电动势。

如果不考虑饱和现象,可以采用叠加原理,将转子磁场与定子磁场在定子三相绕组中感应的电动势分别计算后再叠加。实际上,当电机正常运行时,其磁路总是饱和的。如果考虑饱和现象,叠加原理不再适用,必须把电枢磁动势与转子磁动势合并成合成磁动势,再由合成磁动势确定合成磁场及所感应的合成电动势。

同步电机的定子磁场和转子磁场之间没有相对运动。但是由于负载的影响,两个磁场之间的相对位置却是不同的。这个相对位置决定了同步电机的运行方式。当同步电机的转子在原动机的拖动下,转子磁场顺着旋转方向超前于电枢磁场运行时,定子磁场作用到转子上的转矩是制动转矩,原动机只有克服电磁转矩才能拖动转子旋转。这时,电机转子从原动机输入机械功率,从定子输出电功率,则同步电机工作于发电机运行方式。反之,当转子磁场顺着旋转方向滞后于定子磁场运行时,转子会受到与其转向相同的电磁转矩的作用。这时,电枢磁场作用到转子上的转矩是拖动转矩,转子拖动外部机械负载旋转,则同步电机工作于电动机运行方式。

7.1.2　同步电机的基本结构

同步电机按其结构型式可分为旋转电枢式和旋转磁极式两种,如图 7-2 和图 7-3 所示。

在实际应用中,需要利用滑环将电功率导入或者引出转子绕组。由于同步电机的电枢功率极大,电压较高,因而不容易实现。励磁绕组的电功率与电枢的电功率相比所占比例较小,励磁电压通常又较低,因此采用旋转磁极,通过滑环为励磁绕组供电的方式相对容易。同步电机的基本结构形式是旋转磁极式,旋转电枢式只适用于小容量同步电机。

同步电机的基本结构与直流电机和异步电机相同,都是由定子与转子两大部分组成。

1. 定子

同步电机定子与异步电机定子结构基本相同,由铁芯、电枢绕组、机座以及端盖等结构件组成。

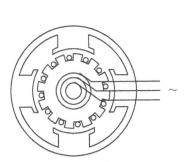

图 7-2 旋转电枢式同步电机

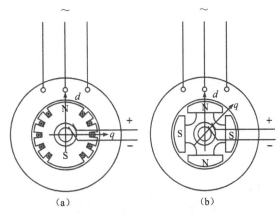

图 7-3 旋转磁极式同步电机

（a）隐极式；（b）凸极式

定子铁芯是构成磁路的部件，一般采用硅钢片叠装而成，以减少磁滞和涡流损耗。定子冲片分段叠装，每段之间有通风槽片，以构成径向通风。大型同步电机由于尺寸太大，硅钢片常制成扇形冲片，然后组装成圆形。

电枢绕组为三相对称交流绕组，多为双层绕组，嵌装在定子槽内。

定子机座是支撑部件，用于安放定子铁芯和电枢绕组，并构成所需的通风路径，因此要求它有足够的刚度和强度。大型同步电机的机座都采用钢板焊接结构。

端盖的作用与异步电机相同，将电机本体的两端封盖起来，并与机座、定子铁芯和转子一起构成电机内部完整的通风系统。

2. 转子

同步电机转子与异步电机转子结构不同，通常由转子铁芯、转轴、绕组和滑环等组成。同步电机的转子结构有两种类型，可分为隐极式和凸极式两种。

隐极式转子如图 7-3（a）所示，转子呈圆柱形，无明显的磁极。隐极式转子的圆周上开槽，槽中嵌放分布式直流励磁绕组。隐极式转子的机械强度高，故多用于高速同步电机，例如汽轮发电机。在同步电机运行过程中，转子由于高速旋转而承受很大的机械应力，所以隐极式转子大多由整块强度高和导磁性能好的铸钢或锻钢加工而成。隐极电机的气隙是均匀的，圆周上各处的磁阻相同。

凸极式转子如图 7-3（b）所示，结构比较简单，磁极形状与直流机相似，磁极上装有集中式直流励磁绕阻。凸极式转子制造方便，容易制成多极，但是机械强度低，多用于中速或低速的场合，例如水轮发电机或者柴油发电。凸极电机的气隙是不均匀的，圆周上各处的磁阻各不相同，在转子磁极的几何中线处气隙最大，磁阻也大。

习惯上我们称转子绕组的轴线为直轴（direct-axis），即主磁极磁力线方向，常用符号 d 表示；相邻两磁极之间的中线称为交轴（quadrature-axis），常用符号 q 表示。

此外，同步电机转子磁极表面都装有类似笼型异步电机转子的短路绕组，由嵌入磁极表面的若干铜条组成，这些铜条的两端用短路环联结起来。此绕组在同步发电机中起到了抑制转子机械振荡的作用,称为阻尼绕组;在同步电动机中主要作启动绕组使用,同步运行时也起稳定作用。

滑环装在转子轴上,经引线接至励磁绕组,并由电刷连接到励磁装置。

7.1.3 同步电机的励磁方式

同步电机的直流励磁电流需要从外部提供,供给同步电机励磁电流的装置称为励磁系统,获得励磁电流的方法称为励磁方式。按照所采用的整流装置不同,励磁系统可以分为以下几种。

(1)直流发电机励磁系统

这是传统的励磁系统,由装在同步电机转轴上的小型直流发电机供电。这种专门提供励磁电流的直流发电机称为励磁机。

(2)静止整流器励磁系统

这种励磁方式是将同轴的交流励磁机(小容量同步发电机)或者主发电机发出的交流电经过静止的整流装置变换成直流电后,由集电环引入主发电机励磁绕组,提供所需的直流励磁电流。

(3)旋转整流器励磁系统

这种励磁方式是将同轴交流励磁机做成旋转电枢式,并将整流器固定在此电枢上一起旋转,组成了旋转整流器励磁系统,将交流励磁发电机输出的交流电整流后,直接供给励磁绕组。这种励磁方式完全省去集电环、电刷等滑动接触装置,称为无刷励磁系统,在大容量发电机中得到广泛应用。

7.1.4 额定值

同步电机的额定运行数据如下。

①额定容量 S_N 和额定功率 P_N。同步电机的额定容量是指出线端的额定视在功率,单位为 kVA 或者 MVA;额定功率是指发电机输出的额定有功功率,或指电动机轴上输出的额定机械功率,单位为 kW 或者 MW;对于补偿机则使用额定视在功率(或者无功功率)来表示。

②额定电压 U_N,指正常运行时定子三相绕组的线电压,单位为 V 或者 kV。

③额定电流 I_N,指额定运行时流过定子绕组的线电流,单位为 A。

④额定功率因数 $\cos\varphi_N$,指额定运行时电机的功率因数。

⑤额定频率 f_N,指额定运行时的频率,我国规定标准工频为 50 Hz。

⑥额定转速 n_N,指额定运行时同步电机的转速。

⑦额定效率 η_N,指额定运行时的电机效率。

此外,电机铭牌还常列出额定励磁电压 U_{fN},额定励磁电流 I_{fN},额定温升等参数。

7.2 同步电机的电枢反应

7.2.1 同步电机的空载磁场

当同步电机以同步转速工作,转子励磁绕组接入电源而定子绕组开路或者电流为零时,称为空载运行。空载时,定子绕组电流为零,气隙中仅存在着励磁电流 I_f 单独产生的磁动势 F_f,称为励磁磁动势。该磁动势产生励磁磁场,随转子一起以机械方式旋转,如图 7-4 所示。

由图 7-4 可见,空载磁场的励磁磁通可以分为主磁通 Φ_0 和主极漏磁通 $\Phi_{f\sigma}$ 两部分。通过气隙并与定子转子绕组都交链的磁通称为主磁通 Φ_0,它

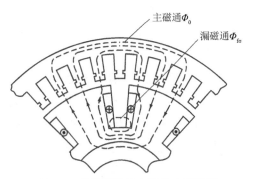

图 7-4 凸极同步发电机的空载磁场

参与定子转子之间的机电能量转换;只交链励磁绕组不与定子绕组相交链的磁通称为主极漏磁通 $\Phi_{f\sigma}$。通过选取同步电机的结构参数,可以使气隙磁场分布波形接近于正弦。

7.2.2 对称三相负载时三相同步电机的电枢反应

三相同步电机空载时,空气隙中只存在直流励磁的旋转磁场,在定子绕组中只感应有空载电动势 E_0。但是,当三相同步电机负载运行时,三相对称电流流过定子三相对称绕组会产生电枢磁动势 F_a。此时,电机气隙中存在两个磁动势:电枢磁动势 F_a 和励磁磁动势 F_f。电枢磁动势 F_a 的存在使空气隙中的合成磁动势 F_δ 分布发生变化,从而使气隙磁场以及定子绕组中的感应电动势发生变化。这种现象称为电枢反应。

前面提到电枢磁动势 F_a 和转子磁动势 F_f 的相对位置决定同步电机的运行方式。在此进一步讨论磁动势相对位置对同步电机运行性能的影响。由于励磁磁动势感应出的空载电动势 $\dot{E}_0$ 滞后励磁磁通 Φ_0 90°,定子电流 $\dot{I}$ 产生电枢磁动势 F_a,所以空载电动势 $\dot{E}_0$ 与定子电流 $\dot{I}$ 的相位关系能够反映这两个磁动势之间的相位关系。

此处按发电机惯例设置参考方向,将同步电机空载电动势 $\dot{E}_0$ 和电枢电流 $\dot{I}$ 之间的相角 ψ 定义为内功率因数角。$\psi = 0$ 时,$\dot{I}$ 与 $\dot{E}_0$ 同相;$\psi > 0$ 时,$\dot{E}_0$ 超前于电流 $\dot{I}$;$\psi < 0$ 时,$\dot{E}_0$ 滞后于 $\dot{I}$。内功率因数角 ψ 是分析电机特性时所定义的一个角度。为了区别起见,把端电压 $\dot{U}$ 和负载电流 $\dot{I}$ 之间的相位角 φ 称为外功率因数角。在电机空载时,即 $\dot{I} = 0$ 时才能测量到电动势 $\dot{E}_0$;当电机带负载时,$\dot{I} \neq 0$,$\dot{E}_0$ 实际上不存在,因此也就无所谓 $\dot{I}$ 与 $\dot{E}_0$ 之间的相角 ψ。

但是,引进功率因数角来分析同步电机的特性,特别是在分析同步电机的电枢反应时是很有用的。

为了便于分析,有以下假设:

①暂时只考虑隐极式同步电机,并认为定子、转子磁动势之间的相对位置取决于负载电流的性质,极对数 $p = 1$;

②同步电机的磁路不饱和,各磁动势在电机磁路中单独产生各自的磁通,并在定子绕组中感应相应的电动势;

③忽略定子绕组电阻及铁芯涡流的影响。

将电枢分布绕组用等效的集中绕组来代替,该集中绕组的轴线与相绕组的轴线重合。U、V、W三相绕组在定子圆周上依次相差120°。根据定子电枢电流i与感应电动势$\dot{E}_0$的相位关系,我们分多种情况研究定子磁动势F_a对励磁磁动势F_f的影响,先讨论四种特殊情况,然后讨论一般情况。

1. 电枢电流i与感应电动势$\dot{E}_0$同相

图7-5中F_a为电枢磁动势;F_f为励磁磁动势;F_δ为气隙磁动势;$\dot{E}_a$为电枢反应电动势;$\dot{E}_\delta$为合成电动势;$\dot{E}_{0U}$为U相感应电动势。此时,有功功率从同步电机输送至电网,为发电机运行情况。$\cos\psi=1,\sin\psi=0$,该发电机不发出无功功率。

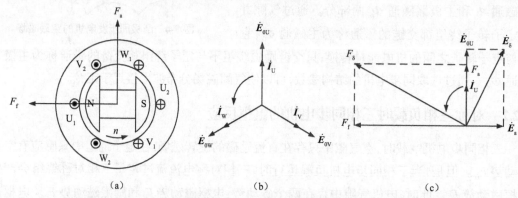

图7-5 $\psi=0°$ 时的电枢反应

(a)F_a与F_f空间位置关系;(b)E_0与I时间相位关系;(c)F_δ与E_δ时空相位关系

参看图7-5,其中图7-5(a)表示一台同步电机的剖面图。U_1U_2、V_1V_2、W_1W_2分别为定子等效三相集中绕组。当转子励磁绕组通入直流电流I_f且转子以同步转速n_1沿逆时针方向旋转时,气隙中便产生旋转的转子励磁磁动势F_f。在图示瞬间,励磁磁动势F_f的轴线在U相绕组所在平面内,U相绕组感应电动势$\dot{E}_{0U}$达到最大值。

因为感应电动势$\dot{E}_0$与电枢电流i同相,这时U相电流$\dot{I}_U$也达到最大值,感应电动势$\dot{E}_{0U}$与电枢电流$\dot{I}_U$的方向如图7-5(b)所示。根据旋转磁场理论,三相对称电流产生的磁动势方向与电流达到最大值的那一相绕组轴线重合。如果F_f与F_a均以相量表示时,则F_a与F_f相互垂直。故电枢电流i与感应电动势同相时,电枢磁动势F_a的轴线和励磁磁动势F_f的轴线(d轴)相差90°电角度,作用在转子的交轴上,如图7-5(c)所示。这种电枢反应被称为交轴电枢反应,电枢磁动势F_a被称为交轴电枢磁动势。将电枢磁动势和励磁磁动势合成后可得气隙磁动势F_δ。从相量图7-5(c)可以看出,这时电枢磁动势F_a对气隙磁场起扭曲作用。电枢磁动势F_a、励磁磁动势F_f以及气隙磁动势F_δ分别在定子绕组中产生感应电动势$\dot{E}_a$、$\dot{E}_{0U}$和$\dot{E}_\delta$。

2. 电枢电流i滞后于感应电动势$\dot{E}_0$ 90°

此时,$\cos\psi=0,\sin\psi=1$,电感性无功功率从同步电机输送至电网,有功功率为零。

参看图 7-6（a），在图示瞬间，励磁磁动势 F_f 的轴线在 U 相绕组所在平面内，U 相绕组感应电动势 $\dot{E}_{0U}$ 达到最大值。

因为电枢电流 $\dot{I}$ 滞后于感应电动势 $\dot{E}_0$ 90°，所以此时 U 相电流 $\dot{I}_U$ 为 0。当 U 相电流 $\dot{I}_U$ 达到最大值时，转子已经转过 90°，感应电动势 $\dot{E}_{0U}$ 与电枢电流 $\dot{I}_U$ 的方向如图 7-6（b）所示。

因为三相对称电流产生的磁动势方向应与电流达到最大值的那一相绕组轴线重合，所以这时电枢磁动势 F_a 作用在直轴上，且电枢磁动势 F_a 的轴线和励磁磁动势 F_f 的轴线相反，如图 7-5（c）所示。这种电枢反应称为直轴电枢反应，电枢磁动势 F_a 被称为直轴电枢磁动势。将电枢磁动势和励磁磁动势合成后可得气隙磁动势 F_δ。从相量图 7-6（c）可以看出，电枢磁动势 F_a 对转子磁动势 F_f 起去磁作用。电枢磁动势 F_a、励磁磁动势 F_f 以及气隙磁动势 F_δ 分别在定子绕组中产生感应电动势 $\dot{E}_a$、$\dot{E}_{0U}$ 和 $\dot{E}_\delta$。

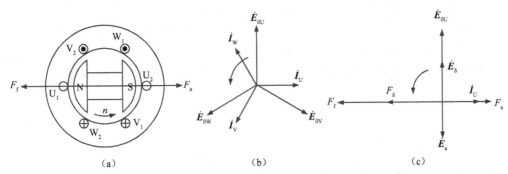

图 7-6　ψ =90° 时的电枢反应

（a）F_a 与 F_f 空间位置关系；（b）E_0 与 I 时间相位关系；（c）F_δ 与 E_δ 时空相位关系

3. 电枢电流 $\dot{I}$ 超前于感应电动势 $\dot{E}_0$ 90°

此时，$\cos\psi = 0, \sin\psi = 1$，电容性无功功率从同步电机输送至电网，有功功率为零。

参看图 7-7（a），在图示瞬间，励磁磁动势 F_f 的轴线在 U 相绕组所在平面内，U 相绕组感应电动势 $\dot{E}_{0U}$ 达到最大值。

因为电枢电流 $\dot{I}$ 超前于感应电动势 $\dot{E}_0$ 90°，所以 U 相电流 $\dot{I}_U$ 为零。当 $\dot{I}_U$ 达到负向最大值时，转子已经转过 90°，感应电动势 $\dot{E}_{0U}$ 与电枢电流 $\dot{I}_U$ 的方向如图 7-7（b）所示。

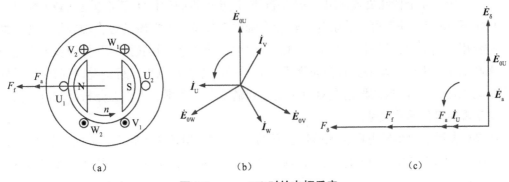

图 7-7　ψ =-90° 时的电枢反应

（a）F_a 与 F_f 空间位置关系；（b）E_0 与 I 时间相位关系；（c）F_δ 与 E_δ 时空相位关系

此时,电枢磁动势 F_a 作用在直轴上,电枢磁动势 F_a 的轴线和励磁磁动势 F_f 的轴线相同,为直轴电枢反应,如图 7-7(c)所示。将电枢磁动势和励磁磁动势合成后可得气隙磁动势 F_δ。从相量图 7-7(c)中可以看出,电枢磁动势 F_a 对转子磁动势 F_f 起助磁作用。电枢磁动势 F_a、励磁磁动势 F_f 以及气隙磁动势 F_δ 分别在定子绕组中产生感应电动势 $\dot{E}_a$、$\dot{E}_{0U}$ 和 $\dot{E}_\delta$。

4. 电枢电流 $\dot{I}$ 与感应电动势 $\dot{E}_0$ 反相

此时,$\cos\psi=1,\sin\psi=0$,有功功率从电网输送至同步电机,运行于电动机情况。

参看图 7-8(a),在图示瞬间,励磁磁动势 F_f 的轴线在 U 相绕组所在平面内,U 相绕组感应电动势 $\dot{E}_{0U}$ 达到最大值。

因为电枢电流 $\dot{I}$ 与感应电动势 $\dot{E}_0$ 反相,这时 U 相电流 $\dot{I}_U$ 也达到负向最大值,感应电动势 $\dot{E}_{0U}$ 与电枢电流 $\dot{I}_U$ 方向如图 7-8(b)所示。

此时,电枢磁动势 F_a 的轴线和励磁磁动势 F_f 的轴线相差 90° 电角度,作用在转子的交轴负方向上,为交轴电枢反应,如图 7-8(c)所示。将电枢磁动势和励磁磁动势合成后可得气隙磁动势 F_δ。从图 7-8(c)可以看出,这时电枢磁动势对气隙磁场起扭曲作用。电枢磁动势 F_a、励磁磁动势 F_f 以及气隙磁动势 F_δ 分别在定子绕组中产生感应电动势 $\dot{E}_a$、$\dot{E}_{0U}$ 和 $\dot{E}_\delta$。

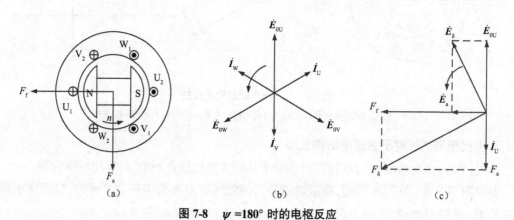

图 7-8　$\psi=180°$ 时的电枢反应

(a)F_a 与 F_f 空间位置关系;(b)E_0 与 I 时间相位关系;(c)F_δ 与 E_δ 时空相位关系

5. 电枢电流 $\dot{I}$ 与感应电动势 $\dot{E}_0$ 之间为任意角度

以上分析了 4 个特殊负载情况,一般情况下,同步电机的运行状态可以是任意 ψ 角度。在这种情况下,电枢磁动势可以分解为直轴和交轴两个分量。电枢磁动势直轴分量可能起助磁或去磁作用。当去磁作用时,同步电机输出电感性无功功率;当助磁作用时,同步电机输出电容性无功功率。电枢磁动势交轴分量滞后于转子磁动势为发电机运行情况,超前于转子磁动势为电动机运行情况,这两种情况对应于输出和输入有功功率。由以上分析可知电枢反应的存在是实现能量传递的关键。

图 7-9 表示了同步发电机接入感性负载的情况,定子电流 $\dot{I}$ 滞后于感应电动势 $\dot{E}_0$ 的角度为 0~90°。我们将定子相电流 $\dot{I}$ 分解成两个分量:与感应电动势 $\dot{E}_0$ 同相的分量,$I_U\cos\psi,I_V\cos\psi,I_W\cos\psi$,它们产生的磁动势为 $F_{ad}(=F_a\cos\psi)$,与 F_f 垂直;比感应电动势滞后

$90°$ 的分量，$I_U \sin\psi$，$I_V \sin\psi$，$I_W \sin\psi$，它们产生的磁动势为 $F_{aq}(=F_a \sin\psi)$，与 F_f 方向相反。F_a 对气隙磁场既起扭曲作用，又起去磁作用。

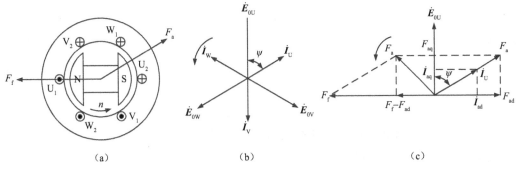

图 7-9　$0° < \psi < 90°$ 时的电枢反应
（a）F_a 与 F_f 空间位置关系；（b）E_0 与 I 时间相位关系；（c）F_δ 与 E_δ 时空相位关系

7.3　同步电动机的运行分析

　　作为一种恒速电动机，电励磁同步电动机常应用于大型不调速设备，如空气压缩机、球磨机、鼓风机等。启动困难、不易调速等缺点限制了它的应用，但由于它可以通过调节励磁电流改善电网功率因数，所以在大功率恒速机械中也得到了广泛应用。电励磁同步电动机的缺点是需要用直流励磁，结构比感应电动机复杂，运行维护要求高。

7.3.1　隐极同步电动机的电动势平衡方程式和相量图

　　在分析电动机电动势平衡方程式和相量图之前，我们先看一下同步电动机主磁路中的磁动势关系。当隐极同步电动机转子励磁绕组通入直流励磁电流 I_f 后，产生主极磁动势 F_f；定子绕组通入三相对称电流后，产生电枢磁动势 F_a。如果不计磁饱和（即认为磁路为线性），则可应用叠加原理，把 F_f 和 F_a 的作用分别单独考虑，再把它们的效果叠加起来。

　　我们假设 F_f 和 F_a 各自产生主磁通 $\dot{\Phi}_0$ 和电枢磁通 $\dot{\Phi}_a$，切割定子绕组并在定子绕组内感应出相应的励磁电动势 $\dot{E}_0$ 和电枢反应电动势 $\dot{E}_a$。把 $\dot{E}_0$ 和 $\dot{E}_a$ 相量相加，可得电枢一相绕组的合成电动势 $\dot{E}_\delta$（亦称为气隙电动势）。上述关系可表示为

主磁极　$\dot{I}_f \longrightarrow F_f \longrightarrow \dot{\Phi}_0 \longrightarrow \dot{E}_0$

电枢　$\dot{I} \longrightarrow F_a \longrightarrow \dot{\Phi}_a \longrightarrow \dot{E}_a$　$\Bigg\rbrace \longrightarrow \dot{E}_\delta$

$\dot{\Phi}_\sigma \longrightarrow \dot{E}_\sigma(\dot{E}_\sigma = -jX_\sigma)$

　　我们采用电动机惯例，设电枢绕组的端电压为 $\dot{U}$，并以为由外施电压所产生的输入电流 $\dot{I}$ 作为电枢电流的正方向，仿照在变压器和异步电动机中用过的将漏抗电动势写成漏抗压降的

方法,从气隙电动势 $\dot{E}_\delta$ 中减去电枢绕组的电阻压降和漏抗压降,便得到同步电动机定子的电动势平衡方程式

$$\dot{U} = -(\dot{E}_0 + \dot{E}_a) + \dot{I}(r_a + jx_\sigma) \tag{7-1}$$

因为电枢反应电动势 $\dot{E}_a$ 正比于电枢反应磁通 $\dot{\Phi}_a$,不计磁饱和时,$\dot{\Phi}_a$ 正比于电枢磁动势 F_a 和电枢电流 $\dot{I}$,即 $\dot{E}_a \propto \dot{\Phi}_a \propto F_a \propto \dot{I}$。因此 $\dot{E}_a$ 正比于 $\dot{I}$;在时间相位上,$\dot{E}_a$ 滞后于 $\dot{\Phi}_a$ 90° 电角度,若不计定子铁耗,$\dot{\Phi}_a$ 与 $\dot{I}$ 同相位,则 $\dot{E}_a$ 将滞后于电枢电流 $\dot{I}$ 90°。于是 $\dot{E}_a$ 亦可写成电抗压降的形式,即

$$E_a \approx -j\dot{I}x_a \tag{7-2}$$

式中,x_a 是与电枢反应磁通相对应的电抗,称为电枢反应电抗。

代入定子方程式(7-1),可得

$$\dot{U} = -\dot{E}_0 + \dot{I}r_a + j\dot{I}x_\sigma + j\dot{I}x_a = -\dot{E}_0 + \dot{I}r_a + j\dot{I}x_s \tag{7-3}$$

式中,$x_s = x_a + x_\sigma$ 称为隐极同步电机的同步电抗,x_s 是对称稳态运行时表征电枢反应和电枢漏磁这两个效应的一个综合参数。不计饱和时,x_s 是一个常数。

根据电压方程式绘出定子一相等效电路以及对应式(7-3)的相量图,如图 7-10(a)、7-10(b)所示。

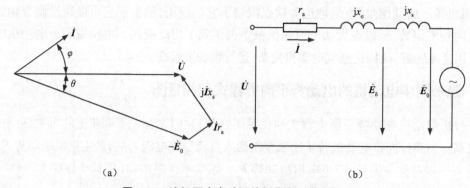

图 7-10 隐极同步电动机的相量图和等效电路

(a)相绕组相量图;(b)相绕组等效电路

从等效电路可以看出,隐极同步电动机的等效电路由励磁电动势 $\dot{E}_0$ 和同步阻抗 $r_a + jx_s$ 串联组成,其中 $\dot{E}_0$ 表示主磁场的作用,x_s 表示电枢反应和电枢漏磁场的作用。

考虑磁饱和时,由于主磁路的磁阻随着饱和程度增大而减小,电枢反应磁通 $\dot{\Phi}_a$ 与电枢电流 $\dot{I}$ 产生的磁动势 F_a 不成比例,叠加原理不再适用。此时,应先求出作用在主磁路上的合成磁动势 F_δ,然后利用电机的磁化曲线(空载曲线)求出负载时的气隙磁通 $\dot{\Phi}_\delta$ 及相应的气隙电动势 $\dot{E}_\delta$,即

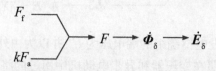

174

考虑到电枢绕组的电阻和漏抗压降,可以得到同步电动机的电压方程,即

$$\dot{U} = -\dot{E}_\delta + \dot{I}(r_a + jx_\sigma) \qquad (7\text{-}4)$$

如果将定子电压方程写成下面的形式

$$\dot{U} = -\dot{E}_0 + j\dot{I}r_a + j\dot{I}x_s \qquad (7\text{-}5)$$

由于电枢反应磁通 $\dot{\Phi}_a$ 与电枢电流 I 产生的磁动势 F_a 是非线性关系,x_a 不是常量,所以同步电抗 $x_s = x_\sigma + x_a$ 不是常量。

7.3.2 凸极同步电动机的电动势平衡方程式和相量图

凸极同步电动机的气隙沿电枢圆周是不均匀的,直轴上气隙较小,交轴上气隙较大。因此,直轴上磁阻比交轴上磁阻小,同样大小的电枢磁动势作用在直轴磁路上与作用在交轴磁路上产生的磁通存在很大差别。随着机械负载的变化,电枢磁动势作用在不同的空间位置。因此在定量分析电枢反应的作用时,需要应用双反应理论。

一般情况下,如果电枢磁动势既不作用于直轴,亦不在交轴,而是在空间任意位置处。这时可将电枢磁动势 F_a 分解成直轴和交轴两个分量 F_{ad}、F_{aq},再用对应的直轴磁导和交轴磁导分别算出直轴和交轴电枢磁通 $\dot{\Phi}_{ad}$、$\dot{\Phi}_{aq}$,最后把它们的效果叠加起来。这种考虑到凸极电机气隙的不均匀性,把电枢反应分成直轴和交轴电枢反应分别来处理的方法,就称为双反应理论。实践证明,不计磁饱和时,这种方法的效果是满足要求的。

不计磁饱和时,根据双反应理论,我们把电枢磁动势 F_a 分解成直轴和交轴磁动势 F_{ad}、F_{aq} 两个分量,根据对应的磁导分别求出其所产生的直轴、交轴电枢磁通密度 B_{ad}、B_{aq},然后利用直轴、交轴电枢磁通密度 B_{ad}、B_{aq} 确定相应的电枢磁通 $\dot{\Phi}_{ad}$、$\dot{\Phi}_{aq}$。图7-11(b)中粗实线为磁通密度的实际分布 B_{ad}、B_{aq} 波形,虚线为等效处理后的 B_{ad}、B_{aq} 波形。直轴、交轴电枢磁通切割电枢绕组产生相应的电动势 $\dot{E}_{ad}$、$\dot{E}_{aq}$ 与主磁通 $\dot{\Phi}_0$ 所产生的励磁电动势 $\dot{E}_0$ 相量相加,则可得一相绕组的合成电动势 $\dot{E}_\delta$(或称为气隙电动势)。

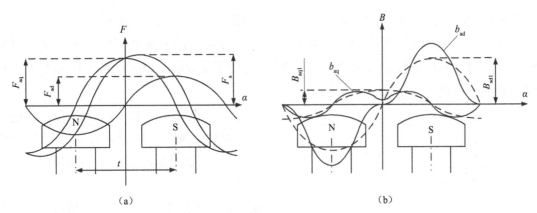

图7-11 凸极同步电机的双反应理论

(a)电枢磁动势分解成直轴和交轴磁动势;(b)直轴和交轴电枢反应

上述关系可表示如下:

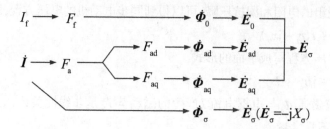

按照隐极同步电动机各物理量正方向的规定，可写出凸极同步电动机定子任一相绕组的电动势平衡方程

$$\dot{U} = -\dot{E}_0 - \dot{E}_{ad} - \dot{E}_{aq} + \dot{I}(r_a + jx_\sigma) \quad (7\text{-}6)$$

与隐极电机相类似，由于 $\dot{E}_{ad}$ 和 $\dot{E}_{aq}$ 分别正比于相应的 $\dot{\Phi}_{ad}$、$\dot{\Phi}_{aq}$，不计磁饱和时，$\dot{\Phi}_{ad}$ 和 $\dot{\Phi}_{aq}$ 又分别正比于 F_{ad}、F_{aq}，而 F_{ad}、F_{aq} 又正比于电枢电流的直轴和交轴分量 $\dot{I}_d$、$\dot{I}_q$，于是可得

$$\dot{E}_{ad} \propto \dot{\Phi}_{ad} \propto F_{ad} \propto \dot{I}_d$$
$$\dot{E}_{aq} \propto \dot{\Phi}_{aq} \propto F_{aq} \propto \dot{I}_q$$

此处 $\dot{I}_d = \dot{I}\sin\psi_0, \dot{I}_q = \dot{I}\cos\psi_0$。不计定子铁耗时，$\dot{E}_{ad}$ 和 $\dot{E}_{aq}$ 在时间相位上分别滞后于 $\dot{I}_d$、$\dot{I}_q$ 90° 电角度，所以 $\dot{E}_{ad}$ 和 $\dot{E}_{aq}$ 可以用相应的电抗压降来表示：

$$\dot{E}_{ad} = -j\dot{I}_d x_{ad} \quad (7\text{-}7)$$
$$\dot{E}_{aq} = -j\dot{I}_q x_{aq} \quad (7\text{-}8)$$

式中，x_{ad} 称为直轴电枢反应电抗；x_{aq} 称为交轴电枢反应电抗。

因为 $\dot{I} = \dot{I}_d + \dot{I}_q$，代入定子绕组电压方程式，可得

$$\begin{aligned}\dot{U} &= -\dot{E}_0 + \dot{I}r_a + j\dot{I}x_\sigma + j\dot{I}_d x_{ad} + j\dot{I}_q x_{aq} \\ &= -\dot{E}_0 + \dot{I}r_a + j\dot{I}_d(x_\sigma + x_{ad}) + j\dot{I}_q(x_\sigma + x_{aq}) \\ &= -\dot{E}_0 + \dot{I}r_a + j\dot{I}_d x_d + j\dot{I}_q x_q\end{aligned} \quad (7\text{-}9)$$

式中，$x_d = x_\sigma + x_{ad}$ 被称为直轴同步电抗和交轴同步电抗，$x_q = x_\sigma + x_{aq}$ 被称为交轴同步电抗，它们是表征对称稳态运行时电枢漏磁和直轴或交轴电枢反应的一个综合参数。

负载运行时，仅端电压 $\dot{U}$、定子电流 $\dot{I}$、功率因数角 φ，以及电机的参数 r_a、x_d 和 x_q 是已知的，而 $\dot{E}_0$ 和 $\dot{I}$ 之间的夹角 ψ_0 是未知的，为了能将电枢电流 $\dot{I}$ 分解成直轴和交轴两个分量 $\dot{I}_d$、$\dot{I}_q$，则必须给出 ψ_0 角。

图 7-12　ψ 角的确定

在电机空载运行时，即 $\dot{I} = 0$ 时才能得到电动势 $\dot{E}_0$；当电机负载运行时，$\dot{I} \neq 0$，ψ_0 角无法用仪器测定，但是可以根据图 7-12 中各相量的关系来确定 ψ_0 角。

引入新的变量 $\dot{E}_Q$ 将式（7-9）转换为可测量参量表达式，令 $\dot{E}_Q = \dot{E}_0 - j\dot{I}_d(x_d - x_q)$，代入定子电压方程可得

$$\dot{U} = (-\dot{E}_Q + \dot{I}r_a + j\dot{I}_d x_d + j\dot{I}_q x_q) - j\dot{I}_d(x_d - x_q) \qquad (7\text{-}10)$$
$$= -\dot{E}_Q + \dot{I}r_a + j\dot{I}x_q$$

式中,直轴电枢电流 $\dot{I}_d$ 与 $\dot{E}_0$ 相垂直,故 $j\dot{I}_d(x_d - x_q)$ 必与 $-\dot{E}_0$ 同相位,因此 $\dot{E}_Q$ 与 $\dot{E}_0$ 相位相同,如图 7-12 所示。将端电压 $\dot{U}$ 沿着 $\dot{I}$ 的方向和垂直于 $\dot{I}$ 的方向分成 $\dot{U}\cos\psi_0$ 和 $\dot{U}\sin\psi_0$ 两个分量,由图 7-12 可以确定

$$\psi_0 = \arctan\frac{U\sin\varphi - Ix_q}{U\cos\varphi - Ir_a} \qquad (7\text{-}11)$$

根据定子电压方程式(7-10)绘出凸极同步电动机一相等效电路以及对应的相量图,如图 7-13、7-14 所示。

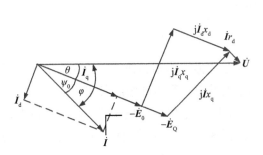

图 7-13 凸极同步电动机的相量图

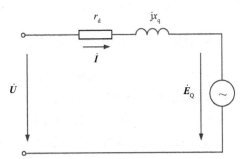

图 7-14 凸极同步电动机的等效电路

在三相同步电动机的相量图中,励磁电动势 $-\dot{E}_0$ 与端电压 $\dot{U}$ 之间的夹角为功角 θ,端电压 $\dot{U}$ 与电流 $\dot{I}$ 的夹角称为功率因数角 φ,励磁电动势 $-\dot{E}_0$ 与电流 $\dot{I}$ 之间的夹角称为内功率因数角 ψ。三者关系为 $\psi = \theta \pm \varphi$。当电动机输出容性无功功率时取"−",输出电感性无功功率时取"+"。

在分析电枢反应的性质时,要注意是采用哪种惯例。若采用发电机惯例,则电枢电流 $\dot{I}$ 滞后于励磁电动势 $\dot{E}_0$ 时,电枢反应为去磁作用,$\dot{I}$ 超前于 $\dot{E}_0$ 时,为增磁作用。若采用电动机惯例,由于电枢电流的正方向已经改变,所以电枢电流 $\dot{I}$ 滞后于励磁电动势 $-\dot{E}_0$ 时,电枢反应为增磁作用;$\dot{I}$ 超前于 $-\dot{E}_0$ 时,为去磁作用。

7.4 同步电动机的功率、转矩和功(矩)角特性

7.4.1 同步电动机的功率、转矩平衡方程式

由电网输入的电功率 P_1 扣除很小部分的消耗于定子铜耗 p_{Cu1} 之后,大部分通过定、转子磁场的相互作用,由电功率转换为机械功率。转子所获得的这个总电磁功率 P_M 再扣去定子铁耗 p_{Fe},机械损耗 p_m,附加损耗 p_s 之后,才是从轴上输出的机械功率 P_2。由此,可得同步电动机的功率平衡方程式为

$$P_1 = P_{Cu1} + P_M \qquad (7\text{-}12)$$

$$P_M = p_{Fe} + p_m + p_s + P_2 \qquad (7\text{-}13)$$

此处定子铁耗 p_{Fe} 是转子励磁磁场旋转引起的,故包含在电磁功率中。

在电机轴上有拖动转矩 T_{em} 和四个制动转矩 T_{Fe}、T_m、T_s 和 T_2(输出转矩)与 P_M、p_{Fe}、p_m、p_s 和 P_2 分别对应。由于功率(或损耗)与转矩间的关系都是 $P=T\Omega$,其中 Ω 是电机转子的机械角速度,且 $\Omega=2\pi n/60$,这里 n 是转子每分钟转速,把上式除以同步角速度 Ω,可得转矩平衡方程式

$$T_M = T_{Fe} + T_m + T_s + T_2 \tag{7-14}$$

式中,$T_M = P_M/\Omega$ 为电动机的电磁转矩,$T_0 = (p_{Fe} + p_m + p_s)/\Omega$ 为空载转矩,$T_2 = P_2/\Omega$ 为输出转矩。

对于带同轴励磁机的同步电动机,消耗的励磁功率也要从输入功率 P_1 内扣除。若由另外的直流电源供给励磁,则励磁损耗与电动机损耗无关。

7.4.2 同步电动机的功(矩)角特性

在同步电动机中,由电网输入的电功率 P_1 通过电磁感应作用转换成电磁功率 P_M。这部分电磁功率是能量形态变换的基础,下面对电磁功率的特性进行较详细的研究。

图 7-13 为凸极同步电动机的相量图,在同步电机中,由于电枢电阻比同步电抗小得多,定子铜耗 p_{Cu1} 是极小的一部分,可以把它略去;忽略其他损耗后,m 相绕组传递的电磁功率 P_M 就等于输出的电功率 P_2,则

$$P_M \approx P_2 = mUI\cos\varphi = mUI\cos(\psi + \theta)$$
$$= mUI_q\cos\theta - mUI_d\sin\theta \tag{7-15}$$

从凸极电动机的相量图 7-13 可以看出

$$I_q = \frac{U\sin\theta}{x_q} \tag{7-16}$$

$$I_d = \frac{U\cos\theta - E_0}{x_d} \tag{7-17}$$

将公式(7-16)和公式(7-17)代入公式(7-15)得到

$$P_M = mU\frac{U\sin\theta}{x_q}\cos\theta - mU\frac{U\cos\theta - E_0}{x_d}\sin\theta$$
$$= m\frac{UE_0}{x_d}\sin\theta + m\frac{U^2}{2}\left(\frac{1}{x_q} - \frac{1}{x_d}\right)\sin 2\theta \tag{7-18}$$

式中,$m\dfrac{UE_0}{x_d}\sin\theta$ 称为基本电磁功率,$m\dfrac{U^2}{2}\left(\dfrac{1}{x_q} - \dfrac{1}{x_d}\right)\sin 2\theta$ 称为附加电磁功率。

对应的电磁转矩为

$$T_M = mU\frac{U\sin\theta}{x_q\Omega}\cos\theta - mU\frac{U\cos\theta - E_0}{x_d\Omega}\sin\theta$$
$$= m\frac{UE_0}{x_d\Omega}\sin\theta + m\frac{U^2}{2\Omega}\left(\frac{1}{x_q} - \frac{1}{x_d}\right)\sin 2\theta \tag{7-19}$$

由于同步电动机并连在电网上运行,电网电压 U 和频率 f 为常数,因此,在式(7-18)和(7-

19)中，电压 U 及参数 x_d、x_q 均为常数；励磁电动势 E_0 为常数（励磁电流不变），则电磁功率和电磁转矩的大小将只取决于 E_0 与 U 的夹角 θ，故 θ 称为功角（功率角）。当 U 与 E_0 不变时，$P_M = f(\theta)$ 曲线称为功角特性，对应的 $T_M = g(\theta)$ 曲线称为矩角特性。

对于隐极同步电动机，$x_d = x_q = x_s$，附加电磁功率为零，所以隐极同步电动机的电磁功率等于基本电磁功率，即

$$P_M = m\frac{UE_0}{x_s}\sin\theta \tag{7-20}$$

从式（7-20）可知，隐极同步电动机的功角特性曲线为正弦曲线，当功角为 90° 电角度时，电磁功率出现最大值，其最大值为

$$P_M = m\frac{UE_0}{x_s} \tag{7-21}$$

对于凸极电动机，由于附加电磁功率的存在，其功角特性曲线不再按正弦变化。如图 7-15 所示，当励磁电动势 E_0、端电压 U 和直轴电抗 x_d 相同时，电磁功率的最大值比隐极电动机大，出现在 $\theta = 90°$ 处。

当转子励磁电流为零时，励磁电动势 E_0 为零。此时

$$P_M = \frac{mU^2}{2}\left(\frac{1}{x_q} - \frac{1}{x_d}\right)\sin 2\theta \tag{7-22}$$

从式（7-22）可以看出，这个转矩是由直轴和交轴磁阻的不相等（即 $x_q \neq x_d$）而引起的。只要定子电压 $\dot{U}$ 不为零，就有电磁功率和电磁转矩存在，因此转子没有励磁的凸极同步电动机也能旋转，通常称这种电动机为磁阻电动机。

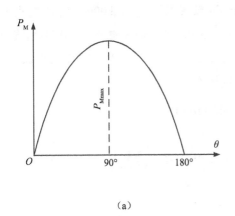

（a）

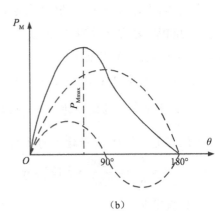

（b）

图 7-15　同步电动机的功角特性
（a）隐极电动机；（b）凸极电动机

下面从物理意义上分析 θ 与电磁功率的关系。

由图 7-16（a）可知，功角 θ 是电压 $\dot{U}$ 与 $-\dot{E}_0$ 之间的夹角。因为同步电机容量很大，定子漏抗压降和定子绕组电阻压降可以忽略，则可以认为 $\dot{U} = -\dot{E}_\delta$，$\dot{E}_\delta$ 是合成磁动势感生的电动势。功角 θ 近似为 $-\dot{E}_\delta$ 与 $-\dot{E}_0$ 的夹角 θ_i，即 $\theta = \theta_i$，$\dot{E}_0$ 与 $\dot{E}_\delta$ 的夹角 θ_i（称为内功率角）等于空间矢量

F_f 与 F_δ 的夹角。因此,θ 既可表示 $\dot{E}_0$ 与 $\dot{U}$ 的时间相位差,又可表示 F_f 与 F_δ 的空间相位差,即主磁极轴线与气隙合成磁场轴线之间的夹角。F_f 与 F_δ 的关系参见图 7-16(b)。当 $\theta \neq 0$ 时,气隙合成磁场轴线超前转子主极轴线 θ 角,磁通从主极发出后向前扭斜,切向电磁力使转子受到一个拖动电磁转矩,它与电动机的负载转矩相平衡,从而将电能转换成轴上输出的机械能。θ 的大小反映了气隙磁场扭斜的程度,与电磁功率及电磁转矩的大小有关,所以将 θ 称为同步电机的功率角。

由图 7-16 可以看出,只有当 $\dot{I}$ 中具有交轴分量 $\dot{I}_q$ 才使 $\theta \neq 0$ 而产生电磁功率,因此从产生电磁转矩和机电能量转换来看,交轴电枢反应具有重要意义。

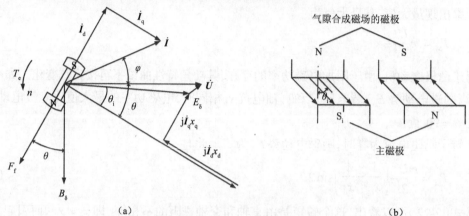

图 7-16 同步电动机的功角和电磁转矩
(a)功率角 θ 的空间相位和时间相位含义;(b)气隙磁场的相互作用

【例 7-1】已知一台三相同步电动机的数据如下:额定功率 $P_N = 3\,000\text{kW}$,额定电压 $U_N = 6\,000\text{V}$,额定功率因数 $\cos\varphi_N = 0.8$,额定效率 $\eta_N = 0.96$,定子每相电阻 $r_a = 0.21\Omega$,定子绕组为星形联结,极对数为 5。试求:(1)额定运行时,定子输入的功率 P_1;(2)额定电流 I_N;(3)额定电磁功率 P_M;(4)空载损耗 P_0;(5)额定电磁转矩 T_N。

解:同步电动机的同步转速为 $n_1 = \dfrac{60f_1}{p} = \dfrac{60 \times 50}{5} = 600 \text{ r/min}$

(1)额定运行时,定子输入的功率

$$P_1 = \frac{P_N}{\eta_N} = \frac{3\,000}{0.96} = 3\,125 \text{ kW}$$

(2)额定电流

$$I_N = \frac{P_1}{\sqrt{3}U_N \cos\varphi_N} = \frac{3\,125 \times 1\,000}{\sqrt{3} \times 6\,000 \times 0.8} = 375.9 \text{ A}$$

(3)额定电磁功率

$$P_M = P_1 - P_{Cu1} = P_1 - 3R_a I_N^2 = 3\,125 - 3 \times 0.2 \times 375.9^2 \times 10^{-3} = 3\,036 \text{ kW}$$

(4)空载损耗

$$P_0 = P_M - P_N = 3\,036 - 3\,000 = 36 \text{ kW}$$

(5)额定电磁转矩

180

$$T_{N} = 9\ 550 \frac{P_{M}}{n_{1}} = 9\ 550 \times \frac{3\ 036}{600} = 48.323 \times 10^{3}\ Nm$$

7.5　同步电动机的功率因数调节

对电网来说,绝大部分用电设备都是感性负载,例如变压器、异步电机和感应炉等。感性负载在向电网吸取有功功率的同时必然也向电网吸取电感性无功电流。感性负载越大,电网的功率因数越低,无功功率占比例越大。

感性无功电流的电枢反应具有去磁作用,如果增大同步电动机的励磁电流可以影响这种去磁作用。当同步电动机输出有功功率恒定而改变其励磁电流时,将改变同步电动机的无功功率和功率因数。由此可见,无功功率的改变依赖于调节励磁电流。此处我们仅讨论这种情况。

为了分析简便起见,仍以隐极电动机为例,忽略定子铜损和磁路饱和的影响,输入功率 P_1 与电磁功率 P_M 相等。当 P_2 不变而调节 I_f 时,若不计励磁损耗的影响,则 P_M 也不变,即

$$P_{1} = 3UI\cos\varphi = 常数；P_{M} = \frac{3E_{0}\sin\theta}{x_{s}} = 常数$$

由于 $P_M = P_2$,则当 $U = U_N =$常数时,有

$I\cos\varphi = $常数；$E_{0}\sin\theta = $常数

当调节励磁电流 I_f 时,励磁磁动势 F_f 以及由它作用而产生的励磁电动势 $\dot{E}_0$,以及定子电流 $\dot{I}$ 都相应地改变,如图 7-17 所示。当保持定子电压不变,调节励磁电流 I_f 以改变 $\dot{E}_0$ 时,由于 $E_0\sin\theta = $常数,故相量 $\dot{E}_0$ 末端的变化轨迹为一条与电压相量相平行的直线 CD;由于 $I\cos\varphi = $常数,则定子电流 $\dot{I}$ 相量末端的变化轨迹是一条与 $\dot{U}$ 垂直的水平线 AB。根据励磁电流 I_f 的变化范围,在图 7-17 中绘出三种不同运行状态下的相量关系。

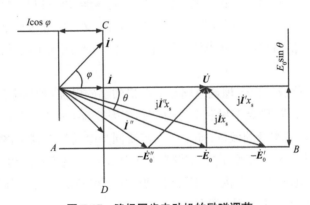

图 7-17　隐极同步电动机的励磁调节

（1）正常励磁时,即 $I_f = I_{f0}$ 时,励磁电动势为 $-\dot{E}_0$。此时的定子电流为 $\dot{I}$,与 $\dot{U}$ 同相且幅值最小,$\cos\varphi = 1$,电动机不输出无功功率,这时称电动机运行于正常励磁状态。

（2）当励磁电流 I_f 大于正常励磁电流时,即 $I_f > I_{f0}$ 时,励磁电动势为 $-\dot{E}_0'$ 且 $-\dot{E}_0' > -\dot{E}_0$。

此时的定子电流为 $\dot{i}'$，超前于端电压 $\dot{U}$，$\cos\varphi<1$，且 $\dot{i}'>\dot{i}$。除有功电流外，定子电流中超前的无功电流分量将起去磁作用，电动机输出电感性无功功率，这时称电动机运行于过励状态。

（3）当励磁电流 I_f 小于正常励磁电流时，即 $I_f<I_{f0}$ 时，励磁电动势为 $-\dot{E}_0''$，且 $-\dot{E}_0''<-\dot{E}_0$。此时的定子电流为 $\dot{i}''$，滞后于端电压 $\dot{U}$，$\cos\phi<1$，且 $\dot{i}<\dot{i}''$。除有功电流外，定子电流中滞后的无功电流分量将起增磁作用。电动机输入电感性无功功率，这时称电动机处于欠励状态。

由上分析可知，调节同步电动机励磁电流的大小，就可以改变其输出的无功功率。不仅能改变无功功率的大小，而且能改变无功功率的性质。

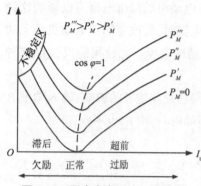

图 7-18　同步发电机的 V 形曲线

当同步电动机在电压、频率不变的条件下，在负载一定的情况下，调节励磁电流 I_f 时，则定子电流 $\dot{i}$ 相应地发生变化。将定子电流 $\dot{i}$ 随励磁电流 I_f 的变化关系，即 $I=f(I_f)$ 用曲线表示时，因其形状像字母 V，故称 V 形曲线，如图 7-18 所示。

当电动机带有不同的负载时，对应有一组 V 形曲线，消耗的有功功率越大，曲线越上移。图 7-18 中每条曲线都有最低点，这点的励磁就是正常励磁，而电枢电流最小，全为有功分量，此时 $\cos\varphi=1$。将各曲线最低点连接起来得到一条 $\cos\varphi=1$ 的曲线。这条线微向右倾斜，即说明输出功率增大时必须相应增加一些励磁电流才能保持 $\cos\varphi$ 不变。在这条曲线的右方，电动机处于过励状态，功率因数是超前的，电动机从电网吸收超前无功功率；而在这条曲线的左方，电动机机处于欠励状态，功率因数是滞后的，电动机从电网吸取滞后无功功率。V 形曲线左侧有一个不稳定区（对应于 $\theta>90°$），由于欠励状态更加靠近不稳定区，所以同步电动机一般运行于过励状态。

为了提高电网的功率因数，可在电网上并联电力电容器，也可以从电网上吸收其他设备的滞后的无功电流。同步电动机既可以作为原动机带负载，又可以通过调节其励磁电流，使其工作于过励磁状态时，提供滞后的无功电流。因此，在生产中使用同步电动机可以改善电网的功率因数。

可以根据电网的负载情况合理调节同步电动机的励磁电流：如果电网对同步电动机没有提出补偿功率因数的要求，则调节励磁电流时使功率因数 $\cos\varphi=1$，这时同步机具有最小的定子电流，可以提高电动机本身的效率；如果电网需要同步电动机补偿电网的功率因数，则调节励磁电流时，应使同步电动机工作于过励状态，但要注意定子电流不能超过电机温升所允许的最大电流。为了改善电网的功率因数，同步电动机可不带负载，专门用以吸收容性的无功电流，这样运行的同步电动机称为同步补偿机。

【例 7-2】某工厂变电所的设备容量为 1 000 kW，该厂原有电力负载：有功功率为 400 kW，无功功率 400 kW，功率因数为滞后。现因生产需要，新添一台同步电动机来驱动有功功率为 500 kW，转速为 370 r/min 的生产机械。同步电动机的技术数据如下：$P_N=550$ kW，$U_N=6\,000$ V，$I_N=64$ A，$n_N=375$ r/min，$\eta_N=0.92$，绕组为 Y 接法。设电机磁路不饱和，并认为电动机效率不变，调节励磁电流I_f向电网提供感性无功功率。当调到定子电流为额定值时，试求：（1）同步电动机输入的有功功率、输入的无功功率、和功率因数；（2）此时电源变压器的有功功率、无功功率及视在功率。

解：（1）同步电动机正常运行时，输出有功功率由负载决定，故

$$P_2 = 500 \text{ kW}, \eta_N = 0.92$$

当定子电流为额定值时，同步电动机从电网吸收的有功功率为

$$P_1 = P_2 / \eta_N = \frac{500}{0.92} = 543.5 \text{ kW}$$

调节I_f使I_1为额定值，此时电动机的视在功率为

$$S = \sqrt{3} U_N I_N = \sqrt{3} \times 6\ 000 \times 64 = 665.1 \text{ kVA}$$

同步电动机吸收的无功功率为

$$Q = \sqrt{S^2 - P^2} = \sqrt{665.1^2 - 543.5^2} = 383.4 \text{ kW（超前）}$$

电动机功率因数为

$$\cos\varphi = \frac{P}{S} = 0.817$$

（2）变压器输出的总有功功率为

$$P = 543.5 + 400 = 943.5 \text{ kW}$$

变压器的无功功率为

$$Q = 400 - 383.4 = 16.6 \text{ kW}$$

变压器的视在功率为

$$S = \sqrt{P^2 + Q^2} = \sqrt{943.5^2 + 16.6^2} = 943.6 \text{ kW}$$

增加负载后，变压器仍然能够正常运行。

7.6 同步电动机的启动

同步电动机在正常工作时，依靠合成磁场对转子磁极的磁拉力牵引转子同步旋转。只有在定子旋转磁场与转子励磁磁场相对静止时，才能得到平均电磁转矩。该电磁转矩能使同步电动机在稳态下正常旋转，而在非变频启动时却无法起作用。

如果静止的同步电动机励磁后立接投入电网，那么定子旋转磁场与转子磁场间的相对运动速度接近同步转速n_1，功角θ在0°～360°变化，转子承受交变的脉振转矩，其平均值为零，电机无法启动，所以必须采取其他措施。

7.6.1 启动方法

1. 辅助电动机启动

通常选用一台和同步电动机极数相同的小型感应电动机作为辅助电动机。先用辅助电动机将同步电动机拖到异步转速，然后投入电网并通入励磁电流，靠同步转矩把转子牵入同步，然后切断辅机电源。这种方法只适于空载启动，而且所需设备多，操作复杂，应用较少。

2. 变频启动

这种方法通过改变定子旋转磁场转速,利用同步转矩来启动。在开始启动时,转子通入直流,然后使变频电源的频率从零缓慢上升,逐步增加到额定频率,使转子的转速随着定子旋转磁场的转速而同步上升,直到额定转速。这种方法启动性能好,启动电流小,对电网冲击小,但是需要专门的变频电源,增加了投资。

3. 异步启动

在同步电动机的转子上安装类似于感应电机笼型绕组的启动绕组(即阻尼绕组)。当接通电源后,使同步电机在异步转矩作用下启动,当转速接近同步转速时再加励磁,依靠同步电磁转矩将转子牵入同步。这是当前同步电动机广泛采用的一种方法,下面进行着重分析。

7.6.2 异步启动

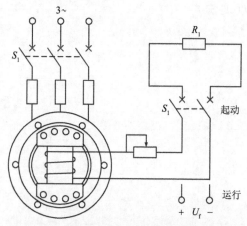

图 7-19 同步电动机异步启动时的线路图

异步启动的线路图如图 7-19 所示。启动时,先把励磁绕组串入约为励磁绕组电阻值 10 倍的附加电阻后短接,然后用感应电动机启动方法将定子接入电网,这时同步电动机与感应电动机作用相同,依靠异步电磁转矩启动,等转速上升到接近同步转速时再通入励磁电流,依靠定、转子磁场相互作用所产生的同步电磁转矩以及凸极效应引起的磁阻转矩,将转子牵入同步。整个启动过程包括"异步启动"和"牵入同步"两个阶段。

在异步启动过程中,转子直流励磁绕组如何处理是一个值得注意的问题。

若将直流励磁绕组直接通入励磁电流,将会产生主磁极磁动势,并随着转速的上升在气隙中形成旋转磁场。此旋转磁场将会在定子绕组中感生出频率随着转速变化的三相对称电动势,这个电动势的频率与电网电压频率不相同,它通过电源变压器的二次绕组构成回路,产生很大的电流,这一电流与定子绕组启动电流叠加起来使定子电流过大,超出允许范围。因此启动过程中转子励磁绕组不能直接通入电流。

若将直流励磁绕组开路,则定子旋转磁场将会切割直流励磁绕组,特别是在启动过程初期以很高的速度切割直流励磁绕组。由于转子励磁绕组匝数较多,因而会在直流励磁绕组上产生很高的感应电动势,容易击穿绝缘绕组,对操作人员的人身安全构成一定的威胁。因此启动过程中不能将直流励磁绕组开路。

若将直流励磁绕组直接短路,则定子旋转磁场会切割励磁绕组,产生单轴转矩。转子在启动绕组的异步转矩和单轴转矩的共同作用下,会在 $n_1/2$ 处发生合成转矩下凹,影响启动过程,下面详细说明。

转子启动绕组的机械特性曲线与普通感应电机一样,如图 7-20(b)中曲线 2 所示。假定定子旋转磁动势转速为 n_1,转子速度为 n,那么旋转磁场切割转子的速度为 n_1-n,旋转磁场在转子直流励磁绕组中感应电动势的频率为$f_2=sf_1$。这一电动势在直流励磁绕组中产生频率为f_2的单相短路电流。该单相短路电流在转子绕组中产生一个频率为f_2的脉振磁动势。此脉振磁场可分解成正、反两个方向旋转的磁场。其中正向旋转磁场对定子的相对转速为n_1，与定子旋转磁场相对静止，产生普通感应电动机的异步转矩T_1，其$T—s$曲线如图7-20（a）中曲线1所示。反向旋转磁场对定子转速为$(1-2s)n_1$，在定子绕组中感应出频率为$f_0=(1-2s)f_1$的电流并建立相应的旋转磁场F。该旋转磁场与转子反转磁场相互作用产生另一个异步转矩T_2，其$T-s$曲线如图7-20（a）中曲线2所示。该转矩在$s=0.5$时为零；在$s<0.5$时为负，对转子起拖动作用；在$s>0.5$时为正，对转子起制动作用。将转子单相绕组所产生的上述两个异步转矩T_1和T_2合成起来即为启动过程中的单轴转矩T_3，其$T—s$曲线如图7-20（a）中曲线3所示。

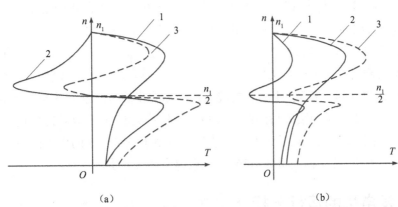

图 7-20　直流励磁绕组直接短路时的单轴转矩及其对同步电动机启动的影响

（a）励磁绕组的单轴转矩；（b）励磁绕组和启动绕组的合成电磁转矩

将启动绕组所产生的异步转矩与单轴转矩相加，即得异步启动过程中的合成电磁转矩，其$T-s$曲线如图7-20（b）所示。图7-20（b）中曲线1为启动绕组产生的单轴转矩，曲线2为启动绕组产生的异步转矩，曲线3为二者合成转矩。由图可知，由于单轴转矩的存在使电动机的合成转矩曲线在$n=n_1/2$附近发生明显的下凹，形成一个最小转矩T_{min}有可能使电动机卡在$n=n_1/2$附近而不能继续升速。

为了限制单轴转矩对启动的不利影响，可以在异步启动时在励磁绕组中接入10倍于励磁绕组电阻的附加电阻来限制电流。串入适量的电阻后，对转子正转的磁场所产生的转矩来讲，相当于增大感应电动机转子电阻。根据异步电动机的人为机械特性可知，最大转矩不变，而临界转差率增大；对转子反转的磁场所产生的转矩来讲，相当于感应电动机定子回路串入电阻，因为这时转子是初级侧，而定子为次级侧，结果使最大转矩大为削弱，如图7-21中曲线2所示，而合成转矩曲线中的凹陷部分可基本消除，如图7-21中曲线3所示。

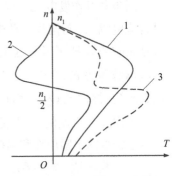

图 7-21　直流励磁绕组串电阻闭合时的单轴转矩

同步电动机启动性能可用启动转矩T_{st}和名义牵入转矩T_{pl}来表征。所谓名义牵入转矩是指转速达到95%同步转速时电动机的异步转矩。根据感应电机机械特性,调整启动绕组的电阻可以改变这两个转矩的大小。启动绕组的电阻愈大,名义牵入转矩就愈小,而启动转矩则变大。对要求牵入转矩大而启动转矩较小的鼓风机电机,可用紫铜来做启动绕组;而对要求启动转矩大而牵入转矩较小的轧钢机电机,应选用电阻系数较高的黄铜或青铜来做启动绕组。

异步启动之后,电动机已经达到准同步转速,这时笼型绕组的异步转矩虽然仍有一定数值,但不能靠它把转子拉入同步。由异步电动机机械特性可以知道,在这一段的异步转矩基本与转差率成正比,转速升高,转差率减小,转矩与之成正比的减小,到同步转速时,该转矩为零。为了把转子拉入同步,这时需要靠同步转矩起作用,在电动机达到准同步转速后,应及时给直流励磁绕组加入励磁电流。

这时电机的转差率很低,转子转速已接近旋转磁场转速,由凸极引起的磁阻转矩已起作用。此时转子未加励磁,转子磁极无固定极性,仅由定子磁场磁化而定。由于 θ 角连续变化,磁阻转矩是脉振的,使转子转速发生振荡。当加上励磁电流后,转子磁极有了确定的极性,在半个周期内旋转磁场对转子一直是拉力,这一转矩加上这段时间的异步转矩,完全有可能把转子由准同步转速拉到同步转速,使电动机进入稳定的同步运行。这时的磁阻转矩的振荡周期较前增加一倍。由于转子加励磁后的同步转矩比磁阻转矩强得多,故转速变化也大得多,转速瞬时值可能超过同步转速,而在减速回到同步转速时由于整步转矩的作用使振荡衰减,转子逐渐牵入同步。一般讲,转子轴上负载愈轻,电机愈容易牵入同步。

7.7 同步发电机的运行分析

同步发电机和同步电动机只是同步电机不同的运行方式,因此它的电动势平衡方程式、相量图、功角特性等,都和电动机有着类似的特点和形式。

7.7.1 同步发电机的电动势平衡方程式和相量图

当隐极同步电动机投入电网并联运行时,既也可以自电网吸取电功率作为同步电动机运行,也可以将有功功率输至电网而作为发电机运行。

同步电机作发电机运行时,转子由原动机拖动以恒定不变的转速旋转,转子励磁绕组中通以直流电流 I_f。与同步电动机的分析相同,若不考虑磁路饱和的影响,可以认为励磁电流 I_f 形成励磁磁动势 F_f,产生励磁磁通 $\dot{\Phi}_0$,从而在定子每相绕组中产生励磁电动势 $\dot{E}_0$;电枢电流 I 形成电枢磁动势 F_a,产生电枢磁通 $\dot{\Phi}_a$,从而在定子每相绕组中产生电枢反应电动势 $\dot{E}_a$;电枢电流 I 会产生漏磁通 $\dot{\Phi}_\sigma$,从而在定子每相绕组中产生漏磁电动势 $\dot{E}_\sigma$。

采用发电机惯例,设电枢绕组的端电压为 U,并以输出电流作为电枢电流的正方向,考虑到电枢绕组的电阻压降和漏抗压降,得到同步发电机定子每相绕组的电压方程式

$$\dot{U} = \dot{E}_0 + \dot{E}_a - \dot{I}(r_a + jx_\sigma) \tag{7-23}$$

不计磁饱和时,将 $\dot{E}_a$ 写成电抗压降的形式,即

$$\dot{E}_a \approx -j\dot{I}x_a \tag{7-24}$$

式中，x_a 是与电枢反应磁通相对应的电抗，称为电枢反应电抗。

代入定子电压方程式，可得

$$\dot{E}_0 = \dot{U} + \dot{I}r_a + j\dot{I}x_\sigma + j\dot{I}x_a = \dot{U} + \dot{I}r_a + j\dot{I}x_s \qquad (7\text{-}25)$$

式中，$x_s = x_a + x_\sigma$ 称为隐极同步电机的同步电抗，x_s 是对称稳态运行时表征电枢反应和电枢漏磁这两个效应的一个综合参数。不计饱和时，x_s 是一个常数。

根据电压方程式绘出定子一相等效电路，如图 7-22 所示。

绘出对应式（7-23）和式（7-25）的相量图，如图 7-23（a）和图 7-23（b）所示。图中 $\dot{E}_0$ 表示主磁场的作用，x_s 表示电枢反应和电枢漏磁场的作用。

同样，凸极同步发电机的电动势平衡方程式为

$$\dot{U} = \dot{E}_0 + \dot{E}_{ad} + \dot{E}_{aq} - \dot{I}(r_a + jx_\sigma) \qquad (7\text{-}26)$$

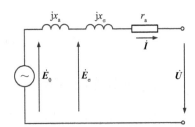

图 7-22　隐极同步发电机等效电路图

按照与凸极同步电动机相同的处理方法，将 $\dot{E}_{ad}$ 和 $\dot{E}_{aq}$ 用相应的电抗压降来表示：

$$\dot{E}_{ad} = -j\dot{I}_d x_{ad} \qquad (7\text{-}27)$$

$$\dot{E}_{aq} = -j\dot{I}_q x_{aq} \qquad (7\text{-}28)$$

此处 $\dot{I}_d = \dot{I}\sin\psi$，$\dot{I}_q = \dot{I}\cos\psi$，分别表示定子电流的直轴和交轴分量。$x_{ad}$ 称为直轴电枢反应电抗；x_{aq} 称为交轴电枢反应电抗。

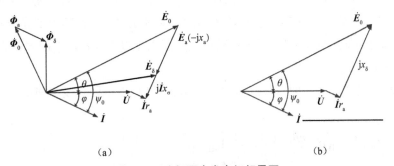

（a）　　　　　　　　　　　　　　（b）

图 7-23　隐极同步发电机相量图

（a）相绕组电动势相量图；（b）相绕组阻抗电压相量图

将 $\dot{I} = \dot{I}_d + \dot{I}_q$ 代入定子绕组电动势方程，可得

$$\dot{E}_0 = \dot{U} + \dot{I}r_a + j\dot{I}_d x_d + j\dot{I}_q x_q \qquad (7\text{-}29)$$

式中，$x_d = x_\sigma + x_{ad}$ 称为直轴同步电抗，$x_q = x_\sigma + x_{aq}$ 称为交轴同步电抗，它们是表征对称稳态运行时电枢漏磁和直轴或交轴电枢反应的综合参数。

与公式（7-29）相对应的相量图和等效电路分别如图 7-24 和图 7-25 所示。

引入新的变量 $\dot{E}_Q = \dot{E}_0 - j\dot{I}_d(x_d - x_q)$，则可以得到简化的定子电压方程式

$$\dot{E}_Q = \dot{U} + \dot{I}r_a + j\dot{I}x_q \qquad (7\text{-}30)$$

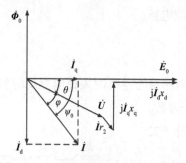
图 7-24 凸极同步发电机的相量图

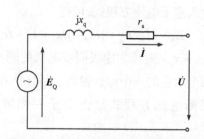
图 7-25 凸极同步发电机的等效电路图

7.7.2 功率、转矩平衡方程式和功(矩)角特性

同步发电机在对称负载下稳定运行时,由原动机输入的机械功率 P_1,在扣除发电机的机械损耗 p_M、铁耗 p_{Fe} 和附加损耗 p_s 后,剩余部分即转化为电磁功率 P_M 经电枢绕组输出,即

$$P_M = P_1 - p_m - p_{Fe} - p_s \qquad (7\text{-}31)$$

对于带同轴励磁机的同步发电机,消耗的励磁功率也要从原动机的输入功率 P_1 内扣除。若由另外的直流电源供给励磁,则励磁损耗与发电机损耗无关。

通过电磁感应作用,电磁功率 P_M 由气隙合成磁场传递到定子绕组,从其中减去定子绕组的铜耗 p_{Cu1} 后,成为输出的电功率 P_2,即

$$P_2 = P_M - p_{Cu1} \qquad (7\text{-}32)$$

在电机轴上有驱动转矩 T_1 和四个制动转矩 T_m、T_{Fe}、T_s 和 T_M(电磁转矩)与 P_1、p_m、p_{Fe}、p_s 和 P_M 分别对应。由于功率(或损耗)与转矩间的关系都是 $P = T\Omega$,其中 Ω 是电机转子的机械角速度,且 $\Omega = 2\pi n/60$,这里 n 是转子每分钟转速,所以可以得到转矩平衡方程式

$$T_M = T_1 - (T_m + T_{Fe} + T_s) \qquad (7\text{-}33)$$

当按照发电机惯例分析时,设 $\dot{E}_0$ 滞后 $\dot{U}$ 时 θ 为正值,可得同步发电机的功角特性表达式为

$$P_M = \frac{mE_0U}{x_d}\sin\theta + \frac{mU^2}{2}\left(\frac{1}{x_q} - \frac{1}{x_d}\right)\sin 2\theta \qquad (7\text{-}34)$$

上式除以转子角速度 Ω,便得同步发电机的矩角特性为

$$T_M = \frac{mE_0U}{\Omega x_d}\sin\theta + \frac{mU^2}{2\Omega}\left(\frac{1}{x_q} - \frac{1}{x_d}\right)\sin 2\theta \qquad (7\text{-}35)$$

根据以上表达式可以绘出凸极同步发电机的功角特性图,与同步电动机的功角特性类似。

7.8 同步发电机的运行特性

同步发电机在对称负载下稳定运行时,在 n_0=常数,$\cos\varphi$=常数的条件下,如果保持 I_f,U,I 三个物理量中任意一个为常值,则其他两个物理量之间关系称为同步发电机的运行特性,主要包括以下几种:

①外特性。当 $I_f=$ 常数时，$U=f(I)$。

②调整特性。当 $U=$ 常数时，$I_f=f(I)$。

③空载特性。当 $I=0$ 时，$U_0=f(I_f)$。

④短路特性。当 $U=0$ 时，$I_k=f(I_f)$。

⑤零功率因数负载特性：当 $\cos\varphi=0$，$I=$ 常数时，$U=f(I_f)$。

正常运行时，同步发电机主要特性为外特性和调整特性。外特性反映励磁不变时，负载电流对端电压的影响。调整特性反映电压不变的条件下，励磁电流随负载变化的调节情况。其他特性（如空载特性、短路特性、零功率因数负载特性）主要用于测量电机参数。

7.8.1 外特性

同步发电机的外特性是指 $n_0=n_N$，$I_f=$ 常数，$\cos\varphi=$ 常数时，发电机的端电压与电枢电流之间的关系特性，$U=f(I)$。

图 7-26 表示负载功率因数不同时同步发电机的外特性。从图 7-26 可见，在感性负载和纯电阻负载时，外特性是下降的，这是由电枢反应的去磁作用和定子漏阻抗压降所引起的。在容性负载且内功率因数角为超前时，由于电枢反应的增磁作用和容性电流的漏抗电压上升，外特性亦可能是上升的。

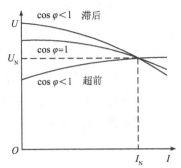

图 7-26　同步发电机的外特性

从外特性可以求出发电机的电压调整率。调节发电机的励磁电流，使电枢电流为额定电流、功率因数为额定功率因数、端电压为额定电压，此励磁电流 I_{fN} 称为同步发电机的额定励磁电流。然后保持励磁电流为 I_{fN}，转速为同步转速，卸去负载（即 $I=0$），即可得到外特性上 $I=0$ 对应的电压值，即励磁电动势 E_0。此时端电压升高的百分值即为同步发电机的电压调整率，用 Δu 表示

$$\Delta u=\frac{E_0-U_N}{U_N}\times100\%$$

Δu 是表征发电机运行性能的重要数据之一。由于同步发电机都装有快速自动调压装置，可随时自动调整励磁以维持电压基本不变，所以凸极同步发电机的 Δu 通常在 18%~30%；隐极同步发电机由于电枢反应较强，Δu 通常在 30%~48%（均指 $\cos\varphi=0.8$ 滞后）。

7.8.2 调整特性

同步发电机的调整特性指 $n_0=n_N$，$U=U_N$，$\cos\varphi=$ 常数时，励磁电流与电枢电流之间的关系特性，$I_f=f(I)$。

图 7-27 表示带有不同功率因数的负载时，同步发电机的调整特性由图 7-27 可见，在感性负载和纯电阻负载时，为补偿电枢电流所产生的去磁性电枢反应和漏阻抗压

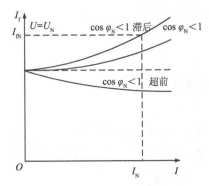

图 7-27　同步发电机的调整特性

降,随着电枢电流的增加,必须相应地增加励磁电流,称发电机在过励状态下运行。此时调整特性是上升的。在容性负载时,为减小电枢电流所产生的助磁性电枢反应,随着电枢电流的增加,必须相应地减小励磁电流,称发电机在欠励状态下运行,调整特性亦可能是下降的。

7.8.3 空载特性

当定子电枢电流 $I=0$ 时,改变转子励磁电流 I_f 就可以得到不同的空载电动势 E_0,由于此时 $E_0=U$,则将 $E_0=f(I_f)$ 称为发电机的空载特性,其曲线形状与直流发电机空载特性曲线相似。同步发电机的空载特性在图 7-28(b)中给出。

7.8.4 短路特性

同步发电机的短路特性是发电机在三相稳态短路时,电枢电流 I_k(短路电流)与励磁电流 I_f 的关系,即 $I_k=f(I_f)$。

同步发电机的电压方程式为 $\dot{E}_0 = \dot{U} + \dot{I}r_a + \mathrm{j}\dot{I}x_s$。短路时,端电压 $\dot{U}=0$,通常电枢绕组电阻远小于同步电抗,所以 $\dot{E}_0 = \dot{U} + \dot{I}_k(r_a + \mathrm{j}x_s) \approx \mathrm{j}\dot{I}_k x_s$,限制短路电流的仅是电机的同步电抗,短路电流滞后于励磁电动势约 90°。此时电枢磁动势 F_a 接近于纯去磁性的直轴磁动势 F_{ad}(即 $F_a \approx F_{ad}$),并与 $\dot{I}_k$ 成比例。短路时,合成电动势 $\dot{E}_\delta = \dot{I}_k(r_a + \mathrm{j}x_\sigma) \approx \mathrm{j}\dot{I}_k x_\sigma$,数值很小,只等于漏抗压降。相应的合成气隙磁动势 F_δ 很小,因此同步发电机的磁路处于不饱和状态,气隙磁动势 F_δ 与 $\dot{I}_k$ 成比例,即 $F_\delta \propto \dot{E}_\delta \propto \dot{I}_k$。

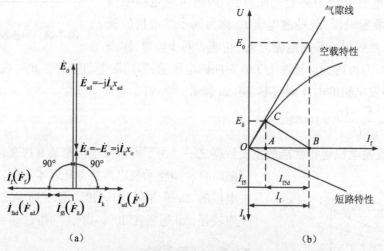

图 7-28 稳态短路时的矢量图和短路三角形
(a)磁动势及电压矢量图;(b)空载特性和短路特性

由于同步发电机的励磁磁动势 F_f 为 $F_\delta - F_{ad}$,因而也与 $\dot{I}_k$ 成比例,其短路特性是一条直线,如图 7-28(b)所示。图 7-28(b)中三角形 ABC 称为同步发电机的特性三角形,电枢电流为它的底边 AB 为直轴电枢反应磁动势 F_{ad},而另一直角边为电枢漏抗压降 $\mathrm{j}\dot{I}x_\sigma$。

7.8.5 零功率因数负载特性

同步发电机的负载特性是在 $n_0=n_N$, $I=$常数, $\cos\varphi=0$ 的条件下,端电压 U 与励磁电流 I_f 的关系曲线,即 $U=f(I_f)$。

零功率因数负载特性可用来确定发电机的定子漏抗和特定负载电流时的电枢反应磁动势。在分析同步发电机零功率因数时,负载是纯感性的,发电机的内阻抗也基本上是感性的,因此内功率因数角为 $90°$,此时的电枢反应为纯直轴去磁磁动势,各磁动势和磁动势的相位关系见图 7-29(a),可以看出磁动势之间和电动势之间的代数关系为

$$F_\delta = F_f - F_{ad} \tag{7-36}$$

$$E_\delta = U + Ix_\sigma \tag{7-37}$$

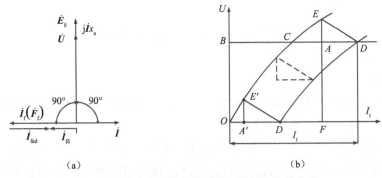

图 7-29 零功率因数负载时的矢量图和特性曲线
(a)磁动势及电压矢量图;(b)负载特性

在图 7-29 中,OB 对应 $U=U_N$。此时在零功率因数负载特性上,励磁电流 I_f 等于 BD,而在空载特性上 I_f 等于 BC。对于零功率因数负载特性,AD 表示直轴电枢去磁磁动势的等效励磁电流;而 BA 表示此时的气隙合成磁场所需的励磁电流;FE 表示相应的气隙电动势;AC 表示气隙电动势比 U_N 大,因而增加的励磁电流。从上述分析中,显而易见,零功率因数负载特性曲线与空载特性曲线之间相差一个特性三角形,而且当负载电流不变时,此三角形大小保持不变。

7.9 同步发电机与电网的并联运行

7.9.1 并联运行的条件

同步发电机并联到电网时,为了避免产生冲击电流,以及由此产生的冲击转矩,应使发电机满足以下四个条件:

①发电机和电网的电压波形要相同;

②发电机的频率和电网频率相同,即 $f_1=f_2$;

③发电机和电网电压大小、相位要相同,即 $\dot{E}_{01}=\dot{U}_1$;

④发电机和电网的相序要相同。

以上条件中,如果电压波形不同,即使基波分量完全相同,例如 $\dot{U}_1$ 为正弦波,而 $\dot{E}_{01}$ 不为正弦波,则将在电机和电网内产生高次谐波环流,使运行损耗和温升增高,运行性能恶化。如果 $f_1 \neq f_2$,相量 $\dot{E}_{01}$ 和 $\dot{U}_1$ 之间有相对运动,将产生数值交替变化的环流,引起电机与电网之间的功率振荡。如果频率和波形都一致,但电机与电网电压的大小和相位不一致,即 $\dot{E}_{01} \neq \dot{U}_1$,则在发电机和电网间由于电压差将产生环流。如果在极性相反的情况下投入合闸,环流的瞬时值可以达数倍的额定电流,产生巨大的电磁冲击,可能对定子绕组端部造成极大的损伤。即使前面三个条件都符合,如果相序不同,虽然某相可能满足了三个条件,但另外两相在电网和投入的发电机之间仍存在很大的电位差,进而产生无法消除的巨大环流与转矩冲击,危害电机的安全,绝不允许投入运行。

7.9.2 投入并联的方法

为了满足上述投入并联条件所进行的调节和操作过程称为同步。通常的同步方法有两种:准确同步法和自同步法。

(1)准确同步法

准确同步法是指将发电机调整到完全符合并联条件后才进行合闸并网操作的过程,常采用同步指示器来判断这些条件是否满足。

用准确同步法投入并联的优点是合闸时没有冲击电流,缺点是操作复杂且较费时间。当电网出现故障而要求把备用发电机迅速投入并联运行时,由于电网电压与频率不稳定,用准确同步法更难投入,这时采用自同步法。

(2)自同步法

自同步法是指先将发电机励磁绕组经过限流电阻短路,当发电机转速升到接近同步转速时,先合闸并联开关,而后立即通入励磁,利用定、转子之间的电磁力自动牵入同步的过程。此法优点是操作简单迅速,不需要增添复杂设备,缺点是合闸及投入励磁时有电流冲击。

7.9.3 有功功率的调节

当发电机不输出有功功率时,由原动机输入的功率恰好补偿各种功率损耗,没有多余的部分转化为电磁功率,即 $\theta=0°$,$P_M=0$,$T_1=T_0$,如图 7-30 所示。此处 $T_0=T+T_{Fe}+T_s$,称为损耗转矩。发电机定子此时可能存在 $\dot{E}_0 > \dot{U}$,有电流输出,但是此电流为无功电流。

当增加原动机的输入功率 P_1,即增大输入转矩 T_1,使 $T_1>T_0$ 时,转矩(T_1-T_0)使转子瞬时加速,发电机的励磁磁动势 F_f 开始超前于气隙磁通密度 B_δ(此磁通密度由电网频率决定,转速仍保持不变),相应地 $\dot{E}_0$ 超前于 $\dot{U}$ 的角度为 θ,如图 7-30(b)所示。这时 $P_{em}>0$,发电机开始向电网输出有功电流,即交轴分量部分,发电机向电网输出有功功率,而转子转轴将受到制动电磁转矩 $T_M>0$ 的作用。当 θ 增到某一数值,使 $T_1=T_M+T_0$ 时,发电机转子平衡在这个 θ 值处稳定运行。此时原动机的功率平衡关系为

$$P_M = P_T = m\frac{E_0 U}{x_s}\sin\theta_\alpha \tag{7-38}$$

以上分析表明,增加原动机的输入功率,使电机的功率角 θ 增大后,发电机的输出功率就会增加。但是当增加原动机的输入功率使功率角 θ 达到 90°,即达到电磁功率的最大值 P_{Mmax} 时,如果再增加输入功率,则无法建立新的平衡,发电机转速将连续上升而失步,故把 P_{Mmax} 称为同步电机的极限功率。

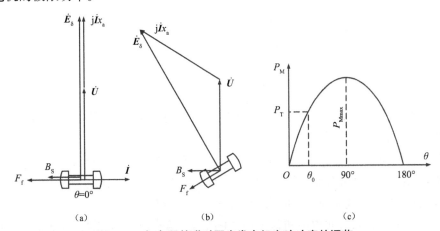

图 7-30 与电网并联时同步发电机有功功率的调节

(a)空载时的磁动势及电压矢量图;(b)负载时的磁动势及电压矢量图;(c)功率角特性

7.9.4 静态稳定

当电网或原动机偶然发生微小扰动时,在扰动消失后,如果发电机能够恢复到原来的工作状态继续同步运行,则称发电机是静态稳定的;否则是不稳定的。

下面根据稳定运行的定义具体分析两点的稳定情况。在图 7-31 中,当输出有功功率 P_{em} 时,有 A 和 C 两个交点满足功角特性。

如果同步发电机在 A 点运行,此时输出电磁功率 P_{M},功率角为 θ。当某种微小扰动使原动机的有效输入功率增加 ΔP 时,则电磁功率也增加为 $P_{\text{M}}+\Delta P$,相应的功率角将增大到 $\theta+\Delta\theta$ 而平衡于 B 点;当扰动消失后,由于输入的机械功率 P_1 小于此时的输出电磁功率 $P_{\text{M}}+\Delta P$,则在外部负载的作用下使转子的功率角 θ 回到 A 点稳定运行,故 A 点是稳定的。

如果同步发电机在 C 点运行,此时输出电磁功率 P_{M},功率角为 θ'。当扰动使原动机的功率增加 ΔP 时功率角 θ' 也将增加;但是当功率角增到某一数值 $\theta'+\Delta\theta'$(图中 D 点)时,此时的电磁功率却减小 ΔP,输入功率更加大于电磁功率而无法达到新的平衡。即使此时扰动消失,原动机输入功率恢复到原功率,D 点的电磁功率已变为 $P-\Delta P$,结果使 θ 继续增大,不能恢复到 θ 处。

当 $\theta>180°$ 以后,电磁功率变为负值,意味着同步电机向电网吸收功率,在电动机状态下运行。电机加速旋转,使 θ 很快冲到 360° 后重新进入发电机状态。当 θ 角第二次来到 A 点时,虽然可能出现功率平衡,但由于前面累积的动能使转子的瞬时速度已显著高于同步转速,因此 θ 角仍将继续增大,到达 C 点。由 A 到 C 的过程虽是减速的过程,但它并不足以使 A 点的高速下降到同步转速,所以 θ 还要增大,电机的转速愈来愈高而使电机失去同步,只能由超速保护动作把原动机关掉。所以 C 点是不稳定的。

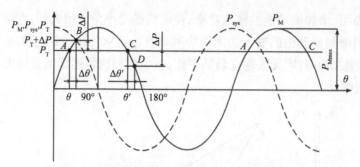

图 7-31　与电网并联运行时同步发电机的静态稳定

由以上分析可知,对于隐极发电机,在 $0°<\theta<90°$ 范围内是静态稳定运行区,在 $90°<\theta<180°$ 范围内是静态不稳定运行区。

综上所述,同步发电机稳定运行的条件是 P_M 和 θ 必须同时增加减少,即 $dP_M/d\theta<0$;反之,若 $dP_M/d\theta>0$,则运行时不稳定的;在 $\theta=90°$ 处,$dP_M/d\theta=0$,发电机电磁功率达到最大值,处于稳定与不稳定的交界。该点为同步发电机的静态稳定极限点。

因此,$dP_M/d\theta$ 是衡量同步发电机保持稳定同步运行能力的一个系数,称为同步发电机的整步功率系数或比整步功率 P_{sys},其值越大,保持同步的能力越强,发电机的稳定性越好。对于隐极电机为

$$P_{sys}=\frac{dP_M}{d\theta}\approx m\frac{E_0U}{x_s}\cos\theta \tag{7-39}$$

可见 θ 愈小时,P_{sys} 愈大。对于凸极电机为

$$P_{sys}=m\frac{E_0U}{x_d}\cos\theta+mU^2\left(\frac{1}{x_q}-\frac{1}{x_d}\right)\cos 2\theta \tag{7-40}$$

将 P_{sys} 除以同步角速度 Ω_1,称为同步电机的整步转矩系数或比整步转矩 T_{sys}。对于隐极发电机为

$$T_{sys}=\frac{P_{sys}}{\Omega_1}=m\frac{E_0U}{x_s\Omega_1}\cos\theta \tag{7-41}$$

对于凸极发电机为

$$T_{sys}=\frac{mE_0U}{\Omega_1 x_d}\cos\theta+\frac{mU^2}{\Omega_1}\left(\frac{1}{x_q}-\frac{1}{x_d}\right)\cos 2\theta \tag{7-42}$$

在实际应用中,为使同步发电机能稳定运行,提高供电的可靠性,应使最大电磁功率比其额定功率大一定的倍数,称 $k_M=P_{Mmax}/P_N$ 为过载倍数和过载能力。当电枢电阻忽略不计时,$P_N=P_{Mmax}$,则对隐极发电机为

$$k_M=\frac{P_{Mmax}}{P_N}\approx\frac{m\dfrac{E_0U}{x_s}}{m\dfrac{E_0U}{x_s}\sin\theta_N}=\frac{1}{\sin\theta_N} \tag{7-43}$$

式中,θ_N 为额定运行时的功率角。一般要求 $k_M>1.7$,即额定负载时最大允许功率角约为 $\theta_N=25°\sim35°$。因为整步转矩(或比整步功率)都正比于励磁反电动势 E_0,而反比于同步电抗 x_s,

所以增大励磁电流(即增大 E_0)和减小同步电抗(即增大短路比)可以提高同步电机的极限功率,从而提高过载能力和静态稳定性。

7.10 同步发电机的不对称运行

同步发电机在三相负载对称情况下稳定运行称为对称稳定运行。实际上由于种种原因,例如系统内接有较大的单相负载,或由于雷击、短路等事故,就会造成三相电压和电流的不对称,这时同步发电机就处于不对称运行状态。

同步发电机的不对称运行不仅影响自身的稳定,而且会对外界造成不良影响。不对称运行所产生的负序电流将形成负序旋转磁场,并在转子的绕组及转子的表面感应电流,引起转子过热。同时,负序旋转磁场产生交变的电磁转矩,作用于转子轴和定子机座,引起振动。此外发电机的不对称运行将导致电网电压不对称,则会对用户造成危害。由不对称运行引起的高次谐波电流在输电线上流通时,将对输电线附近与之平行的通信线路引起干扰。

本节将分析同步发电机不对称运行的基本方法——对称分量法,并以两种典型的不对称短路为例,进行具体分析。

7.10.1 对称分量法

对称分量法是一种线性变换,可以将不对称的三相系统分解为正序、负序和零序三组独立的对称系统。例如 $\dot{U}_U,\dot{U}_V,\dot{U}_W$ 为一组不对称的相电压,可以被分解为

$$\begin{aligned}
\dot{U}_U &= \dot{U}_{U+} + \dot{U}_{U-} + \dot{U}_{U0} = \dot{U}_+ + \dot{U}_- + \dot{U}_0 \\
\dot{U}_V &= \dot{U}_{V+} + \dot{U}_{V-} + \dot{U}_{V0} = a^2\dot{U}_+ + a\dot{U}_- + \dot{U}_0 \\
\dot{U}_W &= \dot{U}_{W+} + \dot{U}_{W-} + \dot{U}_{W0} = a\dot{U}_+ + a^2\dot{U}_- + \dot{U}_0
\end{aligned} \tag{7-44}$$

式中, a 为 $120°$ 相位算子, $a = e^{j120°}$。从上式中抽出 $\dot{U}_{U+},\dot{U}_{V+},\dot{U}_{W+}$ 组成正序系统,以 U 相为基准时,有

$$\begin{aligned}
\dot{U}_{U+} &= \dot{U}_+ \\
\dot{U}_{V+} &= a^2\dot{U}_+ \\
\dot{U}_{W+} &= a\dot{U}_+
\end{aligned} \tag{7-45}$$

正序系统的性质是每相大小相等,相序为U、V、W,彼此相位差$120°$。

同理,抽出 $\dot{U}_{U-},\dot{U}_{V-},\dot{U}_{W-}$ 组成负序系统,以 U 相为基准时,有

$$\begin{aligned}
\dot{U}_{U-} &= \dot{U}_- \\
\dot{U}_{V-} &= a\dot{U}_- \\
\dot{U}_{W-} &= a^2\dot{U}_-
\end{aligned} \tag{7-46}$$

负序系统的性质是每相大小相等,相序为U、W、V,彼此相位差$120°$。

抽出 $\dot{U}_{U0},\dot{U}_{V0},\dot{U}_{W0}$ 组成零序系统,以 U 相为基准时,有

$$\begin{aligned}
\dot{U}_{U0} &= \dot{U}_0 \\
\dot{U}_{V0} &= \dot{U}_0 \\
\dot{U}_{W0} &= \dot{U}_0
\end{aligned} \tag{7-47}$$

零序系统的性质是每相大小相位相同。

图 7-32 为 $\dot{U}_U,\dot{U}_V,\dot{U}_W$ 对应的三组对称分量。

求其逆变换，即可得三相不对称电压对应的正序、负序和零序分量为

$$\dot{U}_+ = \frac{1}{3}(\dot{U}_U + a\dot{U}_V + a^2\dot{U}_W)$$

$$\dot{U}_- = \frac{1}{3}(\dot{U}_U + a^2\dot{U}_V + a\dot{U}_W) \qquad\qquad (7\text{-}48)$$

$$\dot{U}_0 = \frac{1}{3}(\dot{U}_U + \dot{U}_V + \dot{U}_W)$$

同样，对于不对称的三相电流也可以进行同样的分解，以求出对称分量。

对称分量法可以将不对称系统分解为正序、负序和零序三组对称系统，易于求解。当求得各个对称分量后，再把各相的三个分量叠加后得到不对称运行的情形。例如当电机端点的电压为三相不对称电压时，把它们三组电压分解后，分别求出这三组电压单独作用时电机内的各序电流和转矩，再把它们叠加起来，得到总的电流和转矩。由于计算对称问题时，只要取一相来计算，故可以简化计算。对于旋转电机，由于转子对正序和负序旋转磁场的反应不同，使正序和负序阻抗互不相同，因此应用对称分量法就更加必要。

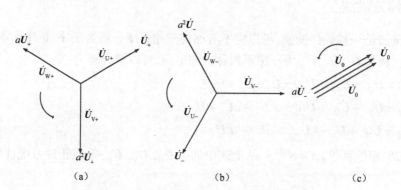

图 7-32 不对称三相电压分解成三组对称分量

（a）正序分量；（b）负序分量；（c）零序分量

7.10.2 同步发电机的各相序阻抗和等效电路

1. 正序阻抗和正序等效电路

若转子正向同步旋转、励磁绕组接通，则电枢绕组流过对称正序电流所遇到的阻抗称为正序阻抗 Z_+。同步电机带对称负载运行时的情况即为正序情况，所以稳态时同步电机的正序阻抗 Z_+ 就是同步阻抗。

隐极同步电机的正序阻抗为 $Z_+ = r_+ + jx_+ = r_a + jx_a$，其中正序电阻为电枢电阻，正序电抗为同步电抗。

对于凸极同步电机，由于气隙不均匀，仍要采用双反应理论，正序电流遇到的阻抗为直轴同步电抗和交轴同步电抗。当电枢磁动势与直轴重合时，$x_+ = x_d$；当电枢磁动势与交轴重合时，$x_+ = x_q$；在其他位置时，x_+ 介于 x_d 和 x_q 之间。由于电枢电阻常远小于同步电抗，所以短路

时电枢电流中的正序分量基本为一感性的直轴电流,此时凸极同步电机的 $x_+ = x_d$。

图 7-33 表示同步发电机的稳态正序等效电路,图中 E_+ 表示电枢绕组中的正序电动势,相应的正序电压方程为

$$\dot{E}_+ = \dot{U}_+ + \dot{I}_+ \dot{Z}_+ \tag{7-49}$$

由于发电机的电枢绕组为对称三相绕组,励磁电动势为对称的正序电动势,故 $\dot{E}_+ = \dot{E}_0$。

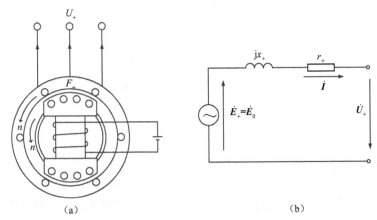

图 7-33　同步发电机的正序等效电路图

(a)线路示意图;(b)正序等效电路

2. 负序阻抗和负序等效电路

若转子正向同步旋转、励磁绕组短接,则电枢三相绕组流过对称负序电流时遇到的阻抗称为负序阻抗 Z_-。当电枢绕组内流过对称的负序电流时,负序电流产生的反向电气旋转磁场与正向旋转的转子的相对转速为 $2n$。从电磁关系来看,此时的情况相当于 $s = 2$ 的感应电动机,因此可以用 $s = 2$ 的感应电动机的等效电路表示同步电机的负序阻抗网络,并考虑到交轴及直轴的差别,就可得到同步电机的负序阻抗。转子直轴和交轴的负序等效电路如图 7-34 所示。由图可见,直轴负序阻抗 Z_{-d} 应为

$$Z_{-d} = r_a + jx_\sigma + \frac{jx_s\left(\dfrac{r_f'}{2} + jx_{f\sigma}'\right)}{\dfrac{r_f'}{2} + j(x_{ad} + x_{f\sigma}')} \tag{7-50}$$

式中,x_σ 为定子漏抗,x_{ad} 为直轴电枢反应电抗,r_f' 和 $x_{f\sigma}'$ 分别为励磁绕组电阻和漏抗的归算值。当 $x_s \gg x_{f\sigma}'$,$x_{ad} \gg r_f'$ 时

$$Z_{-d} \approx \left(r_a + \frac{r_f'}{2}\right) + j\left[x_\sigma + \frac{x_{ad}x_{f\sigma}'}{x_{ad} + x_{f\sigma}'}\right] = \left(r_a + \frac{r_f'}{2}\right) + jx_d \tag{7-51}$$

$$x_d' = x_\sigma + \frac{x_s x_{f\sigma}'}{x_{ad} + x_{f\sigma}'} \approx x_\sigma + x_{fs}' \tag{7-52}$$

x_d' 称为直轴瞬态电抗。同理,交轴负序电抗 Z_{-q} 则为

$$Z_{-q} = r_a + jx_{aq} \tag{7-53}$$

197

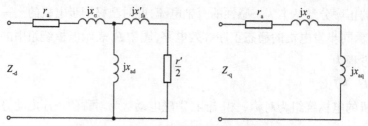

图 7-34　转子直轴等效电路和交轴等效电路

由于负序电流所产生的负序磁场与转子之间具有二倍同步转速的相对运动,所以负序磁场时而与转子直轴重合,时而与交轴重合,由于沿着两轴的磁阻不同,因此负序磁场的振幅也不断变化。因此负序阻抗 Z_- 的值将不断变化。近似地认为 Z_- 等于 Z_{-d} 和 Z_{-q} 的算术平均值

$$Z_- \approx \frac{1}{2}(Z_{-d} + Z_{-q}) \tag{7-54}$$

则负序电抗 X_- 将为

$$x_- \approx \frac{1}{2}(x_d + x_q) \tag{7-55}$$

图 7-35 表示同步发电机的负序等效电路。由于发电机的转向由原动机固定,转子磁场只能在电枢绕组中感应相序为 U、V、W 的正序电动势,不会感应负序电动势或者零序电动势,故 $\dot{E}_- = 0$,所以负序电压方程为

$$0 = \dot{U}_- + \dot{I}_- Z_- \tag{7-56}$$

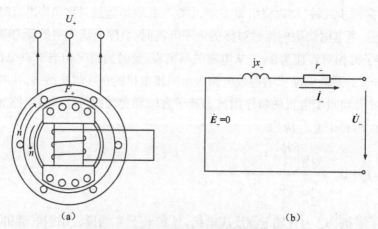

图 7-35　同步发电机的负序等效电路图

(a)接线示意图;(b)负序等效电路

3. 零序阻抗和零序等效电路

若转子正向同步旋转、励磁绕组短接,则电枢三相绕组流过零序电流时所遇到的阻抗称为零序阻抗 Z_0。当大小相等,相位相同的零序电流流过对称三相绕组时,将产生三个振幅、相位均相同的磁场,在空间上有 120° 的相位差。故气隙基波合成磁动势和磁场将等于零,所以零序电流不形成旋转磁场,只能产生漏磁通。因此零序电抗属于漏电抗性质,零序电阻就是电枢电阻 r_a,则零序阻抗 Z_0 为 $Z_0 = r_0 + jx_0$。图 7-36 表示同步发电机的零序等效电路。由于电枢绕

组中无零序电动势,所以零序的电压方程为

$$0 = \dot{U}_0 + \dot{I}_0 Z_0 \tag{7-57}$$

电力系统中的短路故障可使发电机不对称运行。短路过程可以分为两个阶段:突然短路和稳态短路。下面应用对称分量法和各序等效电路来研究同步发电机的两种不对称的稳态短路。

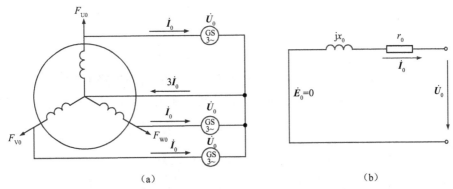

图 7-36　同步发电机的零序电路图

(a)接线示意图;(b)零序等效电路

7.10.3　同步发电机的单相短路

同步发电机的单相短路如图 7-37 所示。现在以 U 相对中点短路为例,分析 U 相的稳态短路电流,V、W 相为空载。

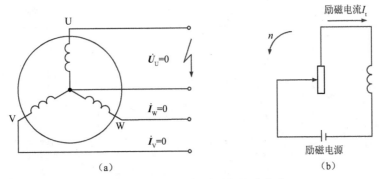

图 7-37　同步发电机的单相短路电路

(a)接线示意图;(b)励磁电路

U 相短路,V、W 相空载时,按端点情况,可以得到发电机端点方程式

$$\dot{U}_{\mathrm{U}} = 0 \tag{7-58}$$

$$\dot{I}_{\mathrm{U}} = \dot{I}_{\mathrm{V}} = 0 \tag{7-59}$$

根据对称分量法,将发电机端点的不对称电压和电流用正序、负序和零序三个对称相量表示并加以简化为

$$\dot{U}_+ + \dot{U}_- + \dot{U}_0 = 0 \tag{7-60}$$

$$\dot{I}_{+} = \dot{I}_{-} = \dot{I}_{0} = \frac{1}{3}\dot{I}_{U} \qquad (7\text{-}61)$$

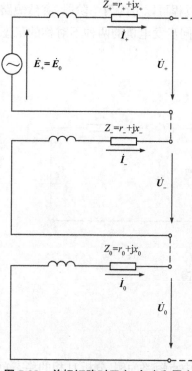

图 7-38 单相短路时正序、负序和零序电路的连接

将各序的电压方程和上面两式联立求解,则有

$$\dot{E}_{0} - \mathrm{j}\dot{I}_{+}(Z_{+} + Z_{-} + Z_{0}) = 0 \qquad (7\text{-}62)$$

即 $\dot{I}_{+} = \dfrac{\dot{E}_{0}}{\mathrm{j}(Z_{+} + Z_{-} + Z_{0})}$,故可得到各序电流和电压。

对于这一特例,用等效电路图来求解更为简便。为满足式(7-61)各序电流相等这一条件,发电机的正序、负序和零序等效电路应当串联;为满足式(7-60)各序电压之和为零这一条件,等效电路串联以后应当加以短接,如图7-38中虚线所示。由此即可求出各序电流为

$$\dot{I}_{+} = \dot{I}_{-} = \dot{I}_{0} = \frac{1}{3}\dot{I}_{U} \qquad (7\text{-}63)$$

短路电流 $\dot{I}_{A}$ 则为

$$\dot{I}_{V} = \dot{I}_{+} + \dot{I}_{-} + \dot{I}_{0} = \frac{3\dot{E}_{0}}{Z_{+} + Z_{-} + Z_{0}} \qquad (7\text{-}64)$$

7.10.4 同步发电机的线间短路

同步发电机的线间短路如图 7-39 所示。现在以 V、W 两相发生线间短路,U 相为空载为例,分析其短路电流和 U 相的开路电压。

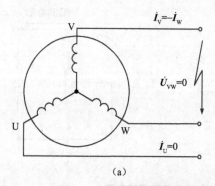

图 7-39 同步发电机的线间短路电路

(a)接线示意图;(b)励磁电路

V、W 相线间短路、U 相空载时,按端点情况,可以得到发电机端点方程式

$$\dot{U}_{VW} = \dot{U}_{V} - \dot{U}_{W} = 0 \qquad (7\text{-}65)$$

$$\dot{I}_{U} = 0 \qquad (7\text{-}66)$$

$$\dot{I}_{V} = -\dot{I}_{W} \qquad (7\text{-}67)$$

根据对称分量法,将发电机端点的不对称电压和电流用正序、负序和零序三个对称相量表示并加以简化,可以得到

$$\dot{U}_+ = \dot{U}_- \tag{7-68}$$

$$\dot{I}_+ = \dot{I}_- \tag{7-69}$$

$$\dot{I}_{\to 0} = 0 \tag{7-70}$$

由于没有中线连接,所以零序系统可以不予考虑。代入各相序基本方程式,求得

$$\dot{I}_+ = -\dot{I}_- = \frac{\dot{E}_0}{Z_+ + Z_-} \tag{7-71}$$

V 相电流的对称分量为

$$\dot{I}_{V+} = a^2\dot{I}_+ = \frac{a^2\dot{E}_0}{Z_+ + Z_-} \tag{7-72}$$

$$\dot{I}_{V-} = a\dot{I}_- = -\frac{a\dot{E}_0}{Z_+ + Z_-} \tag{7-73}$$

故得两相短路电流为

$$\dot{I}_{k(2)} = \dot{I}_V = \dot{I}_{V+} + \dot{I}_{V-} = -j\frac{\sqrt{3}\dot{E}_0}{Z_+ + Z_-} \tag{7-74}$$

代入相序电压方程,则可得到正常相 U 的短路相电压

$$\dot{U}_U = \dot{U}_+ + \dot{U}_- = \frac{2Z_-\dot{E}_0}{Z_+ + Z_-} \tag{7-75}$$

此种情况也可以用等效电路图来求解。为满足 $\dot{U}_V = \dot{U}_W$,$\dot{I}_V = -\dot{I}_W$ 这两个条件,正序和负序电路应当"对接"起来,如图 7-40 中虚线所示。由此即可解出正序和负序电流为

$$\dot{I}_+ = \dot{I}_- = \frac{\dot{E}_0}{Z_+ + Z_-} \tag{7-76}$$

短路电流则为

$$\dot{I}_V = -\dot{I}_W = (a^2 - a)\dot{I}_+ = -j\frac{\sqrt{3}\dot{E}_0}{Z_+ + Z_-} \tag{7-77}$$

发电机端点的正、负序电压和 U 相的开路电压为

$$\dot{U}_+ = \dot{E}_+ - \dot{I}_+Z_+ = \frac{\dot{E}_0Z_-}{Z_+ + Z_-} \tag{7-78}$$

$$\dot{U}_- = -\dot{I}_-Z_- = \frac{\dot{E}_0Z_-}{Z_+ + Z_-} \tag{7-79}$$

$$\dot{U}_U = \dot{U}_+ + \dot{U}_- = \frac{2\dot{E}_0Z_-}{Z_+ + Z_-} \tag{7-80}$$

其他短路形式的求解类似。

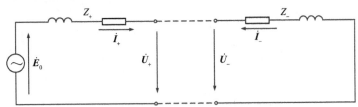

图 7-40 线间短路时正序电路和负序电路的连接

参考文献

[1] 赵影. 电机与电力拖动[M]. 3 版. 北京：国防工业出版社，2010.

[2] 彭鸿才，边春元. 电机原理及拖动[M]. 3 版. 北京：机械工业出版社，2016.

[3] 唐介，刘娆. 电机与拖动[M]. 4 版. 北京：高等教育出版社，2019.

[4] 汤蕴璆. 电机学[M]. 5 版. 北京：机械工业出版社，2015.

[5] 李发海，王岩. 电机与拖动基础[M]. 4 版. 北京：清华大学出版社，2012.

[6] 张晓江，顾绳谷. 电机及拖动基础（上、下）[M]. 5 版. 北京：机械工业出版社，2016.

[7] 孙建忠，刘凤春. 电机及拖动[M]. 3 版. 北京：机械工业出版社，2016.

[8] 汤天浩，谢卫. 电机与拖动基础[M]. 3 版. 北京：机械工业出版社，2017.

[9] 刘锦波，张承慧. 电机与拖动[M]. 2 版. 北京：清华大学出版社，2015.

[10] [美] Stephen Umans（斯蒂芬·乌曼）. 电机学[M]. 7 版. 刘新正，苏少平，高琳，译. 北京：电子工业出版社，2014.

[11] 邱阿瑞. 电机与电力拖动[M]. 北京：高等教育出版社，2006.

[12] 戈宝军，梁艳萍，温嘉斌. 电机学[M]. 3 版. 北京：中国电力出版社，2016.